本书受山东师范大学科研启动基金、博士后启动基金、生态文明法治体系研究创新团队资助

公益型环评公众参与研究

楚　晨◎著

中国社会科学出版社

图书在版编目(CIP)数据

公益型环评公众参与研究 / 楚晨著. -- 北京：中国社会科学出版社，2024.9. -- ISBN 978-7-5227-3935-9

Ⅰ. X820.3

中国国家版本馆 CIP 数据核字第 2024KT9372 号

出 版 人	赵剑英
责任编辑	梁剑琴
责任校对	夏慧萍
责任印制	郝美娜

出　　版	中国社会科学出版社
社　　址	北京鼓楼西大街甲 158 号
邮　　编	100720
网　　址	http://www.csspw.cn
发 行 部	010-84083685
门 市 部	010-84029450
经　　销	新华书店及其他书店

印刷装订	北京君升印刷有限公司
版　　次	2024 年 9 月第 1 版
印　　次	2024 年 9 月第 1 次印刷

开　　本	710×1000　1/16
印　　张	14
插　　页	2
字　　数	237 千字
定　　价	88.00 元

序 一

　　环境影响评价是指对规划和建设项目实施后可能造成的环境影响进行分析、预测和评估，提出预防或者减轻不良环境影响的对策和措施，并进行跟踪监测的方法。环境影响评价公众参与是环境保护领域中的一个重要议题，它涉及社会公众对环境决策的知情权、参与权和监督权，具体是指通过公众参与环境影响评价，提出意见并进行互动沟通，提高环境影响评价的科学性和有效性，促进环境保护和可持续发展。不过，实践中环评公众参与造假现象较为泛滥。按照环评公众参与的程序要求，在环评文件编制过程中，建设单位应当作出环评信息公示，并调查公众意见，但实践中却往往存在当地村民对项目建设并不知情的现实情况。鉴于此，研究如何提高环评公众参与的有效性具有一定的现实意义。

　　目前，我国的法律体系也逐渐完善，随着 2015 年《环境保护法》以及 2019 年《环境影响评价公众参与办法》的实施，公众参与环境影响评价过程中的知情权、参与权、表达权和监督权等也获得了更加全面的保障。不过，面对公众环境保护意识的逐渐提升，现有的环评公众参与程序仍然无法满足公众的环境保护热情。基于此，本书作者以较为深入的研究和独到的见解，对环境影响评价公众参与进行了全面而系统的探讨。纵观全书，本书有以下两处亮点尤其突出：

　　一方面，关于提高环评公众参与有效性的视角具有一定的新意。虽然目前已有大量的针对环评公众参与制度的研究，但是，大多数是围绕环评公众参与程序本身的完善，比如提高参与程序的透明度、增加程序的互动性、加强双方信息交流，以减轻信息差，避免出现公众不知情或者公众意见渠道不畅通的现象等。专门从利益角度对环评公众参与制度进行分析的研究则较少，且缺乏基于环境公益保护的角度对我国现有环评公众参与制度系统研究。在本书中，作者区分了环评公众参与中的私人利益保护和环境公共利益保护的两种类型，提出公益型环评公众参与的引入与实施是解决目前环评公众参与问题的关键。通过公益型环评公众参与的引入，来化解纯粹私益型公众参与中的弊端，提高环评公众参与的有效性，在保护环境公共利益的同时对公众私人利益进行更长远的保障。

另一方面，关于公益型环评公众参与的引入方式具有一定的实践可操作性。作者根据实践调查提出公众基于环境公共利益保护参与到环评过程中来的路径，包括公益型环评公众参与的主体范围界定、程度内容和权利救济等方面的内容，并结合现有的《环境影响评价公众参与办法》探讨如何在现有环评公众参与保护过程中融入基于环境公益的环评公众参与的相关内容和相关条款的完善。

楚晨博士跟随我攻读环境与资源保护法学博士学位，在博士学习期间，她的表现给我留下了深刻的印象。她是一个比较有灵气的学生，能够迅速理解并掌握新的知识和技能。当面对挫折和困难时，她又表现出勇敢和坚韧，以积极的态度面对挑战。在科研中，保持刻苦和勤奋的态度，不断积累学术知识提高学术功底，并能高质量完成相应的科研任务，展现出了一定的科研能力和素养。环境影响评价公众参与是实践中的一个难题，楚晨在博士研究期间，深入研究了环境影响评价工作中的公众参与问题，并根据二元利益划分的方式对参与主体的类型、方式和程度等进行了分析，提出了进一步扩展参与主体、完善环评公众参与程序的建议。《公益型环评公众参与研究》这本著作是她博士期间研究的一个重要成果，对于推动环境影响评价公众参与的发展具有重要意义。我为她取得这些成果感到欣慰，并相信她在未来的学术生涯中将继续取得更大的成就。

朱　谦

2023 年 12 月 12 日于苏州大学王健法学院

序　二

我国现行《宪法》第 2 条规定："中华人民共和国的一切权力属于人民。""人民行使国家权力的机关是全国人民代表大会和地方各级人民代表大会。""人民依照法律规定，通过各种途径和形式，管理国家事务，管理经济和文化事业，管理社会事务。"公民是国家的主人，有权参与到对国家和社会的治理中，这是宪法赋予的权利和义务。我国是民主集中制国家，民主的过程本质就是参与决策、参与管理、参与监督，而公众参与则是民主价值实现的重要途径。随着民主法治意识的觉醒，国家管理方式逐渐从命令式管理向公众参与式治理方式转型。公众参与国家和社会治理的方式和程度，反映一国的民主和法治水平。我国正在实行依法治国，建设社会主义法治国家，坚持人民当家作主、依法治国有机统一，健全民主制度，丰富民主形式，拓宽民主渠道，着力保障人民的知情权、参与权、表达权和监督权。环境保护作为社会治理活动的重要方面，公众理所应当参与其中。

公众参与一直是我国环境保护的基本原则和基本方针。早在 1972 年联合国人类环境会议上，我国就提出了"全面规划，合理布局，综合利用，化害为利，依靠群众，大家动手，保护环境，造福人民"的环境保护工作，其中就包含"依靠群众，大家动手"公众参与的方式，这条方针在 1973 年举行的中国第一次环境保护会议上得到了确认，并写入 1979 年颁布的《环境保护法（试行）》。2018 年习近平总书记在全国生态环境保护大会上的讲话指出："生态文明是人民群众共同参与共同建设共同享有的事业，要把建设美丽中国转化为全体人民自觉行动。每个人都是生态环境的保护者、建设者、受益者，没有哪个人是旁观者、局外人、批评家，谁也不能只说不做、置身事外。"① 公众参与环境保护既是我国党和国家群众路线的体现，也集中反映了现代环境法对民主与法治的诉求。在我国多部环境保护法律规范中，都明确强调公众参与的原则。特别是在《环境保护法》《海洋环境保护法》《环境影响评价法》《环境保护公众参与办法》和《环境影响评价公众参与办法》中。

楚晨博士的这本由博士学位论文修改而成的著作《公益型环评公众参与研究》是国内研究公益型环境影响评价公众参与的第一本专著。本书具有明确的问题意识，观点明确，思路清晰，对实践中企业和环保部门组织环境影响评价公众参与的主体、范围、形式和内容等方面进行了考察，提炼出环评公众参与实践的主要特征和模式，并从公共利益和私人利益的角度进一步分析了目前环评公众参与模式下的运作效果，进而提出在现有模式下进一步引入公益型环评公众参与，并针对公益型环评公众参与的主体、方式和程序进行了探讨，提出相应的立法建议。通观全书，本书至少有两个亮点：其一，在学术上有创新性。现有法律体系中环境影响评价公众参与程序往往解决的是私人利益矛盾，但近些年来有越来越多的公众想基于环境公共利益的保护参与到环境影响评价的过程中，即使该项目的建设不会侵犯到私人利益。本书敏锐地发现并提出了目前环评公众参与的若干重要问题，以环境公共利益保障为核心，探讨了公益型环评公众参与的机制。作者结合公众参与环境影响评价的法律实践，根据利益二分法探讨了环评公众参与中的主体、程度和权利的相关问题，其成果可为该领域的进一步研究奠定基础。其二，在实践上有参考价值。楚晨博士深入环评公众参与的实践调查，明确公众参与过程中的相关利益诉求，深入考察了公益型环评公众参与的国内外立法实践，探讨了公益型环评公众参与的立法模式，为公益型环评公众参与的相关法律修改提供了可操作的参考方案，具有重要的实践价值。为此，特向各位读者推荐楚晨博士的这一力作。

楚晨博士是我指导的硕士研究生，我见证了她的科研努力与执着追求。她本科毕业考上苏大后，跟随我潜心学习宪法，其认真、踏实的学习态度给我留下了深刻印象。在硕士学习期间，她开始从宪法学角度关注环境权的有关问题，广泛查阅了各国宪法的有关资料，并对各国宪法的环境

---

① 《习近平谈治国理政》（第三卷），外文出版社 2020 年版，第 362 页。

条款开展研究，最后完成了硕士学位论文《各国宪法环境条款的规范分析》的写作并顺利通过答辩。她对学术充满热情，有考博志向，我推荐她报考环境法著名教授朱谦老师的博士研究生，并顺利录取。在博士生学习期间，她在朱谦教授的精心指导下，开展更为具体的环境法实务研究，在环境影响评价公众参与领域进行深入研究，并取得了可喜的成绩。《公益型环评公众参与研究》一书是她博士期间研究成果的结晶，也是她未来学术发展的基础。作为楚晨博士的硕士生导师，我为她的学术追求和所取得的成绩感到高兴和骄傲。借此《公益型环评公众参与研究》出版之际，特向楚晨博士表示祝贺！我希望并期待楚晨博士今后继续创新钻研，在环境法的学术研究中取得更大的成绩，为我国的生态文明和美丽中国建设贡献自己的智慧和力量！

上官丕亮

2023 年 12 月 10 日世界人权日于苏州大学王健法学院

前　　言

公益型环评公众参与，是指公众基于环境公益保护而参与到环境影响评价中的一种制度。这种类型的公众参与是相较于私益型环评公众参与而言的，其中的环评公众参与主体不受建设项目环境影响评价范围的限制。环评实践中，建设单位所追求的经济利益与公众所追求的人身利益和财产利益之间存在冲突。在建设单位与公众进行私人利益博弈过程中，公众由于参与能力的限制，使得环评公众参与虚假和缺失的现象广泛存在。公益型环评公众参与的引入，能够在环评过程中提高建设单位以及审批部门的环境公益保护意识，提高环境影响报告质量以及审批部门环境公益保护能力，弥补环评审批机关在环评过程中对环境公益保护的不足。2015 年《环境保护法》用专章对公众参与环境保护过程中的权利行使进行了规定，使得公众基于环境公益参与环境影响评价有了法律上的权利基础。2019 年 1 月 1 日新实施的《环境影响评价公众参与办法》进一步对环评公众参与程序进行了完善，有望实现公益型环评公众参与的突破。由于环评范围内公众参与能力的不足和特定情形下对环境公益的忽视，公益型环评公众参与机制的建立，应当成为提高环评公众参与效果及环境公益保护的方式之一。一直以来我国环评过程中主要关注的是建设项目周围公众的利益保护，即主要征求建设项目附近的居民意见，未对环评范围外的公众参与环评做出详细规定。在法律尚未将公益型环评公众参与予以明确的背景下，由于环评范围外的公众与该建设项目不存在直接的利害关系，往往并不被建设单位和审批部门纳入所征求意见的公众范围之列。但实践中利益冲突普遍存在，生态系统的整体性特征，以及环境正义的要求使得公益型环评公众参与显得愈加重要。因此，本书展开公益型环评公众参与的研究，以强化环评过程中的环境公益保护。在步骤上，本书在对公益型环评公众参与的理论基础进行分析之后，从法律规范和法律实践角度检视我国环评公众参与现状，并分析二元利益下的公益型环评公众参与引入模式，提出公益型环评公众参与的制度构建和法律保障。

首先，公益型环评公众参与的基本理论。通过对公益型环评公众参与的基础概念与理论的研究，明确了环境公益的特殊性和环评公众参与的法律含义，以及公益型环评公众参与的意义。与私益型环评公众参与相比，该类公众参与具有主体范围更加广泛、所追求的利益更加具有公益性、更加彰显环境正义等特征。同时，社会契约理论、协商民主理论、多元环境治理理论以及公众环境保护权利理论，可为公益型环评公众参与提供理论支撑。

其次，利益视角下对环评公众参与的立法与实践之检视。国外立法和国际条约中关于环评公众参与的法律规定，可以从参与主体、时间范围、法律救济角度为我国公益型环评公众参与提供依据。通过对我国环评公众参与立法历史脉络的梳理，可以得出结论，我国现有的环评公众参与制度主要是一种私益型公众参与，缺乏公益型环评公众参与的有关规定。通过从环境公益视角对我国环评公众参与法律实践的分析，明确了在目前的环评公众参与实践过程中，建设单位基于自身经济利益的追求，在环评编制阶段并不会主动去征求环评范围外公众意见。环评审批部门的审查内容集中于建设单位对环评范围内公众意见的收集和采纳，以及建设单位对于环评范围内公众意见表达权、参与权和监督权的尊重，而对于环评范围外公众是否参与到建设项目的环评过程，以及环评范围外公众在行使表达权和监督权的过程中是否能够获得保障并没有作为审查重点。

再次，公益型环评公众参与立法模式的选择。引入公益型环评公众参与的立法过程中，结合目前的环评公众参与实践以及立法成本和参与成本的控制，采取融合式立法模式，相较于单独制定一部公益型环评公众参与的法律规范和程序更为合适。鉴于我国目前关于环评公众参与的法律规范主要集中在规章及其以下层面，而在专门规定环评内容的《环境影响评价法》中缺少环评公众参与的具体内容。为了提高公众参与在环评过程中的重要性，应当同时提高环评公众参与内容的立法层次，在《环境影响评价法》中用独立章节的形式对环评公众参与内容作出规定。

复次，公益型环评公众参与的主体、方式和程序。第一，公益型环评公众参与的主体。公益型环评公众参与主体应当是不受地理位置限制的，只要公众基于环境公益保护，都可以按照规定的时间和方式参与到环评过程中。同时，环保组织成立目的和工作目标的环境公益性，以及较强的环境公益保护能力和丰富的环境公益保护经验，使得公益型环评公众参与应当突出环保组织的作用。第二，公益型环评公众参与的方式。公益型环评公众参与的方式，不能仅仅局限于对环评公众参与信息的获取，还应当体现为在环评过程中对环境公益表达权和参与权的尊重。例如，建设单位和审批部门在一般的公众参与方式中对环评范围外公众意见的征求，以及在深度环评公众参与过程中引入公益型环评公众参与的代表等。第三，公益型环评公众参与的程序。公益型环评公众参与对信息公开的深度和广度提出了更高的要求，不仅意味着对基本环评信息的公开，还意味着对公众意见内容及回应情况的全面公开。对于公益型环评公众参与代表的选择，也应当体现出严格的程序要求。

最后，公益型环评公众参与的法律保障。为了确保公益型环评公众参与的顺利进展，除了对该制度中的主体、方式和程序进行明确外，还应当为公众提供行政和司法上的救济途径。一方面，规定建设单位和审批机关对公益型环评公众参与的义务和责任，引入公益型环评公众参与救济方式；另一方面，引入公益型环评公众参与的司法救济方式。在行政诉讼过程中，涉及环评公众参与事项时，法院逐渐放宽了关于原告主体资格的认定，已凸显出环境公益保护的重要性。同时，随着环保组织的壮大与成熟，建议在环境行政公益诉讼中，除检察机关之外，赋予符合一定条件的公众提起环境行政公益诉讼的权利。

目　录

绪　论 ……………………………………………………………（1）

　　一　问题缘起与意义 ………………………………………（1）

　　二　国内外研究综述 ………………………………………（9）

　　三　研究的思路、方法及创新 ……………………………（16）

　　四　论证结构 ………………………………………………（21）

第一章　公益型环评公众参与的基本理论 …………………（23）

　第一节　环境公益视角下环评公众参与的基本概念 ………（23）

　　一　环境公益 ………………………………………………（24）

　　二　环评公众参与 …………………………………………（32）

　　三　公益型环评公众参与 …………………………………（35）

　　四　公益型环评公众参与的法律分类 ……………………（37）

　第二节　公益型环评公众参与的特点 ………………………（40）

　　一　公众主体范围更加广泛 ………………………………（40）

　　二　所追求利益具有公益性 ………………………………（41）

　　三　更加彰显环境正义 ……………………………………（42）

　第三节　公益型环评公众参与的理论依据 …………………（44）

　　一　社会契约理论 …………………………………………（45）

　　二　协商民主理论 …………………………………………（46）

　　三　多元化环境治理理论 …………………………………（48）

　　四　公众的环境保护权利理论 ……………………………（50）

第二章　环评公众参与的立法与实践之检视 ………………（54）

　第一节　公益型环评公众参与的域外立法 …………………（54）

　　一　国外立法中公益型环评公众参与的依据 ……………（54）

　　二　国际条约中公益型环评公众参与的依据 …………………（60）

　第二节　公益型环评公众参与的国内立法 …………………………（61）

　　一　环评编制阶段公众参与的立法现状 ……………………（62）

　　二　环评审批阶段公众参与的立法现状 ……………………（75）

　第三节　公益型环评公众参与的实践检视 …………………………（85）

　　一　公益型环评公众参与的案例分析 ………………………（85）

　　二　公益型环评公众参与的制度检视 ………………………（93）

第三章　公益型环评公众参与的立法模式 ……………………………（103）

　第一节　实质立法模式 ………………………………………………（104）

　　一　实质立法模式的内涵 ……………………………………（104）

　　二　实质立法模式应当体现的社会价值 ……………………（105）

　第二节　形式立法模式 ………………………………………………（109）

　　一　独立式立法模式 …………………………………………（109）

　　二　融合式立法模式 …………………………………………（111）

　　三　立法模式的选择 …………………………………………（112）

　第三节　复合型立法模式：兼顾形式与实质 ………………………（114）

　　一　提高环评公众参与的立法层次 …………………………（115）

　　二　继续完善环评公众参与规定 ……………………………（118）

　　三　明确不同主体的利益追求 ………………………………（121）

第四章　二元利益融合下的环评公众参与机制 ………………………（125）

　第一节　二元利益融合下的环评公众参与主体 ……………………（125）

　　一　参与主体的核心判断标准 ………………………………（125）

　　二　环评公众参与主体的类型 ………………………………（129）

　　三　二元利益融合下环评公众参与主体的重塑 ……………（134）

　第二节　二元利益融合下的环评公众参与方式 ……………………（138）

　　一　二元利益融合下的一般公众参与方式 …………………（138）

　　二　二元利益融合下的深度公众参与方式 …………………（139）

　　三　公益型环评公众参与方式的多样化 ……………………（151）

　第三节　二元利益融合下的环评公众参与程序 ……………………（155）

　　一　信息公开方式凸显公益型环评公众参与 ………………（155）

　　二　深度公众参与代表之选择 ………………………………（157）

　　三　公益型环评公众参与制度的完善 ………………………（161）

第五章　公益型环评公众参与的法律保障 ……………………（167）

　　第一节　公益型环评公众参与保障的必要性 ……………（167）

　　　　一　弥补公众参与的固有缺陷 ……………………………（167）

　　　　二　强化对环境公益的保护力度与信心 …………………（169）

　　　　三　完善公益型环评公众参与的法律责任 ………………（171）

　　第二节　环评编制阶段公众参与的法律保障 ……………（172）

　　　　一　退回环境影响报告书 …………………………………（173）

　　　　二　环评过程中的公众监督 ………………………………（174）

　　　　三　其他法律保障路径 ……………………………………（175）

　　第三节　环评审批阶段公众参与的法律保障 ……………（176）

　　　　一　环评审批阶段公众参与的法律保障类型 ……………（176）

　　　　二　公益型环评公众参与的行政保障 ……………………（178）

　　　　三　公益型环评公众参与的司法保障 ……………………（179）

结　语 ………………………………………………………………（188）

参考文献 ……………………………………………………………（190）

附录　公益型环评公众参与的立法修改建议 ………………………（203）

　　附录一　《环境影响评价法》修改建议 ……………………（203）

　　附录二　《环境影响评价公众参与办法》立法修改建议 …………（204）

后　记 ………………………………………………………………（207）

绪　　论

一　问题缘起与意义

环境影响评价制度是通过对规划或建设项目可能产生的环境污染进行技术分析和预测，结合环境容量和环境总量采取污染防治措施，将规划或建设项目未来产生的环境污染控制在一定范围内，保障公众健康和防止环境破坏的一种制度。这种制度强调从源头上对环境污染和破坏进行控制，是一种典型的预防性环境管理制度。环境影响评价公众参与（以下简称"环评公众参与"）是通过向公众公开建设项目环境影响方面的有关信息，收集公众对于建设项目环境影响方面的有关意见，再根据公众意见进行反馈与吸收的过程。公众参与到环评中，可通过自身对将要开展的规划或建设项目的详细信息的了解，以及对规划或建设项目未来对环境可能造成的影响的判断，结合自己掌握或了解到的其他有关信息，提出针对环境影响方面的有关意见，以便规划或建设项目及时作出调整。

虽然我国环境影响评价制度确立的标志是 1979 年《环境保护法（试行）》的颁布，但是环评公众参与制度在我国真正予以法定化则是在时隔 17 年之后，即 1996 年《水污染防治法》的出台。紧接着 2002 年《环境影响评价法》的修订，标志着我国环评公众参与制度的正式确立。在当时，环评公众参与意识的淡薄、信息公开制度和参与程序不完善等因素，限制了环评公众参与制度的发展。

从环评公众参与制度的确立到现今二十几年的实践过程中，针对我国在实践中所面临的具体问题，学术界已对环评公众参与制度展开了一系列深入的法律研究。随着研究的深入，环评公众参与的相关法律规范也在不断健全和完善。直至 2015 年《环境保护法》的实施以及 2019 年《环境影响评价公众参与办法》（以下简称《环评公众参与办法》）的正式出台，环评公众参与制度取得了显著的突破。然而，在环评公众参与的过程中，仍存在公众参与能力不足以及公众参与主体不够广泛等问题。

值得注意的是，环境影响评价根据所要进行评价的对象的不同，可以划分为规划环境影响评价和建设项目环境影响评价。虽然规划环评过程中所涉及的环境公益更为广泛，但由于规划环评和建设项目环评在程序上具有较大的差距，而且与规划环评相比，实践中建设项目环评较为常见，且公众意见及矛盾较为频繁和突出。为了从利益角度对环评公众参与进行深度研究，本书在研究过程中主要以建设项目环评过程中的公众参与作为本书的研究对象。①

其实，建设项目对环境产生的不良环境影响首先表现为对环境公益的减损，并随着环境污染的加重可能对公众私人利益造成损害。在环评公众参与过程中，不同主体所提出的意见背后也代表着不同的利益主张，彼此存在紧张的博弈现象。② 为了从根本上解决环评公众参与不足，本书从利益角度对环评公众参与制度进行分析。发现目前的环评公众参与制度中并未存在公益和私益的明显区分，并且，实践中的环评公众参与大多为一种基于私人利益保护的公众参与，而缺少基于环境公益的公众参与。即使实践中有基于环境公益的环评公众参与的有关案例，但数量较少，而且由于在现有的环评公众参与过程中，缺乏基于环境公益的环评公众参与路径，从而导致基于环境公益保护的权利救济难以实现。有鉴于此，本书以"公益型环评公众参与研究"为主要研究内容，在对我国现有的环评公众参与的立法现状进行剖析和实践状况进行检视之后，提出需要区分公益型环评公众参与和私益型环评公众参与，为公众提供基于环境公益保护而参与到环评过程中的路径，并通过参与程序的设置和权利救济的保障，促进我国公益型环评公众参与制度的法律完善，进一步推动环评公众参与制度的完善。

（一）研究背景

随着环境科学、生态学等自然学科和社会学科理论的发展与教育的普及，人们逐渐认识到，生态环境并不是孤立存在的，而是具有普惠性和整

---

① 1999《关于执行建设项目环境影响评价制度有关问题的通知》（已失效）中，对建设项目的定义为："按固定资产投资方式进行的一切开发建设活动，和对环境可能造成影响的饮食娱乐服务性行业。"

② 参见毕雁英《行政程序对财产权的保障》，《法治论丛》（上海政法学院学报）2007 年第 5 期。

体性。"环境法的特点是轮廓难以描绘，它需要生态学、地质学、生物学、物理等自然科学的支持，也需要政治学、经济学、社会学等人文社会科学的辅助。"[①] 根据生态系统的统一整体性理论，任何一个地方建设项目的建设或运行过程中所产生的环境污染，不仅会对与该建设项目有关的利害关系人和环境影响评价范围内的公众的生活和学习带来影响，而且污染物质的排放会改变空气、水、土壤等环境要素中的物质成分与结构，并随着环境的流动性影响其他区域中的动物、植物和微生物的生长、繁殖与生存，同时也会对人类自身造成伤害。[②] 在此背景下，建设项目所产生的环境影响也会关涉环境影响评价范围外的公众。特别是公众权利意识的觉醒和环境保护观念的普及，越来越多的公众希望能够基于环境公益保护参与到环评过程中。

其实，从利益角度进行分析，环评过程中本身就包含对环境公益的衡量与保护。这不仅体现为环评审批部门作为公权力部门本身所具有的公共利益保护义务，还包括环评过程所需要遵循的各类环境标准。例如，国家环境质量标准、污染物排放标准等要求。这些环境标准的制定和遵守包含对环境公益与公众私人利益的考量。但是，目前仍然缺乏基于环境公益的环评公众参与路径。根据现有的环评公众参与体制，只存在对公众私人利益保护的程序和救济，缺少对公益型环评公众参与的程序和权利救济机制。即使公众能够基于环境公益保护参与到环评过程中，其权利也难以获得救济与保障。为了提高对环境公益的保护，补足环评范围内的公众和有关利害关系人的参与能力，防止有关主体的权力异化，在环评公众参与过程中，不能仅仅将环评公众参与主体限定为利害关系人和环评范围内的公众，而是应当进一步扩大环评公众参与的主体范围。吸收更多的公众参与到环境影响评价过程中，为基于环境公益保护参与进来的公众提供合理的方式、程序以及权利救济渠道。本书对公益型环评公众参与的研究，也能够为落实《环境保护法》第五章中公众的环境保护权利作出一定程度的贡献。

随着环境科学的发展和环境教育的普及，公众对环境作为公共物品的属性，以及环境公益的普惠性和整体性有了更加深刻的认识。作为一种公众参与环境保护的重要方式，环评公众参与逐渐受到各界的关注和重视。

---

① 汪劲：《环境法学的中国现象：由来与前程——源自环境法和法学学科发展史的考察》，《清华法学》2018年第5期。

② 参见吕忠梅《环境法新视野》，中国政法大学出版社2000年版，第117页。

在立法方面，逐步完善相关法规。2015 年《环境保护法》专门在第五章明确了公众的环境保护权利，为公众参与环境保护提供了法律依据。同时，针对环评公众参与的实施，生态环境部在国家环保总局 2006 年颁布的《环境影响评价公众参与暂行办法》（以下简称《环评公众参与暂行办法》）基础上，颁布了《环评公众参与办法》，并于 2019 年 1 月 1 日正式实施。在生态环境部的倡导下，地方各级政府也逐渐制定并实施了地方性的环评公众参与办法。① 在制度层面，地方政府逐步落实生态环境保护责任。我国实施了领导干部生态环境责任审计制度，将地方生态环境保护与领导政绩挂钩，进一步强化对环境保护的重视。② 在应对地方保护主义的过程中，环保系统针对环境监测和监察实施垂直改革，有效防止地方政府因经济压力而对环境保护产生不当干预。环保体制改革的推进，为环评公众参与提供了更加公正、透明的发展空间。为了进一步完善环评公众参与的实施，我国学者也积极展开相关研究，为环保事业的发展贡献力量。

在这一过程中，一些学者开始意识到从利益角度进行分析的重要性，③ 重新审视环境利益的公共属性、环境公共利益的法律属性，以及环境影响评价制度中的利益冲突与保护问题。④ 此外，还有学者从利益角度对环境影响评价的公众参与制度进行了深入分析，⑤ 如公众参与的主体范围⑥、内容方式⑦、程序瑕疵⑧，以及公众参与的效力⑨、有效性⑩、法

---

① 例如，沪环规〔2019〕8 号《上海市建设项目环境影响评价公众参与办法（试行）》。

② 吕忠梅：《用最严格制度最严密法治保护生态环境》，《光明日报》2018 年 9 月 18 日第 2 版。

③ 包存宽：《环境影响评价制度改革应着力回归环评本质》，《中国环境管理》2015 年第 3 期。

④ 吴宇：《论环境影响评价利害关系人诉讼中"合法权益"的界定及其保护》，《重庆大学学报》（社会科学版）2019 年第 5 期。

⑤ 竺效：《全国首例环境行政许可听证案若干程序问题评析》，《法学》2005 年第 7 期。

⑥ 何苗：《中国与欧洲公众环境参与权的比较研究》，《法学评论》2020 年第 1 期。

⑦ 周珂、史一舒：《论环评改革的要素转型与范式选择——兼论〈水污染防治法〉相关制度的完善》，《中国生态文明》2018 年第 4 期。

⑧ 吴卫星、刘宁：《环境影响报告表适用公众参与程序研究——从"夏春官等诉东台市环保局环评行政许可案"切入》，《南京大学学报》（哲学·人文科学·社会科学版）2017 年第 2 期。

⑨ 唐明良：《公众参与的方式及其效力光谱——以环境影响评价的公众参与为例》，《法治研究》2012 年第 11 期。

⑩ 罗文燕：《论公众参与建设项目环境影响评价的有效性及其考量》，《法治研究》2019 年第 2 期；樊春燕：《如何更有效地实施建设项目环评公众参与？》，《环境影响评价》2015 年第 5 期。

律保障①等方面。这一切为本书从环境公益角度进行研究奠定了坚实的理论基础，并为实现基于环境公益的公众参与在环境影响评价审批中的引入作出了铺垫。人们的行为与利益紧密相连。在完善环评公众参与的过程中，无论是优化现有法律，还是强化现有理论，从利益角度进行分析，都能更深入地挖掘潜在问题，并根据现有法律和制度的不足，提出针对性的改进措施。本书在对现有环评公众参与制度审视的基础上，探讨公益型环评公众参与路径、程序及救济的方式。

作为完善环评公众参与的一种方式，以环境公益为中心的环评公众参与，是该领域研究的新内容。将环境公益保护引入环评公众参与过程中，不仅能够破除传统的仅以环评范围内的公众或者《行政许可法》中的利害关系人作为参与主体的公众参与能力不足，同时，作为不同区域中公众互助的一种方式，通过环评范围外公众的积极参与，能够携手共同推进环境公益保护。在保护环境公益过程中，《环境保护法》第五章已经确立了公众的环境保护权利，使得公众在环境保护的过程中有了法律上的权利依据，2019 年 1 月 1 日实施的《环评公众参与办法》也对公众如何参与环评作出了进一步规定。然而，在实际操作中，公益型环评公众参与仍相对匮乏。这主要是因为缺乏相应的参与途径、参与程序以及权利救济机制。

综上所述，为了有力推动环评公众参与的深入开展，有必要对环评公众参与进行深入剖析。在引入公众基于环境公益参与环评的路径时，还需进一步完善相关制度安排。因此，本书在反思现有环评公众参与机制的基础上，对基于环境公益的环评公众参与路径进行探讨，并结合实践现状，推动环评公众参与程序的有效开展以及救济方式的完善。

（二）研究目的

在我国现有的环评公众参与过程中，广泛存在公众参与能力不足的现象。② 而且，随着对环评公众参与主体的限制以及环评公众参与过程中各方主体的利益博弈，往往造成对环境公益的忽视。

一方面，引入公益型环评公众参与能够增强公众参与能力。从目前我国环境法律规定现状来看，环评公众参与的主体主要限制为"环评范围内的公众"和与建设项目环境行政许可有关的"利害关系人"。根据这种

---

① 吴宇：《建设项目环境影响评价公众参与有效性的法律保障》，《法商研究》2018 年第 2 期。

② 周一博：《理性对待公众参与环境行政决策》，《兰州财经大学学报》2018 年第 5 期。

规定，处于环评范围外的公众很容易就被环评公众参与制度拒之门外，这其实并不利于环境公益的保护。

虽然利害关系人或环评范围内公众对建设项目本身周围的环境状况可能有更加深刻的理解，但是并不代表该部分公众对环评文件中所涉及的专业化的环境信息具有掌控力。环评本身是一项专业性较强的工作，环评机构所作出的环评报告，对于一般公众来说是难以理解的，更无法针对环评报告提出有针对性的意见和建议。在环评文件编制和审批的过程中，建设单位和环评审批部门虽然会进行全过程的信息公开，但公众提出意见的期限是一定的，对于一般的公众来说，即使其想要参与到建设项目环评过程中，也难以在有效期内通过对环评的有关学习和了解后作出具有专业性的信息反馈。加之与建设项目有关的利害关系人或者环评范围内的公众数量是有限的，因此在应对相关问题时也会出现力有不逮的现象。另外，由于公众主体局限于利害关系人或环评范围内公众，在人的自利性理念的影响下，可能出现公众在环评参与过程仅仅考虑自身的私人利益的现象。那么，即使生态环境主管部门有环境公益保护的义务，但在作出相应的行政行为时，由于主要围绕环评范围内的公众和建设单位所主张的环境利益进行协调与衡量，当建设单位与环评范围内公众所追求的利益一致时，会导致环境公益被忽视的风险。[1]

另一方面，公益型环评公众参与的引入有助于增强审批部门的环境公益保护能力和意识。作为公权力主体，环评审批部门在执行审批过程时需遵守行政法相关规定，其组织的听证程序也应遵循《行政许可法》中对行政听证的明确规定。然而，根据《行政许可法》，除建设单位这一行政许可相对人外，仅有与项目具有利害关系的第三人可申请环评听证。利害关系的判断依据主要包括建设项目对公众的人身权和财产权的影响。这一规定意味着，听证主体受到严格限制，导致听证过程主要关注私人利益保护。[2]

此外，鉴于环评的专业性较强，审批部门在审查环评报告过程中可能因技术能力不足或工作失误而未能发现报告中的问题。尽管环评审批部门作为公权力主体有环境公益保护义务，但在面对不同主体的利益纠纷时，

---

① 参见［德］汉斯·J.沃尔夫、［德］奥托·巴霍夫、［德］罗尔夫·施托贝尔《行政法》（第二卷），高家伟译，商务印书馆2002年版，第225—226页。

② 参见马怀德《论听证程序的适用范围》，《中外法学》1998年第2期。

其判断较大程度地取决于参与人的利益主张。因此，在组织环评听证过程中，审批部门关注的重点往往集中在衡量不同主体之间的私人利益。

需要说明的是，在环评过程中，强调公益型公众参与的引入与实施，并不是要忽视公众私人利益保护，或者是通过牺牲部分公众个人利益来增强公共利益。相反，引入公益型环评公众参与，不仅能够在一定程度上提高个人利益保护力度，还能避免对私人利益造成间接伤害。环境公益本身具有普惠性和整体性，因此在一般情况下，环境公益与公众的人身和财产等私人利益并非相互冲突。然而，环境公益与私人利益之间的冲突仍不容忽视。例如，在建设项目涉及征地拆迁、就业等问题时，公众可能会因追求拆迁补偿款、工作机会或其他利益而放弃对环境公益的保护。在这种情况下，公益型环评公众参与的引入与实施有助于平衡不同利益主体之间的利益冲突。

在环评中建立基于环境公益的公众参与也是实现环境保护权利的一种方式。通过公益型环评公众参与制度的建立，能够将其他区域中有能力的公众吸收进来，对建设项目的环境影响提出更加专业的意见，提高环评文件质量和环境公益保护水平。毕竟每个人均是环境公益的受益主体，在环境公益保护过程中，均应践行环境公益保护义务。与此同时，随着公众权利意识的觉醒，如果仅将环评范围内的公众和利害关系人作为环评公众参与的主体，则将无法满足目前环评公众参与的程序需求。综上所述，本书从利益角度对环评公众参与制度进行分析，通过公益型环评公众参与的引入与实施，完善环评公众参与制度，并进一步提高对环境公益的保护。

（三）研究意义

我国环评公众参与制度已建立并逐步完善，但公众参与的主体范围主要局限于受影响的公众，法律、法规及规章各层面均未明确规定非直接利益相关的公益组织和其他公众有权参与环境影响评价，这不利于环境公益的保护。尽管通过对环境保护法律规范的解释，可以在一定程度上找到基于环境公益的环评公众参与的法律依据，使公众在环评过程中有权依法保护环境，然而，由于参与路径不明确及权利救济途径缺失，环评实践中的基于环境公益的公众参与仍相对不足。这种现象的出现，与我国环境理论中缺乏从环境公益角度对环评公众参与进行分析密切相关，也与长期以来以私人利益纠纷解决为重点的环评公众参与的法律与实践紧密相连。因此，本书从利益角度进行分析，反思环评公众参与过程中存在的问题，在现有理论基础上进行完善，并通过制度设计推动公益型环评公众参与有效开展。具体而言，本书对提升环评公众参与能力和水平，以及在我国环评公众参与过程中保护环境公益具有一定的理论和实践价值。

1. 理论意义

环境影响评价是环境污染防治过程中的预防性程序，具有"事前评估"的重要作用。① 从环境公益角度对环评公众参与进行研究，有利于提高人们行为背后对环境公益的追求，并有效解决环评过程中公众参与能力不足等难题。

在目前的环评公众参与实践中，尚缺乏对利益这一根本基础角度的深入分析。为从根本上解决环评公众参与问题，本书从利益视角进行分析，探讨环评公众参与过程中环境公益的保护，并为环评公众参与制度的完善提供理论依据。在现有以私人利益保护为主的环评公众参与制度中，为避免过度追求私人利益而导致环境公益的牺牲，需为环评公众参与制度的进一步完善提供更为丰富的理论基础，确立公益型环评公众参与。这一理论的扩展，可以为2015年《环境保护法》中所确立的公众环境保护权利提供更多的理论支撑，有助于在现有基础上提高环境公益的保护水平。在环境公益保护过程中，公众不再受"是否处于环境影响评价范围内"的限制，并从环境公益保护的角度对环评公众参与程序及公众环境保护权利救济途径进行完善。

2. 实践意义

尽管在部分建设项目的环评公众参与过程中，公益型环评公众参与的实例已然出现，如环保组织基于环境公益保护参与怒江水电开发项目、厦门PX项目、多地的垃圾焚烧厂建设项目等。然而，这些大型事件中由环境影响评价范围外的公众所产生的影响并不能在每一个项目的环评公众参与过程中得以复制。鉴于现有环评公众参与程序主要关注私人利益保护，因此在大部分建设项目的环评公众参与过程中，缺乏公众基于环境公益参与环评的途径，导致环评实践中基于环境公益的环评公众参与仍然不足。

需要注意的是，在环评编制阶段，是否开展环评公众参与有赖于建设单位的自由选择。在环评审批阶段，行政机关为了化解公众私人利益纠

① 陈秀萍、卢庭庭：《我国环境保护中风险预防原则的缺失及完善》，《行政与法》2014年第10期。

纷，开展私益型环评审批公众参与必不可少。[①] 本书强调公益型环评公众参与，并非对私益型环评公众参与的不重视，而是从更长远的眼光来更好地保障环评过程中私人利益。公益型环评公众参与，可以为环境影响评价范围外的公众在环评过程中提供保护环境公益的参与渠道，避免纯粹私人利益追求下的公众参与所带来的弊端，并对环评公众参与程序进行完善。随着公众权利意识的觉醒，环评过程中的公众参与出现了一些新的变化。基于环境公益保护参与环评，作为参与公共生活的一种方式逐渐受到了公众的青睐。本书在提出环评过程中引入基于环境公益的公众参与路径时，为了保障该程序的有效开展，进一步分析了在现存环评公众参与体制之下，如何协调公众与建设单位之间的利益关系。通过对环评公众参与程序利益分配内容的分析，提出有必要在现有的环评公众参与制度下，引入公益型环评公众参与，实现二元利益的融合，以便为公众在环评过程中提供保护环境公益的路径，实现公众私人利益纠纷解决机制的升级。在此基础上，进一步分析公众对环境公益保护的救济机制，提高对环评公众参与的保障，及时避免环境群体事件和社会风险的发生。[②]

二　国内外研究综述

我国学界 20 年前已开始对环评公众参与问题进行研究，并积极推动我国法律体系对环评公众参与制度作出进一步改进。在这些研究中，既包括了对我国大陆环评公众参与情况的探讨，也涵盖了我国香港、台湾地区以及国外环评公众参与法律规范及相关制度的研究。研究内容不仅涉及建设项目环评公众参与，还涉及规划环评公众参与制度和战略环评公众参与制度。针对环评类别的特殊性，研究范围涵盖了水产养殖规划、区域规划、港口规划、土地规划、轨道交通规划等规划项目的环评公众参与，以及公路建设项目、服务行业建设项目、PX 类建设项目等建设项目的环评公众参与。在环境影响评价制度方面，研究主题包括环评信息公开、环评公众参与程序、环评公众参与权利保障等。在环评公众参与主体方面，研究内容涉及确定公众主体范围，以及环评专家、环保组织在环评过程中的

---

① 徐以祥：《公众参与权利的二元性区分——以环境行政公众参与法律规范为分析对象》，《中南大学学报》（社会科学版）2018 年第 2 期。

② 陈海嵩：《邻避型环境群体性事件的治理困境及其消解——以"PX 事件"为中心》，《社会治理法治前沿年刊》，2017 年。

参与问题。

尽管近年来针对建设项目环评公众参与方面的研究逐渐丰富和完善，但从利益角度对其进行深入分析的文献并不多。2015 年新实施的《环境保护法》将公众参与作为一个独立的章节予以规定。2019 年，完善后的《环评公众参与办法》进一步对公众参与环境影响评价制度作出了细致安排，但并未充分强调环境公共利益与私人利益角度参与的区别。具体来说，不论是理论研究上，还是法律规范上，对公众如何基于环境公益保护参与环境影响评价制度过程中尚不明确。然而，值得欣慰的是，随着制度的实践检验和学界研究的推动，环评公众参与一直未曾离开公众参与环境治理相关研究的视野。而且，环评作为各类项目的准入许可，决定着其后是否允许一定程度的排污行为。随着公众环境保护意识的增强和权利意识的觉醒，公众对参与环评的意愿也愈发强烈，制度的运行过程中出现了诸多问题。前人的研究成果为公益型环评公众参与的制度构建奠定了研究基础，为后续环评公众参与的主体、范围、程序和救济机制的研究过程中提供可借鉴的机制。针对公益型环评公众参与这一主题，相关学者的研究主要包括以下几个方面：

（一）环评公众参与的理论

关于公众参与的研究首先是出现于政治学领域，包括公众参与选举等政治生活。[1] 后来又发展到公众参与规划，[2] 并逐渐出现在环境政策制定[3]和与环境相关的诉讼过程中。[4]

首先，环评公众参与和公平。公众参与环评，有助于更好地保证利益分配的公平性。作为以经济利益为导向的私人主体，建设单位在编制环评文件过程中难以确保公众参与的全面性。即便通常建设单位会委托中立的专业第三方即环评机构来编制环评文件和组织公众参与工作，但

---

① Lester W. Milbrath and Madan Lal Goel, *Political participation: how and why do people get involved in politics?* Chicago: Rand Mcnally, 1965, pp. 197-240.

② Jeffrey M. Berry, Kent E. Portney, and Ken Thomson, *The rebirth of urban democracy*, Washington: The Brookings Institution, 2002, p. 295.

③ Marcus E. Ethridge, "Procedures for Citizen Involvement in Environmental Policy: an Assessment of Policy Effects", in J. DeSario and S. Langton eds., *Citizen Participation in Public Decision Making*, New York: Greenwood Press, 1987, pp. 115-132.

④ Kevin L. Gericke and Jay Sullivan, "Public Participation and Appeals of Forest Service Plans—an Empirical Examination", *Society & Natural resources*, Vol. 7, No. 2, 1994, pp. 125-136.

也难以保证受委托的环评机构不会受到建设单位的经济利益驱动，进而制作出有利于建设项目环评审批通过的虚假报告。公众参与的核心功能在于通过不同群体和利益相关者提出意见和建议，通过不同群体智慧和观点的贡献，决策过程的围观以及跟踪性的监督，帮助行政机关作出公正决策。① 然而，值得注意的是，在整个参与过程中，公众与组织者之间呈现出一种显著的权势不对等现象。这种权势差距表现在多个方面，包括话语权、资源掌控和决策制定等。公众往往在这些方面相对弱势，难以与组织者公平竞争。② 利益关系的不同，会影响公众参与公共事务过程中的行为取向，而知识储备和技术水平对环评参与能力具有重要影响。通常情况下，知识技能水平越高，参与者越不容易被操控，能更好地表达自身意愿。③

其次，环评公众参与和民主。环评公众参与过程作为一种公共生活方式，体现了国家民主与法治化发展水平。在行政决策中，这种参与方式有助于保障决策的公正与透明。④ 环境民主权利的构建确保了公众享有法定环境保护权益，彰显了其参与环境保护行为的合法性以及维护环境公益的正当性。⑤ 环评公众参与，是公众在环境影响评价过程中，通过获取相关环境信息，提出针对环境影响的意见的过程。该程序能够使环评文件更突出环境保护，它是公众参与环境保护权利的体现。⑥ 随着公众参与被赋予"民主"意蕴，部分企业试图通过开展虚假的公众参与程序，营造出名不副实的良好企业形象，从而降低相关建设项目所面临的社会抵制。⑦

最后，环评公众参与和环境正义。随着环评公众参与在法律上的确立，我们对其民主价值的讨论不再局限于是否进行公众参与的表面化探讨，而是更加关注该程序运行过程中是否体现了实质民主。也就是说，环

① 白贵秀：《环境影响评价的正当性解析——以公众参与机制为例》，《政法论丛》2011年第3期。

② Gene Rowe, Lynn J. Frewer, "Public Participation Methods: a Framework for Evaluation", *Science, Technology, & Human Values*, Vol. 25, No. 1, 2000, pp.125-135.

③ Renee Sieber, "Public Participation Geographic Information Systems: a Literature Review and Framework", *Annals of the association of American Geographers*, Vol. 96, No. 3, 2006, pp.491-507.

④ Sidney Verba, Norman H. Nie, *Participation in America: Political Democracy and Social Equality*, University of Chicago Press, 1987, p.83.

⑤ 朱谦：《环境民主权利构造的价值分析》，《社会科学战线》2007年第5期。

⑥ 王秀哲：《我国环境保护公众参与立法保护研究》，《北方法学》2018年第2期。

⑦ Vivien Lowndes, Lawrence Pratchett, and Gerry Stoker, "Trends in Public Participation: Part 2-Citizens' Perspectives", *Public Administration*, Vol. 79, No. 2, 2001, pp.445-455.

评公众参与应当建立在程序正义的基础上。① 环境正义不仅关注环境保护，还强调环境利益的公平分配。在现代社会追求经济利益的过程中，环境公益已经遭受了严重的破坏。为了维护生态平衡和可持续发展，我们需要关注环境正义，让各方都能享受到环境带来的福祉。公众参与在环境保护中起着至关重要的作用。当某一利益群体过度保护自身利益时，公众参与有利于对某一利益过度保护时进行纠偏，以确保各方利益保护的均衡。这有助于防止环境资源的过度开发和污染，促进社会公平正义。②

（二）利益视角下的环评公众参与研究

从不同利益主体角度分析，环评过程中的主要利益相关方包括政府、企业、环评机构和公众。在环评公众参与过程中，存在政府、企业及环评机构不同层面的博弈过程。从利益的性质角度分析，环评过程中的利益可以分为个人利益、公共利益，或者私人利益、环境公益和其他公益。③

首先，利益视角下的一般公众参与环评过程的研究。在参与的公众中，可以根据主体身份的不同对公众主体进行分类，该种分类方式主要有五种。第一种是仅包括具有私人利害关系的公众主体；第二种是除了具有私人利害关系的公众主体之外，还包括环保组织这一特殊的环境公益保护团体；第三种是除了具有私人利害关系的公众主体和环保团体之外，还包括对环评流程、技术方法和政策法规等方面具有专业知识和丰富经验的专家；④ 第四种是除了具有私人利害关系的公众主体、环保团体、专家之外，还包括行政机关；第五种是除了具有私人利害关系的公众、环保团体、专家以外，还包括以环境公益保护为目的的公众或团体。也有学者根据受建设项目环境影响程度和对建设项目进展影响的不同，将公众分为核心公众群体、蛰伏公众群体和边缘公众群体三类。⑤ 对不同公众群体所提出的意见或建议的参考权重和采纳程度予以分别对待，从而整合不同群体诉求。从生态学角度来看，在我国任何地区的居民均可被视为受建设项目

---

① 张倩：《中国行政听证制度的功能困境及其治理研究》，中国政法大学出版社 2017 年版，第 128 页。

② 姚文胜：《论利益均衡的法律调控》，中国社会科学出版社 2017 年版，第 61 页。

③ 朱谦、楚晨：《环境影响评价过程中应突出公众对环境公益之维护》，《江淮论坛》2019 年第 2 期。

④ 白贵秀：《环境行政许可制度研究》，知识产权出版社 2012 年版，第 111 页。

⑤ 崔涤尘、郝旭东：《基于利益相关者理论对环评公众参与方法的研究》，《环境保护科学》2015 年第 3 期。

影响的相关人士。然而，当前我国行政法律规范对利害关系人的定义仍局限于建设项目直接影响的公众，或受影响较大的公众。有学者将公众参与划分为"具有利害关系的公众"和"无利害关系的公众"两种不同主体类型，并根据不同主体类型设计相应的参与权利。① 然而，行政法中的利害关系人可能作出不利于环境保护的决策。以云南怒江水电开发项目为例，项目附近的公众因征地拆迁补偿费用较高而放弃对环境公共利益的追求。最终，环保组织的诉求使得怒江流域的水电开发项目受到限制，并保护了流域生态环境。②

其次，利益视角下的环保组织参与环评过程的研究。由于环境保护过程中大部分公众在参与方式、方法、技术和知识储备等方面存在一定的劣势，为了对公众个人能力进行补足，以环境公益保护为目标的环保组织应运而生。尽管环保组织成立的初衷是为了保护环境公益，但资金短缺可能导致其受到投资者利益的诱惑，从而偏离原环境公益保护的初衷。③ 在进行环评公众参与的过程中，环保组织的言论和行动往往会突出对资金提供者利益的保护，④ 从而满足私人利益。⑤ 针对环保组织在环境保护过程中的参与，现有研究主要可以分为以下几个方面：一是研究环保组织参与不同领域公共事件的过程，⑥ 如公共环境安全领域、水环境管理领域、海洋环境保护领域、城市垃圾分类管理领域、农村环境治理领域等。⑦ 二是探讨不同行政区域或不同类别的环保组织参与环保事件的研究。例如，云南环保组织公众参与、西南五省民族地区环保组织参与、高校环保组织参与、海洋环保组织参与等。⑧ 三是研究特定环保事件中环保组织的作用，

---

① 徐以祥：《公众参与权利的二元性区分——以环境行政公众参与法律规范为分析对象》，《中南大学学报》（社会科学版）2018 年第 2 期。

② 孙敏：《怒江民间反坝行动》，《凤凰周刊》2004 年 9 月 13 日。

③ Marcus B. Lane and Tiffany H. Morrison, "Public Interest or Private Agenda: A Meditation on the Role of NGOs in Environmental Policy and Management in Australia", *Journal of Rural Studies*, Vol. 22, No. 2, 2006, pp. 232-242.

④ Nicola Banks, David Hulme, and Michael Edwards, "NGOs, States, and Donors Revisited: Still Too Close for Comfort?", *World Development*, Vol. 66, 2015, pp. 707-718.

⑤ Md Manjur Morshed and Yasushi Asami, "The role of NGOs in Public and Private Land Development: the Case of Dhaka City", *Geoforum*, Vol. 60, 2015, pp. 4-13.

⑥ 刘伊娜：《试论环保组织参与海洋环境公益诉讼的路径与完善》，《浙江海洋大学学报》（人文科学版）2019 年第 6 期。

⑦ 刘鹏：《环保社会组织参与生态环境保护的现实路径》，《行政与法》2019 年第 9 期。

⑧ 王琪、李简：《我国海洋社会组织参与全球海洋治理初探——现状、问题与对策》，《中国国土资源经济》2019 年第 9 期。

如环保组织参与环境群体事件、邻避冲突等。① 四是探讨环保组织参与环境保护的方式及困境，如研究环保组织在新闻媒体等平台中的话语权研究、环保组织与政府及企业在环保合作方面的表现、环保组织的资金使用及生存现状的研究等。② 此外，还有对环保组织环境保护权利的使用和救济方面的研究。③

最后，从利益视角探讨环评公众代表及专家的研究。关注的热点之一是公众代表是否真正代表了公众利益。在实践中，一些项目开发者将调查问卷直接发给不受利益影响的群体进行公众参与，导致受影响较大的公众未能真正参与其中，从而影响了公众参与的实质。④ 此外，专家在提供专业知识背景的同时，其专业背景也具有一定的局限性。在广泛听取各方专家意见的基础上，应注意确保专家发言的客观性和中立性，避免受一方主体影响。⑤

（三）关于环评公众参与程序的研究

公众参与对环境政策的制定及环境决定的作出至关重要，但是，公众参与并不是一直有效的，其效果受到多种因素影响。当公众参与渠道不畅通时，可能导致公众对政府公权力产生失望和绝望情绪，进而采取可能超出法律界限的行动以引起政府的关注。⑥ Arnstein 教授对公众参与进行了程度上的分类，指出在不同的公众参与等级下，公众权利和受重视程度有所差异，这一观点进一步凸显出加强公众参与程序的重要性，以保障公众在环境政策制定和决策过程中的合法权益。⑦

首先，环境信息公开方面。需要消除环境信息公开时间的滞后性，内

---

① 张勇杰：《邻避冲突中环保 NGO 参与作用的效果及其限度——基于国内十个典型案例的考察》，《中国行政管理》2018 年第 1 期。

② 关云芝、张明娟：《我国环保社会组织发展问题研究》，《行政与法》2019 年第 11 期。

③ 李树训、冷罗生：《论环境民事公益诉讼的诉讼时效》，《中国地质大学学报》（社会科学版）2019 年第 4 期。

④ 丘旭娟：《环评公众参与问卷调查常见问题与对策建议》，《环境与发展》2018 年第 6 期。

⑤ 杨凌雁：《论参与环境影响评价的"公众"》，《大连海事大学学报》（社会科学版）2009 年第 4 期。

⑥ Susan L. Senecah, "Impetus, Mission, and Future of the Environmental Communication Commission/Division: Are We Still on Track? Were We Ever?", *Environmental Communication*1, Vol. 1, No. 1, 2007, pp. 21–33.

⑦ Sherry R. Arnstein, "A Ladder of Citizen Participation", *Journal of the American Institute of Planners*, Vol. 35, No. 4, 1969, pp. 216–224.

容质量不高、不全面、不客观、过于专业化等问题，以使公众能够理解和获取有效信息。① 其次，在加强环评公众参与双方互动交流的过程中，应强化环评审批部门及建设单位对公众参与的组织义务，并构建氛围宽松、畅通的交流平台。双方交流的态度诚恳、地位平等对于双方信息是否有效沟通和信任意识的培养至关重要。② 在新形势下，应采用简洁明了和引人注目的宣传方式，在进行环评公众参与宣传的同时，提高公众对环评公众参与的理解。③ 最后，环评公众参与包括行政参与和非行政参与两个方面。对于行政参与的方面，应当体现程序尊严。④ 此外，在研究听证制度的过程中，有学者逐渐认识到私益听证和公益听证的区别。他们认为，私益听证主要涉及行政处罚和部分行政许可事项，而公益听证则发生在价格听证、行政立法以及行政决策过程中。⑤ 可以发现，这种观点是根据听证事项对公众是否具有普惠性来进行的划分。本书所讨论的公众参与，是根据环评过程中所保护的利益类型来确定的。如果这个过程主要是为了保护生态环境，而且公众所提出的意见也集中于环境保护，则可认为该类型属于公益型环评公众参与。

（四）研究的发展趋势

学界对环评公众参与的研究视角逐渐丰富，包括程序、少数民族、风险、国内外比较分析、生态文明建设、社会公共利益、环境正义、政府生态环境治理责任、生态协商民主机制、邻避冲突、马克思主义思想、农民参与、有效性、行政救济、激励机制等诸多领域。尽管学术界对环评公众参与制度进行了一系列研究，但主要关注点在于强调公众参与在环评制度中的重要性。因此，我国逐渐完善了环评公众参与制度的法律规范，并逐步提高了公众参与在环评制度中的地位。同时，随着环评信息公开制度的落实，实现了公众参与在环评过程中由虚到实的转变。多项研究表明，环评信息公开程度、参与主体范围、参与程序设置等因素对环评公众参与效

① 李挚萍：《建设项目环评信息公开法律机制改革及立法回应》，《环境保护》2016 年第6 期。

② 姚文胜：《论利益均衡的法律调控》，中国社会科学出版社 2017 年版，第 132 页。

③ 戴佳、曾繁旭：《环境传播——议题、风险与行动》，清华大学出版社 2016 年版，第49 页。

④ 叶俊荣：《环境行政的正当法律程序》，翰芦图书出版有限公司 2001 年版，第 80 页。

⑤ 张倩：《中国行政听证制度的功能困境及其治理研究》，中国政法大学出版社 2017 年版，第 128 页。

果具有显著影响。尽管我国学术界已经在完善环评信息公开制度、拓宽环评公众参与主体范围、提高环评公众参与有效性等方面展开了研究，但对于环境公益与环评公众参与制度之间关系的研究较少，并未有系统的论述。例如，没有探讨在环评中引入基于环境公益的公众参与的必要性，以及在环评制度中如何引入基于环境公益的公众参与。特别是在公众参与的主体范围方面，公众参与代表的选择对环评公众参与程序中的利益选择与衡量具有重大意义。①

综上所述，环评过程中的公众参与的理论研究不断得到深化和完善，但就目前而言，对环评过程中的公益型环评公众参与的研究仍然存在一定不足。一是从利益角度对环评公众参与制度进行分析的研究仍然较少，更鲜有学者从环境公益角度对环评审批中的公众参与进行研究。从利益角度对环评公众参与过程进行分析能够更直接地发现目前制度中的不足，并推动环境公益保护进程。二是缺乏从环境公益角度完善公众参与程序的制度性思考。针对环评公众参与能力不足及参与虚假，学者们对公众参与制度及程序进行了较为全面的分析，并提出了一系列的解决方式，但缺少基于环境公益保护的制度构建。

三　研究的思路、方法及创新

（一）研究思路

"每一种较为深入的探讨都要求对利益进行划分。"② 从利益角度对环评公众参与问题进行分析，有利于环评公众参与问题的解决。本书在梳理学术界关于环评公众参与理论的基础上，提出需要在环评过程中引入公益型环评公众参与。并通过对现有法律体系中相关法律规范的解释与剖析，反思现有环评公众参与体制下缺乏环境公益保护的弊端，探究在环评过程中引入公益型公众参与的法律支撑与路径。为了将公益型环评公众参与的理论真正用于环评实践，本书在现有理论的基础上，对环评过程中基于环境公益对公众参与的主体、范围、程序和权利救济等制度进行构建，并提出基于环境公益的环评公众参与融入现有环评公众参与制度的完善措施。为了更清晰地表达本书所提出的问题，最后将形成完善环评公众参与的法

①　吴宇：《建设项目环境影响评价公众参与有效性的法律保障》，《法商研究》2018 年第 2 期。
②　[德] 菲利普·黑克：《利益法学》，傅广宇译，商务印书馆 2016 年版，第 19 页。

律建议稿。本书总体的写作思路如图 0-1 所示。

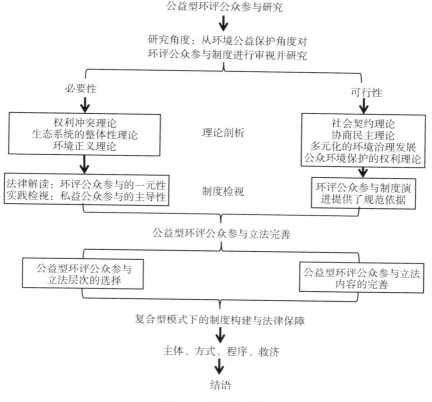

图 0-1　研究思路

　　公益型环评公众参与在我国难以有效开展，究其原因，不仅是因为在我国环境法律规范中缺乏基于环境公益保护开展环评公众参与的明确依据，还包括受环境行政许可听证程序的长期影响从而形成了基于私人利益保护的环评公众参与实践惯例。具体分为以下三个方面：第一，在理论层面，缺乏以环境公共利益保护为主要内容的环评公众参与的研究。虽然在环评公众参与制度的实施方面，有学者从如何规范环评公众参与的主体、程序等角度，来探讨如何提高环评公众参与的积极性和有效性，但是，仍然缺乏从利益的角度，即环境公共利益保护角度的研究。目前理论界对于为什么要在环境影响评价中引入基于环境公益的公众参与、如何在环境影响评价中引入基于环境公益的公众参与、怎样协调以私人利益保护为主要内容的传统环评公众参与和以环境公益保护为主要内容的环评公众参与程序，以及如何对基于环境公益的环评公众参与进行救济缺乏系统研究。第二，在规范层面，缺乏以环境公共利益保护为主要内容的环评公众参与明确依据。尽管 2015 年《环境保护法》第五章对公众参与环境保护的权利作出了规定，但是，在环境相关法律规范中，仍然缺乏对环评范围之外的公众参与环评审批的程序规定。从而，即使有环评范围外的公众基于环境公益保护参与到环评过程中，仍然缺乏相应的救济机制。第三，在实践层面，缺乏以环境公共利益保护为中心的环评公众参与案例。在环评公众参与制度建立以来的长久实践过程中，环评公众参与过程处理的公众意见主要围绕公众利益与建设单位利益之间的平衡。即便是在环评审批环节由行政机关组织的公众参与过程中，受《行政许可法》对行政许可听证程序的约束，环评公众参与的主体也往往限定为"利害关系人"。[①] 加之该部分公众所提出的意见主要围绕私人利益纠纷，从而导致以公共利益保护为职责的公权力主体将该程序解决的重点放在了公众与建设单位之间利益的衡量上，忽略了对环境公共利益的保护。

由此可见，若要从根本上解决环评公众参与中的问题，需要在现有理论研究、法律规范和实践探索的基础上，从利益的角度对环评公众参与再次进行剖析，在环评过程中引入公益型公众参与。环评主要是通过对未来可能造成的不良环境影响的分析、预测和评估，来预防建设项目或规划所带来的不良环境影响。[②] 在该过程中引入公益型公众参与程序，则不仅可以防止建设项目或规划实施后可能产生的不良环境影响对公众个人利益的不合理的损害，还可以确保该过程中对环境公益的维护。在实践中，环评公众参与活动所涉及的问题领域相对有限，其主要关注建设项目的环境影响。然而，公众针对项目所提出的意见大多源于个人利益诉求。由于公众对私人利益的过度关注，环评公众参与的核心议题往往集中在私人利益保障方面。为解决公众异议，行政机关往往聚焦于建设单位和公众之间的利益分配，从而导致环境公益在一定程度上被忽视。由此可见，在现有体制下，有必要深入分析环评过程中公益型公众参与的类别、主体及内容，将公益型环评公众参与制度与传统环评公众参与制度有机融合。同时，建立

---

① 张晓云：《环境影响评价参与主体"公众"的法律界定》，《华侨大学学报》（哲学社会科学版）2018 年第 6 期。

② 参见韩德培主编、陈汉光副主编《环境保护法教程》（第八版），法律出版社 2018 年版，第 72—76 页。

环评公众参与的救济机制，确保环评公众参与的有效实施，以维护环境公益的实现与保护。

（二）研究方法

公益型环评公众参与，是从环境公益保护角度对我国现有的环评公众参与制度进行的研究。为了夯实研究基础，在研究过程中本书将会运用环境法学、环境生态学、环境科学等不同学科知识，旨在丰富公益型环评公众参与的研究内容并提高研究的深度。在分析国内外环评公众参与研究成果的基础上，对我国环评公众参与实践过程中的利益追求进行梳理，进一步提出引入基于环境公益保护的环评公众参与的路径和制度落实的完善措施。为了顺利完成从环境公益保护角度，对环评公众参与制度进行思考和完善这一问题，需要综合运用以下研究方法。

1. 法律规范解释方法

本书从环境公益保护角度对我国现有环评公众参与机制进行深入分析。在研究过程中，涉及对现行环评公众参与过程中所适用的环境保护法律规范的探讨。此外，在提出引入公益型环评公众参与策略之后，还需从法律规范层面完善现有环评公众参与制度。具体而言，2015 年《环境保护法》用专章的形式对公众参与所作的相关规定，为本书从环境公益角度审视我国现有环评公众参与提供了规范基础。[①] 同时，2019 年施行的《环评公众参与办法》在借鉴 2006 年《环评公众参与暂行办法》经验的基础上，从规章层面进一步优化了我国环评公众参与制度。《环评公众参与办法》中关于公众参与环评的相关规定，是本书从环境公益角度研究环评公众参与制度的重要依据。在重新审视环评公众参与制度的过程中，提出引入公益型环评公众参与的路径，并对我国现有环评公众参与制度进行了完善。

2. 实证研究方法

在探讨我国现有环评公众参与实践过程中，现有法律规范的落实情况和其他问题的明确，还需要运用实证研究方法对我国环评公众参与中的利益追求与保护状况进行审视。法律的生命力在于实施。只有从环境公益保护角度出发，对实践中环评公众参与进行深度分析，才能真正揭示环评公众参与实践过程中各方主体的利益追求，以及环评公众参与过程中的困难

---

① 柯坚：《环境行政管制困局的立法破解——以新修订的〈环境保护法〉为中心的解读》，《西南民族大学学报》（人文社科版）2015 年第 5 期。

与挑战。具体而言，本书通过对实践过程中建设单位以及环评审批部门在环评公众参与过程中的具体操作进行研究，以及对司法实践过程中环评公众参与权利保护现状的梳理，为公益型环评公众参与提供了重要的实践依据以及为完善公益型环评公众参与提供了研究基础。

3. 比较分析研究方法

本书所运用的比较分析研究方法不仅涵盖了国内与国外环评公众参与的对比分析，还力图在跨学科比较分析的基础上，为我国环评公众参与制度的改革提供理论和实践依据。首先，虽然不同国家之间的法律制度和历史文化背景方面存在差异，但借鉴国外环评公众参与的实践经验仍能为公益型环评公众参与的完善提供有益借鉴。其次，通过分析环境科学、生态学、公共管理学等其他学科对环评公众参与这一问题的研究，能够为从环境公益角度对环评公众参与进行思考提供综合性分析方式，结合不同学科之间的有机联系对该制度进行完善。① 通过国内外和多学科领域的综合研究，进一步拓展环评公众参与的研究视野。

4. 文献分析研究方法

针对环评公众参与已有学者从不同的视角进行研究，并且，针对现有环评公众参与存在的不足提出了一些建议。② 这些研究内容为本书从环境公益保护角度对我国现有环评公众参与制度进行再思考提供了大量可学习与参考的文献。同时，虽然现有学者尚未提出如何引入与完善公益型环评公众参与制度，但是，对环评公众参与过程中利益的研究，则可以证明从环境公益角度对环评公众参与制度进行分析是完全可行并符合规律的。

（三）创新点

1. 研究视角的创新

虽然目前已有大量的针对环评公众参与制度的研究，但是，专门从利益角度对环评公众参与制度进行分析的研究则较少。而且，即使有学者在环评公众参与过程中提出了需要对环境公益进行保护，但是缺乏基于环境公益保护的角度对我国现有环评公众参与制度的系统研究，更缺乏对公益

---

① 黄荷、侯可斌、邱大广、李楠、赵志杰：《环境影响评价公众参与的居民认知度研究——以北京市为例》，《北京大学学报》（自然科学版）2017 年第 3 期。

② 罗文燕：《论公众参与建设项目环境影响评价的有效性及其考量》，《法治研究》2019 年第 2 期；黄锡生、韩英夫：《我国建设项目环评制度的现实困局及其完善路径》，《内蒙古社会科学》（汉文版）2017 年第 4 期；楚晨：《逻辑与进路：环评审批中如何引入基于环境公益的公众参与》，《中国人口·资源与环境》2019 年第 12 期。

型环评公众参与路径的思考，以及如何在现有环评公众参与保护过程中融入公益型环评公众参与，公益型环评公众参与主体、程序和权利救济等制度如何构建与完善。

2. 研究理论的创新

本书在研究的过程中，将现有的公众环境保护权利理论运用到基于环境公益的环评公众参与过程中。公众环境保护权利理论本身关注的就是公众在各种环境保护程序中对环境公益保护过程中的权利行使。本书将该理论运用于环评公众参与过程中，从而分析和把握公益型环评公众参与的权利行使与权利救济。此外，本书将权利冲突理论、环境正义理论、社会契约论等理论与公益型环评公众参与的引入与实施相衔接，为本书提出完善公益型环评公众参与路径提供了理论空间。

四　论证结构

第一章：公益型环评公众参与的基本理论。在本书这一部分，通过对环境公益、环评公众参与、基于环境公益的环评公众参与等相关概念的法律解读和特征分析，明确提出本书的研究内容为公益型环评公众参与的引入路径与制度完善，并界定本书所探讨公益型环评公众参与的基本范畴。与此同时，通过对公益型环评公众参与特点的梳理，明确了该制度与传统的私益型环评公众参与制度的区别。社会契约理论、协商民主理论、多元化环境治理理论以及公众环境保护权利理论的发展，为本书对公益型环评公众参与制度的分析提供了可行性基础。

第二章：环评公众参与的立法与实践之检视。通过从利益保护角度对我国环评公众参与法律制度发展的历史分析，可以发现我国环评公众参与制度从最初开始对主要包括对私人利益的保护，到现在逐渐强调环评公众参与过程中环境公益的重要性。对环评文件编制阶段和环评文件审批阶段这两个不同过程中公众参与保护现状进行梳理，进一步探究不同的环评过程如何为公益型公众参与提供可操作空间。主要包括对环评公众参与的主体、信息公开、深度公众参与等过程中环评公众参与实践状况的分析，发现目前的环评公众参与中对公众主体的限制性规定使得环境公益保护目的模糊，环境信息获取不畅阻碍环境公益保护，参与渠道缺失阻碍环境公益表达，缺乏对建设单位和审批部门的环境公益保护责任性规定等。

第三章：公益型环评公众参与的立法模式。我国作为典型的大陆法系国家，一项法律制度的确立往往需要相关的成文法律规范予以明确。在此背景下，为保证公益型环评公众参与的顺利开展，需要环评公众参与法律规范的完善，明确公众基于环境公益参与环评的依据和准则，采用复合型立法模式对公益型环评公众参与方式予以确立。一方面，在形式上采取融合式立法模式，在保证私益型环评公众参与获得保障的前提下，将公益型环评公众参与内容融入我国现有环评公众参与制度与程序中；另一方面，采用实质立法模式在价值目标上予以指导，保证该过程的科学性和实质的公平正义。

第四章：二元利益融合下的环评公众参与机制。首先，是对基于环境公益的环评公众参与主体的构建。应当进一步扩大环评公众参与的主体范围，以保障环境影响评价范围外的公众，能够基于环境公益保护参与到环评过程中。此外，鉴于环保组织参与环评的成功经验，还应当注重环保组织在环评公众参与过程中的重要作用。其次，是对公益型环评公众参与方式的构建。根据公众参与环评过程繁简程度的不同，分为一般公众参与方式、深度公众参与方式和其他公众参与方式。在每种类型的参与方式中都应当引入公益型环评公众参与。最后，是对公益型环评公众参与程序的完善。为了公益型环评公众参与的顺利开展，应当进一步拓宽环评信息公开，将环评公众代表选择以及公众意见回应作为应及时公开的内容。

第五章：公益型环评公众参与的法律保障。在这一部分，本书用独立一章对法律保障进行研究，而未将其归入本书第四章，这不仅是出于对本书篇章结构比例的考虑，更是出于对本章内容的重视。通过对前面几个章节的梳理，可以发现当前环评公众参与体制中存在对公众私人利益保护的程序和一系列救济机制，却缺少基于环境公益保护的环评公众参与权利救济途径。为了使公众能够在公益型环评公众参与过程中顺利实现各种参与环境保护的权利，除了法律和制度上的规定之外，还应当给予公众相应的权利救济途径。一方面，应当明确建设单位和环评审批部门在组织环评过程中的责任，以加强环境公益保护；另一方面，应当赋予公众基于环境公益保护提出行政复议和有关诉讼的权利，从而使公众环境公益保护权利获得更全面的保障。

附录：根据本书所提出的公益型环评公众参与的复合型立法模式，分别从立法层次和立法内容上对现有的《环境影响评价法》和《环评公众参与办法》有关章节或条款进行完善。

第一章

公益型环评公众参与的基本理论

环评公众参与，是公众根据法律及相关规定参与到环评过程中，提出意见或建议，并对该过程进行监督的制度。[①] 公益型环评公众参与，则是从环境公益保护角度对环评公众参与制度进行的研究。2002 年《环境影响评价法》作为专门规定环境影响评价制度的法律正式颁布，标志着我国正式确立了环评公众参与制度。之后，学界针对环境影响评价制度和环评公众参与展开了一系列研究。围绕环评公众参与部分，研究内容包括什么是环评公众参与、为什么要引入环评公众参与制度、怎么引入环评公众参与制度，以及环评公众参与制度如何具体开展等基本概念和理论问题。但对于从环境公益的角度对我国环评公众参与制度的研究则缺乏系统论述，包括公益型环评公众参与的基本概念、为什么要引入公益型环评公众参与，以及如何引入公益型环评公众参与等基本理论问题。鉴于我国目前仍然缺乏对公益型环评公众参与的深入了解，在从环境公益角度对我国环评公众参与制度进行分析完善之前，需要对公益型环评公众参与的基本概念进行明确，并在此基础上对这一制度特点和理论基础进行梳理，从而寻找在现有环境影响评价制度中引入公益型环评公众参与的可行性与必要性，为公益型环评公众参与制度的引入与实施做准备。

第一节　环境公益视角下环评公众参与的基本概念

在对环境公益视角下的环评公众参与进行分析之前，需要对研究中涉及的基本概念进行梳理。由于本书对环评公众参与制度的研究是从环境公

---

① 参见韩德培主编、陈汉光副主编《环境保护法教程》（第八版），法律出版社 2018 年版，第 72—76 页。

益角度进行的再次思考，因此，除了对涉及的"环评公众参与"这一基本制度概念进行界定之外，还需要对"环境公益"这一重要概念和"公益型环评公众参与"这一核心概念进行具体分析。需要注意的是，本书将"公益型环评公众参与"作为核心概念予以提出，主要是考虑到需要在环评公众参与制度中引入基于环境公益参与进来的公众，还包括应当为基于环境公益保护的公众提供参与到环评过程中的路径和权利救济方式。"公益型环评公众参与"作为环评公众参与完善的未来发展方向以及新型参与模式，不仅包含了基于环境公益的环评公众参与的某种程序类型，还涵盖了基于环境公益的环评公众参与的某种主体类型。

一　环境公益

环境公益，即环境公共利益，是利益的一种表现形态。这一概念由环境、公共、利益三个主要元素组成。

（一）利益

利益与人们的行为密切相关。[1] 利益不仅包括物质利益，还包括精神利益。庞德教授认为利益是由个人所提出来的一些要求、愿望或需要。[2] 在经济领域中，利益这一概念具有举足轻重的地位，"每一个社会的经济关系首先是作为利益表现出来"[3]。在政治领域中，摩根索教授对利益进行了深入探究，并将"权力"这一概念作为界定利益的基础。[4] 在法学领域中，利益的表现形式往往是"权利"，或者法律关系主体的权利或义务所指向的对象。[5] 周永坤教授将法律关系的客体分为财产、非财产利益和行为。[6] 庞德教授指出了法学和经济学上利益概念的不同，在经济学领域中，利益的判断以是否有利为标准。[7] 黑克教授认为，法学所调整

---

① 《马克思恩格斯全集》（第二卷），人民出版社 2016 年版，第 187 页。
② ［美］罗斯科·庞德：《通过法律的社会控制》，沈宗灵译，商务印书馆 2010 年版，第 41 页。
③ 《马克思恩格斯全集》（第二卷），人民出版社 2016 年版，第 537 页。
④ ［美］汉斯·摩根索：《国家间政治——权力斗争与和平》（第七版），徐昕、郝望、李保平译，北京大学出版社 2006 年版，第 55 页。
⑤ 公丕祥主编：《法理学》（第三版），复旦大学出版社 2016 年版，第 298 页。
⑥ 周永坤：《法理学——全球视野》（第四版），法律出版社 2016 年版，第 111—113 页。
⑦ ［美］罗斯科·庞德：《通过法律的社会控制》，沈宗灵译，商务印书馆 2010 年版，第 41 页。

的利益应当作最为宽泛的理解。① 在这一过程中，赋予利益以法律的表现
形式，并不改变利益原有的结构及内容。② 在立法对公众所享有的权利法
定化过程中，实现公众利益的初次分配。公众依据法律规范，通过一系列
权利的行使，从而实现自身所要追求的利益。但是，在公众行使权利的过
程中，法律并不能保护到所有的利益。公众所追求的利益，一般会根据法
律所调整的内容、法律时效、法律证据、法律形式等因素受到一定的限
制。并且在面对互相冲突的利益时，法律在保护过程中会作出取舍。③

随着社会的发展，利益这一概念的内涵逐渐得到丰富和完善。其应用
范围不断拓展，突破传统界限，表现形式也呈现出多样化趋势。从利益的
享有主体上进行分类，包括国家利益、社会利益、个人利益;④ 从利益的
种类上分类，包括财产性利益、人身性利益;从利益的性质上进行分类，
包括政治利益、经济利益、社会利益、文化利益、生态利益;从利益的分
布上进行分类，包括区域利益、地方利益、中央利益。根据利益是否能够
在实践之外获得，分为内在利益和外在利益。⑤ 由此来看，根据人们所追
求的利益内容的不同，利益有着各种各样的存在形式。可以说，利益存在
于生活方方面面，无处不在。在深入探讨利益这一核心概念的过程中，本
书着重强调了个人利益与公共利益这两对关键概念。针对环境公益问题的
探讨，本书同样着重从个人利益与公共利益的维度展开全面分析。

其实，我们生活中所提到的利益和法学领域的利益并不相同。法学中
的利益是根据普遍观念所确定应当由法律所保护的利益内容,⑥ 是某一法
律关系的目的，需要通过权利或权力予以保护。在不同的部门法中，所保
护的法益内容侧重点也有所不同。民商事法律中所保护的主要是具有私人
性质的个人利益，在刑法、行政法等法律中，所保护的利益还包括表现为
社会秩序、科教文卫、经济发展、生态环境等内容的公共利益内容。不能
简单根据部门法的立法目的就单纯认为该法所保护的内容全部是公益还是

---

① ［德］菲利普·黑克:《利益法学》，傅广宇译，商务印书馆 2016 年版，第 14 页。
② 公丕祥主编:《法理学》（第三版），复旦大学出版社 2016 年版，第 165 页。
③ 参见周永坤《法理学——全球视野》（第四版），法律出版社 2016 年版，第 113 页。
④ 吴高盛教授将其分为"个人利益、群体利益、社会团体利益、公众利益和人类利益"。
参见吴高盛主编《公共利益的界定与法律规制研究》，中国民主法制出版社 2009 年版，第 24 页。
⑤ 转引自［英］恩靳·伊辛、布雷恩·特纳主编《公民权研究手册》，王小章译，浙江人
民出版社 2007 年版，第 408—409 页。
⑥ 张明楷:《法益初论》，中国政法大学出版社 2000 年版，第 165 页。

私益，一个部门法中往往会包含多种利益内容。① 如何判定法规范包含的利益是个人利益还是公共利益呢？根据保护规范理论，个人利益的具备必须满足三个条件：（1）规范必须客观上有利于个人利益的保护；（2）该项个人利益的保护必须是法律所追求的目的；（3）针对目标受益人的法律后果必须具有可执行性。简单来说，法律必须以确立受益人的个人利益为目的。如果一项规定对个人而言具有客观有利的"法律力"，并具有执行的可能性，那么该规范就蕴涵了个人利益。如果不满足这种情况，就不是个人利益，而可能是公共利益或者反射性利益。

（二）公共利益

公共利益这一概念虽然广泛存在于社会公共管理领域，是管理学、政治学、经济学中所研究的重点内容，但需要说明的是，公共利益也是法律中的核心概念，存在于宪法、行政法、民法、刑法等法律规范之中。例如法学中"公共秩序善良风俗""公共政策""社会、政治制度和法律原则""法律秩序根本原则""国家和法律秩序的基础""法律政策"等概念。②

对公共利益概念的界定是学界的一大难题。其本身具有不确定性，难以形成统一的答案。马克思认为，不能通过简单的具体化将公共利益认为是一种实际利益，而应当是将其作为一种共同的价值存在。③ 不过，为了确定公共利益的具体内容，在对公共利益进行研究时，学者们往往通过这一概念的涵盖范围进行限缩与控制，将其背后的利益内容进行具体化。

公共利益这一概念有着较长的研究历史。在界定公共利益的享有主体时，根据享有公共利益的主体的不同存在不同的学说。第一种是国家利益说，该学说认为公共利益即国家利益，与个人利益和社会利益相区分。④ 按照庞德教授的观点，这种以国家利益为内容的公共利益，是政治组织在社会控制过程中所享受的尊严，包括是否能被控诉、国家债务的抵消、不因官员的行为受到阻碍和妨害、政治组织的效率等。虽然庞德教授

① ［日］美浓部达吉：《公法与私法》，黄冯明译，中国政法大学出版社2003年版，第131页。
② 金彭年：《社会公共利益保护法律制度研究》，浙江大学出版社2015年版，第21页。
③ 《马克思恩格斯全集》（第三卷），人民出版社2016年版，第37—38页。
④ ［美］罗斯科·庞德：《通过法律的社会控制》，沈宗灵译，商务印书馆2010年版，第41页。

更倾向将公共利益解释为国家利益，对公共利益的定义与目前通说理解并不相同，但庞德教授对社会利益作出的深刻理解可以为目前的公共利益提供理论支撑。其认为社会利益现在更多地理解为公共利益的范畴，包括一般安全利益、保障社会制度的利益、一般道德的利益、保护社会资源的利益、一般进步的利益和个人生活的利益。① 由此可以看出，公共利益的国家利益说，是将公共利益的享有主体确定为国家，并由政治组织来具体行使，进一步保障国家尊严。② 不过，以国家利益为核心的公共利益，可能会更强调或导致国家主义或者更多的国家高权的介入。第二种是共同利益说，或称为整体利益或多数人的利益。该学说认为公共利益即共同利益，强调利益的均质性、一致性。作为一项被共同享有的利益，有学者认为其享有主体为社会共同成员。③ 也有学者认为其享有主体除了包括国家之外，还包括公众与集体。④ 还有一些学者认为，这种利益与传统利益不同，⑤ 并不能直接由公民、集体或国家所享有。⑥ 虽然，一些公众的个人利益与共同利益存在冲突，但是共同利益应当是大部分人的利益，其利益内容是一种普遍存在。⑦ 值得注意的是，共同利益说虽然通过进一步扩大公共利益的享有主体，在公共利益的主体界定上作出了突破，但是共同利益说更倾向于将公共利益认为是简单个人利益的相加，缺乏一定的有机联动性。⑧ 第三种是社会利益说，这种学说将公共利益归入社会利益范畴，可称为社会公共利益。定义为"以社会公众为利益的主体的，涉及整个社会最根本的法律原则"⑨。同时，对该公共利益赋予一定的法律含义，⑩ 例如"公共秩序""善良风俗"等合乎道德内容的法律原则和内涵。⑪ 不

---

① ［美］罗斯科·庞德：《通过法律的社会控制》，沈宗灵译，商务印书馆 2010 年版，第 44—45 页。

② 杨霞：《政府信息公开实现条件研究》，首都师范大学出版社 2006 年版，第 225 页。

③ ［英］边沁：《道德与立法原理导论》，时殷弘译，商务印书馆 2000 年版，第 58 页。

④ 李宁、陈利根、龙开胜：《农村宅基地产权制度研究——不完全产权与主体行为关系的分析视角》，《公共管理学报》2014 年第 1 期。

⑤ 杨炼：《论现代立法中的利益结构》，《理论月刊》2011 年第 11 期。

⑥ 蔡恒松：《论公共利益的主体归属》，《前沿》2010 年第 15 期。

⑦ 《马克思恩格斯全集》（第三卷），人民出版社 2016 年版，第 38 页。

⑧ ［英］边沁：《道德与立法原理导论》，时殷弘译，商务印书馆 2000 年版，第 58 页。

⑨ 孙笑侠：《论法律与社会利益》，载张文显、李步云主编《法理学论丛》（第一卷），法律出版社 1999 年版，第 39 页。

⑩ 上官丕亮：《"公共利益"的宪法解读》，《国家行政学院学报》2009 年第 4 期。

⑪ 金彭年：《社会公共利益保护法律制度研究》，浙江大学出版社 2015 年版，第 21 页。

过，也有学者针对公共利益的道德属性而深感担忧。[①] 可见，这一学说更强调人的社会性和社会连带关系，注重利益的整体社会价值，但是，对于社会公共利益中的具体内涵并未作出详细解释。

通过以上梳理，可以发现，目前大部分学者对公共利益的主体确定为国家和社会两个方面。并且可以得出公共利益应当有利于大多数人的利益，或从长远的角度来观察对大部分社会公众有利的结论，即使在某些情况下个别公众的利益与公共利益内容存在一定的冲突。虽然学者们对公共利益的享有主体看法不一，但是应当承认这种利益并不具有独占性。

与公共利益相对应，私人利益是一个有别于公共利益的相对概念，是指每一个社会成员为满足其需要的客观确认。[②] 在经济学领域，私人利益与社会利益相对应，指私人主体在市场经济活动中获得的利益，不包含外部利益。[③] 在法学领域，有学者从司法实践对私人利益的保护入手，将私人利益分为生命、自由和财产。[④] 不过，无论是公共利益，还是私人利益，都不能直接从该利益的享受或享有主体的人数或存在形式上进行判断。私人利益的享有主体不仅包括公民、集体或有关单位，有时也会以国家的形式出现。[⑤] 例如，在涉及自然资源所有权时，由于自然资源主要表现为一种财产利益，而国家对自然资源的所有权，则是国家对一种财产利益的所有权，具有私益性质。也有学者认为国家之所以也是自然资源所有权的主体之一，主要是防止私人主体对重要的自然资源进行过度获取的一种规制方式。[⑥] 此外，在环境法中，这种私人利益与环境公益相对应，包括被特定多数人所享有的环境群体利益，和被公众个人所享有的环境个人利益。[⑦]

通过以上分析，可以发现，公共利益主要包括以下两点核心内容：第一，公共利益具有非特定性。这种非特定性不仅体现在利益的享有主体方面，还包括利益的内容方面。第二，公共利益往往与公共

---

① 刘连泰:《"公共利益"的解释困境及其突围》,《文史哲》2006 年第 2 期。
② 参见付子堂《对利益问题的法律解释》,《法学家》2001 年第 2 期。
③ 丁勇、张德善主编:《经济学基础》,苏州大学出版社 2013 年版,第 138 页。
④ 参见高鸿钧等《法治:理念与制度》,中国政法大学出版社 2002 年版,第 234 页。
⑤ 参见付子堂《对利益问题的法律解释》,《法学家》2001 年第 2 期。
⑥ 参见王旭《论自然资源国家所有权的宪法规制功能》,《中国法学》2013 年第 6 期。
⑦ 参见肖建国《利益交错中的环境公益诉讼原理》,《中国人民大学学报》2016 年第 2 期。

政策密切相关。① 这一概念起初是为了解决互相冲突的私人利益或者为了更长久地保护私人利益。不过，由于公共利益本身具有不确定性，难免会受到一些批判。有学者担心公共利益这一概念可能会成为法律逃逸的出口，成为统治者工具。例如，有学者将其认为是"剥夺公民财产所有权的行政行为适法性之一"②，据此，在给予一定补偿的同时，公共利益往往作为国家征收的目的和标准。③ 为了避免对公共利益保护过程中对私人利益的损害，在保护方式上应当尽量避免或减少公共利益与私人利益的冲突，并且对公共利益的保护应当在法律上作出规定。公共利益一方面要防止国家权力的过度介入，另一方面要注重个人利益的保障，不能让个人利益服从于一个充满高权色彩，或者变动不居的集体利益型公共利益之中。

（三）环境公益

在阐释环境公益的含义之前，需要明确环境利益的内涵。生态环境作为一种与人们息息相关的要素，根据人们的需要可对其具体化为环境利益。法律通过对环境利益与其他利益的调整，从利益的享有主体、利益的存在范围和利益的时空范围上将环境利益进行规范化，形成法律上的环境利益。④ 环境利益应当是一种不忽视个体利益保障，不包含高权色彩的社会公共利益。从环境利益的公益和私益的属性上来看，关于环境利益的学说可以分为三种。第一种是环境利益的私人利益说，该学说认为环境利益是指人格化的环境利益，包括与公众人身利益和财产利益相关的环境利益内容。在该学说中，有学者突出强调环境利益应当凸显人格利益，⑤ 也有学者更加强调环境利益中的财产属性⑥。第二种是环境利益的公共利益说，该学说将人类可从环境获取到的人身和财产方面的利益归入私人利益范畴，并将环境利益确定为具有公共性和集体性的具有公

　　① 参见李春成《公共利益的概念建构评析——行政伦理学的视角》，《复旦学报》（社会科学版）2003 年第 1 期。

　　② 参见吴高盛主编《公共利益的界定与法律规制研究》，中国民主法制出版社 2009 年版，第 19 页。

　　③ 参见符启林主编，司徒志梁、王树清副主编《征收法律制度研究》，知识产权出版社 2012 年版，第 296 页。

　　④ 参见周永坤《法理学——全球视野》（第四版），法律出版社 2016 年版，第 252—253 页。

　　⑤ 参见刘长兴《环境利益的人格权法保护》，《法学》2003 年第 9 期；刘长兴《环境权保护的人格权法进路——兼论绿色原则在民法典人格权编的体现》，《法学评论》2019 年第 3 期。

　　⑥ 参见史玉成《环境法的法权结构理论》，商务印书馆 2018 年版，第 68 页。

共性质的利益。① 在该学说中，有学者提出环境公益与经济利益之间的平衡与协调是保障个人利益的关键。② 第三种是环境利益的第三利益说。该学说将环境利益确定为一种不同于传统私人利益的新利益类型。③ 有学者认为，这种环境利益是保障传统私人利益的安全利益；④ 也有学者认为，该种环境利益中既包括私益型环境利益，又包括公益型环境利益；⑤ 另外，有学者在对环境利益进行分析时，认为环境利益包括环境公益和环境私益，且从环境利益的享有主体上进行考虑时，环境利益还应当包括环境国益。⑥ 并将环境公益确定为不特定多数人所共同享有的环境利益。

环境公益又称为环境公共利益，是公共利益在环境领域的具体化。一般是指人们日常生活、工作及学习过程中所享受到的空气、水、土壤等环境要素所带来的利益的总称。生态系统是由生物及非生物共同作用所形成的统一整体，除了动物、植物等生物因素之外，还包括阳光、空气、水、土壤等一系列非生物因素。本书所提到的环境公益则是指在生物因素和非生物因素共同作用下，所形成的能够被人类识别并为满足生态系统的良好存在而被人类所客观确认的利益。需要说明的是，本书对环境公益的定义主要考虑到了当环境污染产生时对周围生态环境的影响，并不包含以自然资源为内容的经济利益。⑦ 因此，环境公益并非一种由个人环境利益简单叠加的共同利益，而是一种客观存在的特殊的环境利益。⑧ 鉴于其具有多重属性，有必要对环境公益的特点进行明确。

第一，环境公益具有共享性及普惠性——环境公益的公共物品属性。

①　参见金福海《论环境利益"双轨"保护制度》，《法制与社会发展》2002 年第 4 期。

②　秦天宝：《环境公益与经济私益相协调：保护地居民权利保障的基本原则》，《世界环境》2008 年第 6 期。

③　王春磊：《我国环境法对环境利益消极保护及其反思》，《暨南学报》（哲学社会科学版）2013 年第 6 期。

④　刘卫先：《环境法学中的环境利益：识别、本质及其意义》，《法学评论》2016 年第 3 期。

⑤　参见巩固《私权还是公益？环境法学核心范畴探析》，《浙江工商大学学报》2009 年第 6 期。

⑥　参见肖建国《利益交错中的环境公益诉讼原理》，《中国人民大学学报》2016 年第 2 期。

⑦　参见杨朝霞《论环境公益诉讼的权利基础和起诉顺位——兼谈自然资源物权和环境权的理论要点》，《法学论坛》2013 年第 3 期。

⑧　参见曹和平、尚永昕《中国构建环境行政公益诉讼制度的障碍与对策》，《南京社会科学》2009 年第 7 期。

公共物品是公共利益的具体化，具有共同消费、难以排他的特点。① 同样，环境公益具有非排他性，不能被任何人所独立享有但能够被人们所共同享受。环境是以人为中心的，并受到人的心理、经济技术发展以及生活条件和关系的影响。② 但是，这并不意味着环境公益的共享性和普惠性受到限制。

第二，环境公益具有整体性——环境公益的生态学属性。从生态学角度来看，环境公益表现为生态利益，指生态系统中，人、动物、植物所享有的利益的总和。由于环境具有流动性，且生态系统中不断进行着物质与能量的交换，因此生态利益往往没有区域范围的限制。同时，生态利益可具体化为生态资本，并具有动态效应。③ 在具有整体性的环境公益中，其中的环境总量的形成离不开任何一个区域的环境贡献。20 世纪 60 年代美国气象学家洛伦兹教授发表了名为蝴蝶效应（The Butterfly Effect）的研究报告。他在报告中运用数学模型来模拟天气，并通过对数值的改变来反映现实中的气候变化无常。在 1972 年的会议上，通过用海鸥翅膀的震动所带来连锁影响说明，小规模的微小变化就能够产生改变天气的重大影响。后来，该学说也应用于生态环境领域，当地球上的任何一个地方的环境受到污染，其所带来的环境公益的受损，将会导致一系列的变化。

第三，环境公益需要社会共同保护——环境公益的法律属性。在保护环境公益过程中，一方面，要求国家的积极作为，制定一系列的环境法律规范与政策，积极开展环境保护活动，履行职责以实现国家的环境保护义务；另一方面，公民可根据社会生活发展水平，依据法律规定积极行使权利参与环境保护。④

我国法律在对环境公益这一实体内容进行具体化的过程中，制定了一系列的环境标准。一般地，当污染排放没有超过该标准范围的，就可以认为环境公益没有受到损害。从这个意义上来说，法律上的环境公益是指在法律调整范围内，与人们工作、生活相关的各种生态利益的总和。通过对环境容量和环境总量的分析与控制，在法律上是否构成对该利益的侵害往

---

① 参见［美］迈克尔·麦金尼斯主编《多中心体制与地方公共经济》，毛寿龙译，上海三联书店 2000 年版，第 104 页。

② 参见黄锦堂《台湾地区环境法之研究》，月旦出版社股份有限公司 1994 年版，第 9 页。

③ ［澳］菲利普·安东尼·奥哈拉主编：《政治经济学百科全书》（上卷），郭庆旺、刘晓路、彭月兰、张德勇等译，中国人民大学出版社 2009 年版，第 82 页。

④ 参见陈真亮《论环境法的社会化与社会化的环境法》，《清华法治论衡》2013 年第 3 卷。

往以是否超过国家环境标准为判断依据。

二   环评公众参与

虽然众多学者对环评公众参与这一概念进行了界定，但随着相关法律规范的不断完善，这一制度逐渐展现出新的特点。环评公众参与作为本书"公益型环评公众参与"核心概念的基础，有必要对其进行再度明确。

（一）公众参与

"公众参与"和"公共参与"作为指向参与公共生活的两个词语虽有一字之差，但核心内容没有较大的区别。① 不过，在对"公众参与"这一概念进行理解的过程中，需要对"公民参与"和"公共参与"这一易混淆的类似概念进行区分。②在理清公众参与的指向是公共事务后，有必要对这一概念中的参与主体——"公众"进行明确。我国宪法学界往往将"公众""公民"与"人民"等词语作为不同的概念进行区分，并应用于不同的领域。"公民参与"往往指单个的个人，不包括组织或者团体。而公众中除了包含个人之外，还包括单位、法人、团体或组织，这在环境法学界已经达成了共识。不过，对于"公众"的理解目前仍然存在一些争议，需要明确以下两点：

一方面，公众中所包含的主体并非均要求具有公民资格。李艳芳教授认为，公众以具有民事权利和行为能力的公民为主要内容，也包括非自然人和不具有中国国籍的外国人。③ 有学者将公众参与中的主体确定为公民和社会组织。④ 公众不仅仅包括组织或者特定人群的集合，同时也包括个体的公民。只要涉及公众利益，均可进行参与。⑤ 也有学者对这一点表示异议，认为公众参与指公民参与，不具有公民资格的个人不属于公众范围之列。⑥ 公

---

① 参见王锡锌《利益组织化、公众参与和个体权利保障》，《东方法学》2008 年第 4 期。

② 参见王士如《政府决策中的公众参与和利益表达——解决民生问题的政治思考》，载上海市社会科学界联合会编《科学发展与和谐社会 共识·共生·共赢——上海市社会科学界第五届学术年会文集（2007 年度）（政治·法律·社会学科卷）》，上海人民出版社 2007 年版，第 94 页。

③ 李艳芳：《公众参与环境影响评价制度研究》，中国人民大学出版社 2004 年版，第 4 页。

④ 参见王春雷《基于有效管理模型的重大活动公众参与研究——以 2010 年上海世博会为例》，同济大学出版社 2010 年版，第 20 页。

⑤ 李艳芳：《公众参与环境影响评价制度研究》，中国人民大学出版社 2004 年版，第 16 页。

⑥ 张晓杰：《中国公众参与政府环境决策的政治机会结构研究》，东北大学出版社 2014 年版，第 20 页。

众参与、公共参与和公民参与没有区别，都是公民在公共生活中参与公共决策的一种方式。[①]

另一方面，在参与不同的公共事务时，公众的范围呈现出一定的差异。包括公众参与政治生活、环境保护、文化活动、城市规划、地方立法、食品安全等多个领域。本书所研究的环评公众参与，属于公众参与环境保护的范畴。在不同的法律程序中，公众的范围也有所区别。虽然公众参与贯穿环境影响评价的始终，但是，公众这一主体在不同的阶段其范围也表现出差异。例如，环评编制阶段的公众参与和环评审批阶段的公众参与，因法律规定程序性质而表现不一。在环评审批阶段，公众参与则属于行政程序范畴，公众的主体范围会进行进一步的限缩。[②] 而在本书中，笔者将公众参与定义为公民、法人、其他个人或组织参与公共生活，表达意见或决策并影响决定作出的过程。

（二）环评公众参与

环境影响评价制度（Environmental Impact Assessment，EIA）最早起源于美国1969年颁布的《国家环境政策法》（*National Environmental Policy Act*，NEPA）。最初，这一制度的颁布是为了应对严重的环境危机。该制度正式确立之后，在改善生态环境和防止环境恶化方面作出了重大贡献。噩梦般的环境公害事件严重影响到公众生活，人们逐渐认识到除了经济利益之外，环境利益对自身的工作和生活有着重要作用。与此同时，日益强烈的环境保护运动对环境影响评价制度的出台起到了重要的催生作用。从环境影响评价制度的建立过程来看，该制度的产生本身就和公众的参与密切相关。

环境影响评价制度在我国正式确立的标志是1979年9月《环境保护法（试行）》的出台，其中第6条对我国城市建设和改造过程需要进行环境影响评价这一程序作出了规定。[③] 环评编制阶段公众参与制度最早出现于1996年《水污染防治法》中，这一单行法第13条第4款对建设单位

---

① 参见俞可平《公民参与的几个理论问题》，《学习时报》2006年12月18日第5版。

② 朱谦：《公众环境保护的权利构造》，知识产权出版社2008年版，第163页。

③ 1979年9月《环境保护法（试行）》第6条："一切企业、事业单位的选址、设计、建设和生产，都必须充分注意防止对环境的污染和破坏。在进行新建、改建和扩建工程时，必须提出对环境影响的报告书，经环境保护部门和其他有关部门审查批准后才能进行设计；其中防止污染和其他公害的设施，必须与主体工程同时设计、同时施工、同时投产；各项有害物质的排放必须遵守国家规定的标准。"

组织公众参与作出了规定。① 受该单行法约束范围的限制，环评编制阶段的公众参与仅出现在建设项目水污染防治部分。在一年后的《环境噪声污染防治法》中，也对环评编制阶段的公众参与进行了规定，但其同样并不适用所有类型的环境污染。直到 1998 年《建设项目环境保护管理条例》的出台，标志着环评编制阶段的公众参与制度的正式确立。② 2002 年，《环境影响评价法》中将其进行法定化。③ 与环评编制阶段的公众参与制度相比，环评审批阶段的公众参与则出现较晚。环评审批阶段的公众参与制度建立的标志则为 2003 年《行政许可法》的出台，其中第 47 条规定了申请人及利害关系人可以提出并参与行政许可听证的权利。④ 根据该条法律规定，环评许可的申请人和利害关系人在审批阶段可申请参与环评许可听证。我国环评公众参与制度确立历程如图 1-1 所示。

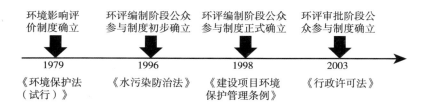

图 1-1　环评公众参与制度确立历程

我国已对环评公众参与制度进行了较长时间的研究，对此有突出贡献的学者有李艳芳、吕忠梅、汪劲、周珂、吴元元、朱谦、史玉

---

　　① 1996《水污染防治法》第 13 条第 4 款："环境影响报告书中，应当有该建设项目所在地单位和居民的意见。"

　　② 1998《建设项目环境保护管理条例》第 15 条："建设单位编制环境影响报告书，应当依照有关法律规定，征求建设项目所在地有关单位和居民的意见。"

　　③ 2002《环境影响评价法》第 21 条："除国家规定需要保密的情形外，对环境可能造成重大影响、应当编制环境影响报告书的建设项目，建设单位应当在报批建设项目环境影响报告前，举行论证会、听证会，或者采取其他形式，征求有关单位、专家和公众的意见。建设单位报批的环境影响报告书应当附具对有关单位、专家和公众的意见采纳或者不采纳的说明。"

　　④ 2003《行政许可法》第 47 条："行政许可直接涉及申请人与他人之间重大利益关系的，行政机关在作出行政许可决定前，应当告知申请人、利害关系人享有要求听证的权利；申请人、利害关系人在被告知听证权利之日起五日内提出听证申请的，行政机关应当在二十日内组织听证。"

成、竺效等。① 早在 20 年以前，就有学者提出，环评公众参与是指建设单位及审批环境影响评价报告书（表）机关以外的其他相关机关、地方政府、社会团体、学者专家、人大代表、政协委员、当地居民等，通过法定的方式参与环境影响评价的制作、审查与监督的活动。② 也有学者认为，环评公众参与是指除建设单位及审批部门以外的个人、团体，以及地方政府或其他机关，通过法定或非法定的方式，参与到环评文件制作、审查与监督等过程。③

如今，我国环评公众参与制度已确立逾 20 年，在此期间，该制度不断得以完善，其内涵亦不断丰富。通过对以上学者观点的梳理，结合我国《环境影响评价法》第 2 条中关于环境影响评价制度的定义，④ 以及关于环评公众参与理论和实践的发展，认为环评公众参与制度是指公民、法人或其他个人或组织，通过知情权、表达权、参与权、监督权等权利的行使，以座谈会、论证会和听证会的深度公众参与方式，或者网络、邮件、电话或其他非深度公众参与方式，针对建设项目所造成的环境影响发表意见并影响环评决定的一种制度。参与环评的公众主体主要包括当地居民，除此之外，还可能包括社会团体、学者专家、人大代表、政协委员等。

三 公益型环评公众参与

从上述内容可知，公众可以通过行使知情权、表达权、参与权、监督权等权利，积极参与环评过程，以保障环境利益。当环境遭受污染，会导致环境利益受损，既涉及环境公益，也包括公众个人利益。根据公众在环评过程中所维护的利益类型，可将公众参与分为公益型环评公众参与和私益型环评公众参与。公众参与到环评过程中，旨在保护的环境利益类型涵盖公众的人身健康、财产安全等个人利益，以及社会公众共同享有的环境公益。

与公益型环评公众参与相对，私益型环评公众参与是指公众基于对自

① 参见吴卫星《环境权理论的新展开》，北京大学出版社 2018 年版，第 3—7 页。
② 参见李艳芳《论我国环境影响评价制度及其完善》，《法学家》2000 年第 5 期。
③ 参见叶俊荣《环境政策与法律》，元照出版有限公司 2010 年版，第 203 页。
④ 《环境影响评价法》第 2 条："本法所称环境影响评价，是指对规划和建设项目实施后可能造成的环境影响进行分析、预测和评估，提出预防或者减轻不良环境影响的对策和措施，进行跟踪监测的方法与制度。"

己人身健康和财产等个人利益的保护，通过行使知情权、表达权、参与权和监督权等权利参与到环评过程中的制度。① 基于现有的法律规范和实践，私益型环评公众参与中的公众通常与环评存在着直接利害关系，或是其人身健康和财产可能较大程度地受到该建设项目的不良环境影响。为了对环境公益进行保护，立法在衡量社会利益、经济利益及环境利益等诸多利益之后，出台了有利于环境保护的一系列法律和环境保护标准。只要违反了环境保护法律或者环境保护标准则直接视为对环境公益的损害。需要注意的是，由于对环境公益认识的局限性，以及法律文本的有限性和概括性，目前对环境公益予以明确规定的内容是非常有限的。而且，由于各国的经济、科技发展状况和环境保护理念的不同，保护环境公益的能力和标准也有所差异。随着人类对生态环境认识的加深，以及我国环境科学研究的推进，我国对环境公益进行保护的方式也会逐渐升级。这就要求在实践过程中，公权力机关除了需要遵循法律的规定之外，还需要根据法律相关条款的解释明确其背后的立法思想，从而指导社会生活。通过在各种互相冲突的利益中进行衡量与取舍，实现对环境公益的合理考量。虽然在环评过程中，通过公权力主体对环境公益进行保护能够较高程度地提高行政效率，但是，鉴于环境公益具有易受侵害性，以及公权力主体行使权力弊端的存在，为了在环评过程中对环境公益进行保护，不仅需要具有环境公益保护职责的公权力机关增强环境公益保护意识，还需要引入其他主体对环境公益予以保护。

"公益型环评公众参与"强调除公权力之外，公众这一主体对环境公益保护的重要性。以往的环评公众参与实践过程中，公众意见或建议主要集中于两个方面。一方面，该项目所排放的废水、废气、环境噪声等对自身健康及生活所带来的影响。例如，该项目运行后是否会排放有毒有害物质、其对废水废气等污染物质的处理措施是否安全、其产生的环境噪声及难闻气体是否会影响人们的正常作息、当发生特殊事件时该项目的风险防范措施是否到位等。另一方面，该项目所产生的环境污染是否会影响人们的生活享受。例如，在财产方面，该项目的建设是否会影响其所居住或所拥有房屋的价值；在生活方面，该项目的建设是否会影响自身的采光、观景视野或家庭风水等。不论是第一个方面还是第二个方面，其主张都是围

---

① 王彬辉：《新〈环境保护法〉"公众参与"条款有效实施的路径选择——以加拿大经验为借鉴》，《法商研究》2014 年第 4 期。

绕公众的私人生活。可见，同理性经济人假设一致，公众参与到环评过程中更多的是基于对私人利益的保护。这本身符合该制度设立的目的，但由于实践过程中利益的多元化、信息不对称等问题，使得环评公众参与偏离了原有轨道。

本书所提出的公益型环评公众参与，则是要求公众参与环评这一过程，应当是基于对环境公益的保护，即使这种环境公益有利于公众个人利益。是指公民、法人或其他个人或组织，基于对环境公益的保护，通过知情权、表达权、参与权、监督权等权利的行使，以座谈会、论证会和听证会的深度公众参与方式，或者网络、邮件、电话或其他非深度公众参与方式，针对建设项目所造成的环境影响发表意见并影响决定作出的过程。在引入公益型环评公众参与过程中，不仅要求公众基于环境公益保护参与环评时对环评信息享有知情权，还要求公众能够基于环境公益保护发表意见，实现环评参与权、表达权与监督权。公众基于环境公益参与的环评过程可分为环评启动程序、环评报告编制程序、环评报告提交程序、环评报告审批程序以及作出环评审批决定程序。在本书中，将前三者归纳为环评编制过程中的公众参与，后二者归纳为环评审批过程中的公众参与。即环境公益的环评公众参与具体可分为环评编制阶段和环评审批阶段两个部分。总体而言，公益型环评公众参与，是引入一部分以环境公益保护为目标的公众参与到环评过程中，通过知情权、参与权、表达权、监督权等权利的行使，提高环评过程中对环境公益的重视，并进一步对公众私人利益进行保障。

四　公益型环评公众参与的法律分类

不同的环评阶段，公众参与的主体、方式、程序等具有一定的差异，因此从环境公益角度对环评公众参与的立法现状进行分析时，有必要根据环评阶段的不同分别对环评公众参与进行剖析。根据我国环评公众参与的立法现状，环评公众参与可分为：（1）环评文件编制阶段由建设单位组织的公众参与；（2）环评文件审批阶段由建设单位或审批部门组织的公众参与。

（一）环评编制阶段公益型公众参与的内涵

环评编制阶段的公益型公众参与，是指在建设单位确定建设项目的环评单位时开始，至将环评文件报送有关生态环境主管部门进行审批为止的时间段内，公众根据审批部门所列明的参与方式与途径，提出针对环境公益保护的相关意见的过程。① 此阶段的环评公众参与有以下两点较为突出：

其一，环评编制阶段公众参与的时间要求。环评编制过程中的公众参与始于建设单位与环评机构之间订立有关的环评委托协议，至建设单位将最后形成的环境影响报告书和环评公众参与说明提交至审批部门为止。在此期间，主要包括三个阶段，分别是环境影响报告书征求意见稿编制阶段、环境影响报告书征求意见稿征求意见阶段和完善后的环境影响报告书提交审批阶段。

其二，环评公众参与主体与环评公众程序组织者存在利益冲突。在环评过程中，公众或基于私人利益，或基于某种公益目的，对该建设项目的环境影响提出意见和建议。根据修改后的《环境影响评价法》，环境影响报告书要么是由该建设单位委托给有关环评机构进行编制，要么在建设单位有编制能力时自行编制。不论编制主体是谁，在这一阶段，环评公众参与程序的责任主体都是建设单位。而环评公众参与过程主要是建设单位通过对项目环评信息的公开，接受公众公开质疑和询问的过程。其中，公众与建设单位之间存在着紧张的利益关系。建设单位进行环评的目的本身就是为了更好地追求经济利益。根据法律规定，建设单位为了使建设项目获得法律上的认可，免于国家的有关行政处罚，需要遵循建设项目的环评程序要求。而在环评编制阶段，由建设单位组织的环评公众参与，不仅需要建设单位消耗金钱、时间和精力，还要面对来自公众的质疑或建议。不论公众所提出的意见是对有关问题的质疑，还是为了提高建设项目环评质量的建议，都会增加环评成本进而加重了建设单位的经济负担。因此，基于经济利益的追求，建设单位通常会排斥公众参与过程的开展。

（二）环评审批阶段公益型公众参与的内涵

环评审批中公益型公众参与，是指在建设单位将环评文件报送有关环保部门审查后，公众根据审批部门所列明的参与方式与途径，提出针对环境公益保护相关意见的过程。此阶段的环评公众参与有以下两点较为突出：

① 2017年国家海洋局发布了《关于海洋工程建设项目环境影响评价报告书公众参与有关问题的通知》中，将该过程中的公众参与分为环评初期阶段、报告书编制和报送海洋部门审查前三个阶段，而本书则将其统称为环评文件编制阶段。

其一，环评审批阶段公众参与的时间要求。环评审批过程中的公众参与开始于有环评审批权的生态环境主管部门收到建设单位所提交的环评文件时，结束于有环评审批权的生态环境主管部门作出审批决定后为止。在此期间，公众可以基于环境公益保护，向有关审批部门提交关于建设项目环境影响方面的意见，参与到与环评有关的普通程序和深度程序中，监督该过程中对环境公益的保护。

其二，环评公众参与具有行政程序性质。在这一过程中，环评公众参与的组织者是审批部门。环评审批部门，作为公权力主体，本身具有维护环境公益的义务。但是，单纯由环评审批机关进行环境公益保护，既可因能力不足以致难以保护环境公益，又可因权力异化使环境公益受损。① 环保部门作为拥有环评审批权的公权力机关，除了对环评文件编制阶段建设单位组织的公众参与进行审查之外，还需要视情况在审批过程中开展公众参与。在参与过程中，吸收公众意见作出审批决策。②

综上所述，不同阶段的公益型环评公众参与存在差异。环评编制阶段和环评审批阶段的公众参与除了启动时间、主体的不同外，在程序要求上也有所不同。在环评编制阶段的公众参与的组织者是建设单位，建设单位作为私人主体，并没有进行环境公益保护的义务。建设单位作为经济利益的追求者，对环境公益的保护一般以现有的法律规范为限。也就是说，虽然编制阶段的环评公众参与程序不具有行政性质，建设单位仅仅是作为私人主体，不承担公权力主体的有关责任。但是，建设单位作为环评编制阶段公众参与的法定义务主体，需要遵守法律上的义务性规定。而在环评审批阶段，环保部门与建设单位和公众之间则不存在紧张的利益关系。依据《行政许可法》所展开的行政许可听证程序，以私人利益保护为中心，而且，常常因涉及有关人员的隐私以及有关主体的商业秘密，不便于对该过程予以公开。③ 不过，我国目前已经确立了行政公开原则，环评审批过程涉及公共利益的内容，应当提高基于环境公益的环评公众参与程序的透明度。与此同时，环保部门本身作为以环境保护为主要职责的公权力机关，需要对环境公益进行保护。

---

① 参见胡建淼主编《公权力研究——立法权、行政权、司法权》，浙江大学出版社2005年版，第290—294页。
② 参见汪劲《对提高环评有效性问题的法律思考——以环评报告书审批过程为中心》，《环境保护》2005年第3期。
③ 参见杨建顺《日本行政法通论》，中国法制出版社1998年版，第860页。

第二节　公益型环评公众参与的特点

本书提出需要引入与贯彻实施的公益型环评公众参与，建立在现有的环境私益型环评公众参与的基础之上。因此，在了解公益型环评公众参与内涵的过程中，需要对该类型的公众参与特点进行明确。相对于私益型环评公众参与而言，公益型环评公众参与的特点具体包括以下几个方面。

一　公众主体范围更加广泛

在环境私益型环评公众参与中，根据《行政许可法》与《行政复议法》，能够参与到环评过程中，或者在请求获得环评参与过程中权利保障的公众主体类型为与该建设项目环评许可有关的利害关系人，或是人身利益或财产利益将要或可能受到该建设项目环境污染直接影响的公众。在环评编制阶段，建设单位在经济利益的驱动下为了快速获得环评许可，并不希望公众针对其项目的环评内容提出过多的意见，从而影响项目的推动。因此，建设单位在划定的环评范围之外，并不会主动征求其他公众的意见。在环评审批阶段，由于目前法律中并未对环评公众参与的组织者作出听取环评范围外公众意见的强制性规定，因此，环评审批部门在审查环评编制阶段的公众参与程序，以及组织公众参与过程中，也将集中于对环评范围内公众意见的收集和采纳，尊重环评范围内的公众意见表达权、参与权和监督权。

在公益型环评公众参与中，公众主体范围为可能受到建设项目不良环境影响的公众个人、相关组织或有关单位。这种不良环境影响，既包括因建设项目所产生的环境污染的直接影响，也包括因建设项目所产生的环境污染的间接影响。不论是环评编制阶段，还是环评审批阶段，公益型环评公众参与主体应当既不会受到是否存在环评许可利害关系的影响，也不会受到其所处的地理位置或行政区域的限制。只要公众在环评过程中的利益诉求是基于环境公益保护，都可以按照规定的时间和方式参与到环评过程中。而且，在该类型的环评公众参与过程中，会重点引入环保组织的意见。与私益型环评公众参与相比，环保组织的成立目的和工作目标为保护环境公益，具有较强的环境公益保护能力和丰富的环境公益保护经验。与普通的公众相比，环保组织由于技术、经验、人员等方面的优势，更容易发现环评报告中的问题，并且能够一针见血地根据要求提出公众意见。由此可见，在公益型环评公众参与中，参与进来的公众主体范围要远远大于环境私益型环评公众参与。

二 所追求利益具有公益性

如上所述，公益型环评公众参与中，公众所追求的利益内容为环境公益。而环境公益本身属于一种与环境相关的公共利益，并且具有普惠性、共享性、整体性等特点，需要社会共同保护。[①]

从生态系统的整体性上来看，任何人都可能会因某一建设项目对环境公益的损害而受到影响。[②] 这种环境公益的受损，不仅会影响到环评范围内公众的人身利益和财产利益，从长远的角度上来看，也会对环评范围外的公众个人利益造成间接不良影响。公益型环评公众参与过程中，公众所提出意见的立足点是全社会公众的共同利益。而在私益型环评公众参与中，公众参与的动机以及所提出的意见则往往直接表现为对私人利益的保护。因此，在私益型环评公众参与和公益型环评公众参与中，公众的角色定位是不同的。一方面，普通公众角色定位的不同。在私益型环评公众参与中，参与主体为环评范围内的公众或者利害关系人，基于私益保护参与到环评过程中。在公益型环评公众参与中，参与主体还包括环评范围外的所有公众，基于环境公益保护参与到环评过程中。另一方面，专家定位的不同。在私益型环评公众参与过程中，受环评范围的影响，大多数情况下，环评领域相关的专家仅仅以被邀请专家的身份参与到该过程中。在公益型环评公众参与过程中，由于参与主体不受地理位置的限制，环评领域相关的专家除了以被邀请的专家身份参与进来，还能够以普通公众的身份参与到该过程中。在私益型环评公众参与过程中，由于被邀请的专家数量较少，受知识领域的限制，很可能会出现对某一问题理解的片面性。而在公益型环评公众参与过程中，除了被邀请的专家外，还有更多的专家能够基于环境公益保护参与到环评过程中。不仅可以增强对相关问题理解的深度和广度，还能够防止建设单位或审批部门在选取专家过程的针对性所带来的弊端。

---

① 朱谦：《环境公共利益的法律属性》，《学习与探索》2016 年第 2 期。
② 白洋、杨晓春：《论环境法生态整体主义意蕴及其实现进路》，《山东理工大学学报》（社会科学版）2019 年第 1 期。

　　需要注意的是，强调引入公益型环评公众参与，并不是要忽视公众私人利益保护，或者是通过牺牲部分公众个人利益来增强公共利益。相反，引入公益型环评公众参与，不仅能够在一定程度上提高个人利益保护力度，还能够避免对私人利益造成间接伤害。因环境公益本身所具有的普惠性和整体性，在一般情况下，环境公益与公众的人身和财产等私人利益并不是互相冲突的。不过，环境公益与私人利益之间冲突的存在也是不可忽视的。

三　更加彰显环境正义

　　公众参与环评过程，作为环境民主的一种表现方式本身就有利于环境正义的实现。不过，引入公益型环评公众参与，与环境私益型环评公众参与相比更能凸显环境正义。这主要表现为以下两个方面：

　　一方面，公益型环评公众参与主体更加彰显环境正义。如上所述，在公益型环评公众参与过程中，并不会对公众主体作出过多的限制。"环境正义不仅关注资源利益的分配，而且关注谁被排除在决策过程之外。"[①] 在环评公众参与过程中，参与的主体背后往往代表了不同群体的利益。若对公众参与主体范围进行过多的限制，那么会导致一部分公众所保护的利益内容缺乏代表人而导致参与不公的现象出现。目前，即使公众环境保护意识普遍得到提高，但是由于区域经济、社会及文化发展的不平衡，公众对环境公益的保护意识依然呈现出多样化的特点。在一些地区，由于缺乏环评公众参与的有关教育，在环评信息公布之后，在有限的时间内公众难以提供有效信息，表现为公众参与缺乏积极性，或是公众参与能力不足。这样未经公众充分沟通与交流的环评项目被审批通过后，由于缺乏意见的疏导方式及途径，容易导致公众矛盾的升级或社会风险的发生。[②] 因此，在引入公益型环评公众参与的主体上，应当体现差别原则，通过对公众利益追求差异化的处理，以提升社会对公共利益的认知和对环境公益的保护追求，在此过程中个人利益往往也能够获得提升。[③] 同时，

---

　　① 王泽琳、张如良、吴欢：《跨流域调水的公正问题——基于环境正义的分析视角》，《中国环境管理》2019 年第 2 期。

　　② 何香柏：《风险社会背景下环境影响评价制度的反思与变革——以常州外国语学校"毒地"事件为切入点》，《法学评论》2017 年第 1 期。

　　③ ［美］约翰·罗尔斯：《正义论》（修订版），何怀宏、何包钢、廖申白译，中国社会科学出版社 2009 年版，第 82 页。

通过其他区域中公众参与主体的引进，弥补特定区域中公众的参与能力，并提高环评公众参与监督水平，更加彰显环境正义。

另一方面，公益型环评公众参与理念更彰显环境正义。这主要表现为两点：第一，环境公益视角下的环评公众与更加凸显公众理性。若不考虑环境公益，在纯粹私人利益视角下的环评公众参与过程中，公众基于个人利益保护主张参与环境公共事务管理，那么参与的效果则往往更加关注在不同公众主体的利益中作出选择与衡量。若是该部分公众出于各种原因所主张的个人利益与环境公益大相径庭，则容易导致环境公共政策的制定不合理。公共利益往往代表了公共理性，出于公共利益保护能够在利益诉求中更多地基于共同利益，减少个人利益的偏私。罗尔斯认为，公共理性下，"公民能够根据公共政治价值的理性平衡相互解释他们的投票行为"，而在环评中，公共理性则要求公众根据环境公益来行使表达权和参与权。① 在公益型环评公众参与中，由于公众所追求的环境公益属于一种公共利益，并不具备明显的私人利益性质，在公众进行保护时，则态度更为客观和中立。第二，环境公益视角下的环评公众参与更加平等。由于环境公益并不属于任何公众个人独有，居住在不同区域的公众对其进行保护时，会更少地掺杂公众私人利益。在公益型环评公众参与过程中，即使公众内心有可能是对个人利益的追求，但是由于其诉求表现为对环境公益的保护，因此，相较于私人利益型环评公众参与来说，公众在参与环评过程中由于所提出的事宜均围绕同一对象展开而更加具有平等性，即使在实践中在多大程度上引入公益型环评公众参与还依赖于建设单位及有关部门的经济实力或能力。② 所以，环境公益视角下的环评公众参与能满足更多人的利益，更能体现公平正义。③

综上所述，与环境私益型环评公众参与相比，公益型环评公众参与过程能够对环境进行更严格的保护。根据上文中提到的生态系统的整体性理论，每个人都与我们生活的生态环境息息相关，不可能独立于生态环境而存在。不过，由于环评公众参与组织者的实力、能力及时间的限制，只能

---

① ［美］约翰·罗尔斯：《公共理性的理念》，载［美］詹姆斯·博曼、［美］威廉·雷吉主编《协商民主：论理性与政治》，陈家刚等译，中央编译出版社 2006 年版，第 89 页。

② 程样国、陈洋庚：《理性与激情的平衡——论公共政策制定中的公民适度参与》，《政法论坛》2009 年第 1 期。

③ 郁乐：《环境正义的分配、矫正与承认及其内在逻辑》，《吉首大学学报》（社会科学版）2017 年第 2 期。

够根据实际情况来选择部分公众代表参与到具体的环评过程中来。① 而
且，由于其选择范围以环境影响评价范围为界，这就使得环境影响评价范
围外的众多公众无法基于环境公益参与到该过程中。也就是说，即使公众
都具有维护环境公益的权利，但是并不能够确保其能够参与到环境影响评
价的相关程序中。虽然一些建设项目在进行环评公众参与时会征求大量公
众的意见，但是，随着环评公众参与程序的不同，需要选出不同的公众参
与代表。公众代表所主张的利益则包含着其背后所代表的公众的共同利
益。但是，当公众代表所主张的共同利益仅仅是以私人利益的形式出现，
且该部分代表被某利益集团所贿买时，将会出现环境公益保护目的的缺
失。约翰·克莱顿·托马斯教授曾认为，"很多代表特定群体的公民在受
邀参与公共决策后追逐特殊的利益，从而导致了更广泛的公共利益的缺
失"②。因此，为了提高对环境公益的保护，公众基于环境公益提出诉求
是有必要的。在环评公众参与过程和传统的以私人利益保障为中心的参与
程序中，引入公益型环评公众参与，可以保护到更高层次的环境公益。

第三节　公益型环评公众参与的理论依据

　　现有的环评公众参与制度的理论基础包括人民主权理论、民主理论、
环境公共信托论、环境权理论、行政参与权理论、行政控权理论、程序正
义理论等，涉及经济学领域、社会公共管理领域、宪法与行政法学领域、
环境法学领域等多个范畴。③ 虽然以上理论也可以为环评公众参与提供理
论依据，但是由于本书讨论的内容是一种公益型的环评公众参与，与我国
现有的环评公众参与具有一些差异。因此，本书中的理论基础则将主要针
对这一特殊类型的环评公众参与具体展开。由上可知，引入公益型环评公
众参与是非常有必要的。在本部分，对社会契约理论、协商民主理论、多
元环境治理理论以及公众环境保护权利理论分别进行介绍，为公益型环评
公众参与提供理论支撑。

---

　　① 　参见田千山《完善公共政策制定中的公民参与机制——基于 SWOT 分析的路径选择》，
《行政与法》2011 年第 9 期。

　　② 　[美] 约翰·克莱顿·托马斯：《公共决策中的公民参与：公共管理者的新技能与新策
略》，孙柏瑛等译，中国人民大学出版社 2005 年版，第 25 页。

　　③ 　参见崔浩《行政立法公众参与制度研究》，光明日报出版社 2015 年版，第 45—56 页。

一　社会契约理论

1762 年卢梭在《社会契约论》一书中提出了社会契约的概念。在该理论之下，人们生而自由，为使自己权利获得更好的保护，与国家订立契约，并将一部分权利让与国家由国家进行管理。① 虽然，该理论是从立法角度阐述了国家主权来源于人民，并倡导法律应通过公众参与来制定。但是，从该理论可以看出，人们本身就具有处理公共事务的权利，只不过为了某些需要而将这部分权利交由国家来行使。这种理念对目前公众参与公共事务具有很强的指导意义。

一方面，根据社会契约论，公众有权利对环境公益进行保护。由社会契约论所衍生出的人民主权的思想，一切权利属于人民，包括人民有权利制定公共生活中的规则，在公共生活中发表意见和见解。而对于环境来说，其本身属于公共物品。② 因此，探讨环境相关事宜也需要公众参与。上到宏观层面的立法、发展计划，中观层面的城市发展规划，下到微观层面的公众参与具体行政决定的作出等。由于法律在对环境利益内化的过程中，根据环境利益对人类影响的差异作出了不同的保护，所以公众可参与的情况也有所不同。其中，环境利益中与公众个人身体健康及发展联系最为紧密的一部分已经在法律中作出了最为严格的保护。如公众的人身权和财产权，不允许受到侵犯。该权益可能受到侵犯的公众个人，可以直接通过法律的明文规定，保护因环境污染而受损的人身利益和财产利益。由于自身利益受到严格保护，不需要其他公众的共同参与。但是，鉴于法律文本的有限性和社会生活的复杂性，法律并不能将与环境相关的所有利益均进行严格保护。从社会契约论来看，对于未被内化为公众个人利益的环境公益部分，则需要社会的共同保护。即公权力主体具有维护公共利益的职责。我国《宪法》以国家义务的形式对国家机关的职责行使作出了规定。法律层面，除了通过列举的方式对公众的有关权益进行保护之外，还规定了行政机关的公共利益保护义务与职责。③ 环评过程中，环评审批部门作为公权力主体，具有维护环境公益的义务。即在社会契约理论的影响下，

---

① 参见［法］卢梭《社会契约论》，李平沤译，商务印书馆 2011 年版，第 18—19 页。

② 参见蔡守秋等《可持续发展与环境资源法制建设》，中国法制出版社 2003 年版，第 514 页。

③ 陈海嵩：《国家环境保护义务的溯源与展开》，《法学研究》2014 年第 3 期。

公权力主体有维护公共利益的职责，公众有权利参与到环境公益的保护过程之中。

另一方面，社会契约精神在公益型环评公众参与过程中更能够得到体现。卢梭从现存的社会结构出发，以"社会契约"重新型构社会。在该理论中，人与人相互享有与主张的自由存在于社会秩序中，而且"建立在约定之上"，是源自人性的一种共有的自由。需要强调的是，这种约定必须是自愿的、平等的、合法的。① 在私益型环评公众参与过程中，"公众—行政机关"之间的关系往往处于一种对立的状态。行政机关作为公权力主体对公共利益进行保护，公众参与到该过程中的目的和诉求更多的是基于私人利益。而在公益型环评公众参与过程中，公众角色则将发生较大的转变。在该过程中，不仅要求公众讨论的内容是环境公益，还进一步要求公众提出的诉求也应当是基于环境公益的保护。并且，公益型环评公众参与的过程中，更加强调自愿、平等与合法的理念。有如下两点：其一，参与主体更加平等和广泛，针对的事项更加明确，在公众与组织者的关系中，公众订立契约的能力有所提升。其二，该契约的效果更强。经过引入公益型环评公众参与后所作出的环评审批决定，不仅公众的共同意识更加强烈，也会增加环评审批机关的审慎态度，同时，因该过程受到了更多主体的社会监督，程序更加透明，从而对公众意见予以更多的尊重。最终，通过该程序所作出的审批决定，也会获得更广泛民众的认可。

二　协商民主理论

协商民主是指通过公共协商，提供基于各个视角及利益考虑的意见，进一步提高决策的合理性和公共性，使得决策更具有正当性的一种制度。该理论往往被用于政治参与中，并且与公众参与密不可分。"协商只能以参与为代价才能得到改进，民主只有以协商为代价才能得到捍卫。"② 长期以来，公众参与往往被赋予民主的含义，并作为一个国家法治化水平的衡量要素。③ 在公益型环评公众参与过程中，公众所讨论的内容集中于

---

① 袁贺：《公民与现代性政治——以卢梭为中心的考察》，中央民族大学出版社 2013 年版，第 139 页。

② 参见［美］詹姆斯·博曼《公共协商：多元主义、复杂性与民主》，黄相怀译，中央编译出版社 2006 年版，第 25 页。

③ 参见［美］罗伯特·A. 达尔《论民主》，季风华译，中国人民大学出版社 2012 年版，第 33 页。

环境公益的保护。即使公众出于私人利益保护的内心，这一内容也并不直接体现公众的私人利益追求，而是以公共利益的外观表现。因此，在公共性特点较强的公益型环评公众参与过程中，这种协商民主的特征将会更加突出。

一方面，公益型环评公众参与具有更强的公益性特征而符合协商民主理论要求。乔恩·埃尔斯特教授曾经提出公众面对相关问题时要基于公共利益，而非仅仅基于纯粹私人利益。[①] 可见，该理论在内容设计之初就期望公众提高对公共利益的认识与保护。公益型环评公众参与，强调公众基于环境公益保护的目的参与环境影响评价，基于环境公益保护提出针对建设项目有关环境影响的有关意见，并要求公众诉求是为了环境公益的实现。因此，与传统的环评公众参与制度相比，其公益性特征更加明显。该理论中"协商"和"民主"的有关思想，对公众参与理论的发展起到了重要的推动作用。协商民主理论，要求公众参与公共事务时，应当与公权力主体之间进行充分的沟通与互动。而且，协商民主理论更加强调通过协商这一过程决策的作出产生影响。[②] 同时，公众参与公共事务管理，围绕"商讨"和"沟通"来展开。与其他的政府管理模式相比，这种良性互动将更加体现公众与政府之间地位的平等性。[③] 除了公众与政府地位更加趋向平等之外，在不同的公众参与主体之间，也强调参与平等。[④] 在参与的过程中，彼此互相信任与理解是沟通顺利进行的重要保证。在这一理念之下，对公共利益保护的过程将会更加公正和透明。

另一方面，协商民主理念对公益型环评公众参与是极其有益的。哈贝马斯认为，协商民主应当强调其商谈特性。[⑤] 公众基于环境公益参与环评，则是在原来环评公众参与制度的基础上，增强针对环境公益保护的商

---

①　参见［美］乔恩·埃尔斯特《市场与论坛：政治理论的三种形态》，载［美］詹姆斯·博曼、［美］威廉·雷吉主编《协商民主：论理性与政治》，陈家刚等译，中央编译出版社 2006 年版，第 3 页。

②　参见［荷］法兰克·范克莱、［荷］安娜·玛丽亚·艾斯特维丝编《社会影响评价新趋势》，谢燕、杨云帆译，中国环境出版社 2015 年版，第 207 页。

③　戚建刚、易君：《群体性事件治理中公众有序参与的行政法制度研究》，华中科技大学出版社 2014 年版，第 50 页。

④　［荷］法兰克·范克莱、［荷］安娜·玛丽亚·艾斯特维丝编《社会影响评价新趋势》，谢燕、杨云帆译，中国环境出版社 2015 年版，第 207 页。

⑤　［德］哈贝马斯：《在事实与规范之间——关于法律和民主法治国的商谈理论》，童世骏译，生活·读书·新知三联书店 2003 年版，第 382 页。

谈机制。在该过程中，公众以更加平等的姿态来参与环境保护过程。而且，环评过程本身是一项比较复杂和专业的工作。在我国 2002 年《环境影响评价法》中就曾规定，环境影响报告书和报告表应当由具有相应环评资质的机构编制。虽然，2018 年对该法修改的过程中，对该条款进行了变动，将有能力的建设单位同时纳入了环评文件编制主体之列。但是，由于环境影响评价本身技术性含量较高，在实践过程中，建设单位也往往将其项目的环评工作交由专门的环评机构来完成。① 具体来说，可能受该建设项目的影响因素的判断，应综合该建设项目所在区域发展规划、环境保护规划、环境功能区划、生态功能区划及环境现状等进行确定。而且，这种环境影响因素的判断还应当包括随着建设项目的建设与运行进行的动态分析。该环境影响评价过程复杂，涉及生态学、环境科学、工程学等多个学科。涉及造纸、印染、电镀、冶炼、发电等多个行业。涉及大气、地表水、地下水、水文、地形、土壤、声、气候与气象、放射性与辐射等多种现状调查。

基于以上分析，在环评公众参与过程中，即使公众获取到该环评文件的全部文本，也难以了解该文本含义，提出针对该文本的有关建议。即使环评公众参与过程中，为了便于公众理解，在公布相关信息时一般会将这种技术含量较高的语言进行转化，以一种公众易于理解的方式向公众传达。且经过转化后的环评信息是否能够涵盖原信息的全部仍然存疑。环评公众参与本身就具有较强的技术含量，公众在"公众—建设单位—环保部门"之间的关系中处于弱势地位。而公益型环评公众参，则会引入环评范围外的公众主体，并按照程序设置的不同对公众参与能力进行补足，在"公众—建设单位—环保部门"之间的关系中，提高公众能力上的不足，使得公众与建设单位和环保部门之间的关系更加趋向于平等。

三 多元化环境治理理论

由上可知，在环评审批中引入公益型的公众参与，能够避免环评审批机关能力不足及权力滥用的风险，进而提高环境公益保护力度。但是长期

---

① 我国《建设项目环境影响评价技术导则》对环境影响评价的要求、方法、内容等作出了规定。包括建设项目工程分析、环境现状调查与评价、环境影响预测与评价、环境保护措施及其可行性论证、环境影响经济损益分析、环境管理与监测计划、环境影响评价结论等方面。在每个环节都具有一定的执行标准和规范，严格参照来进行。

以来基于人的自利性以及《行政许可法》的相关规定，公众在参与环评过程中主要表现为对私人利益的保护。处于环评范围外的公众由于与该建设项目并不存在直接和紧张的利害关系，因此在环评过程中更加趋向于对环境公益的保护。多元化的环境治理理论则能够为环评范围外公众主体的引入提供理论依据。

多元化的环境治理是指在以政府为中心的环境管理和治理过程中，引入公众及其他主体的非政府治理模式。公众，是指与公权力主体相对应，包括个人、企业、非政府组织等的"社会主体"。[①]

一方面，多元化的环境治理发展趋势需要突出对公共利益的保护。多元主体共同参与环境治理，作为公众参与环境公共管理的一种方式，能够发挥不同主体的优势及特长。不论是基于对个人利益的保护，还是基于对环境公益的保护，公众在参与环评过程中都会消耗时间、精力和金钱。[②] 单纯出于对环境公益的保护时，公众的参与效果并不显著。公众作为私人主体，在一般可预见的利益范围内，个人利益的最大化是其追求目标。因此，公众更倾向于积极地参与到自身私人利益的保护中来，除非参与公共利益的保护能够给自己带来一定的即时利益。综上，如果环评过程中纯粹包含私益型公众参与，会导致一系列的不利后果。因此，在环评过程中，公众不能仅仅局限于保护个人利益而参与公共管理，环评审批部门也不能仅仅局限于对不同主体之间的个人利益的平衡来作出审批决定。随着公共利益理论的发展，人们意识到公共利益的重要性。不论是公众基于公共利益参与政治生活，还是行政机关基于职权作出行政决策，都应当将公共利益作为独立的一部分内容加以保护，而不是将其作为解决不同主体之间利益冲突的平衡体。由此，在现有的环境影响评价制度中，引入公益型环评公众参与的主体具有重要意义。在多元主体环境治理理论之下，公众作为一方主体参与到环境治理的过程之中，并不意味着公众意见就发挥主导作用。在保护环境公益的过程中，国家已经将对环境公益的保护写入有关的法律以及环境保护标准之中。并且政府等行政机关作为环境治理的公权力主体，有责任也有义务保障环境公益和公民权利的实现。因此，在环评过程中，公众对环境公益保护的程序和方式需要在国家规定的法律范

---

① 崔浩等：《环境保护公众参与研究》，光明日报出版社 2013 年版，第 25 页。
② 参见黄锦堂《台湾地区环境法之研究》，月旦出版社股份有限公司 1994 年版，第 209 页。

围内进行。

　　另一方面，多元化的环境治理发展趋势突出公众主体作用。环境属于公共物品，具有公共物品的属性。哈丁教授提出了公地悲剧理论，用牧场模型论述了牧羊者为使自己的收益最大化，而在有限的牧场中毫无节制地增加牲畜或过度放牧使得环境公益受损。由此可见，环境公益很容易成为人们面对经济利益的牺牲品。无独有偶，在奥尔森教授提出的集体行动逻辑模型中，人们往往出于经济理性选择搭便车，得出可能不利于环境公益的非理性结论。① 为了防止人们在追求个人利益的过程中忽视公共利益的保护，需要增强公众的公共责任意识。随着多元化治理理论的发展，公众在社会管理中的主体地位逐渐凸显。在奥斯特罗姆教授的多中心治理理论中，人们自发并主动参与公共事务管理，通过充分参与对私人权利进行一定的限制，从而商讨出一套最有利于共同利益的方案。在此背景之下，公众通过制定共同的规则，使得个人利益在公共利益面前受到了一定的限制。文森特·奥斯特罗姆教授将多元化的治理模式引入政治管理领域后，埃莉诺·奥斯特罗姆教授则进一步扩展到经济和自然资源领域，进而扩展到环境保护领域。公众参与环境治理不仅能够满足公众对环境公共事务进行管理的需求，同时还能提高对环境公益保护。例如，公众参与及监督，一方面可以提高政府决策的积极性，防止行政不作为和滥作为。② 督促环评审批部门谨慎行使审批权，以免行政决定的作出不合比例。③ 另一方面，通过公众与公权力主体的互动与交流，帮助审批部门在多种利益中进行平衡，补足政府的环境治理能力。④ 防止政府的决策向特定私人利益倾斜，造成行政决策失衡。⑤

四　公众的环境保护权利理论

　　公众的环境保护权利，是指在环境保护过程中，公众享有获取环境信

　　① 参见［美］埃莉诺·奥斯特罗姆《公共事物的治理之道——集体行动制度的演进》，余逊达、陈旭东译，上海译文出版社 2012 年版，第 8 页。

　　② See Michael P. Vandenbergh, "Private Environmental Governance", *Cornell Law Review*, Vol. 99, No. 1, 2013, p. 197.

　　③ See Glen Staszewski. "Political Reasons, Deliberative Democracy, and Administrative Law", *Iowa Law Review*, Vol. 97, No. 3, 2012, p. 887.

　　④ See Christian Hunold. "Corporatism, Pluralism and Democracy: Toward a Deliberative Theory of Bureaucratic Accountability", *Governance*, Vol. 24, No. 2, 2001, pp. 151–167.

　　⑤ 叶俊荣：《环境理性与制度抉择》，翰庐出版有限公司 2001 年版，第 247 页。

息、通过表达意愿参与环境决策以及对损害环境公共利益的行为进行监督的权利，该权利是公众环境知情权、环境参与权以及环境监督权的统称。简单来说，公众环境保护权利是指公众通过各种权利的行使，达到对环境进行保护的目的。① 在法律上，公众所保护的"环境"这种客体以环境公益的形式出现，有其自身的独特内容。② 从性质上来看，它具有公权利的属性，不同于公众作为自然人、私人的私权利。该项权利的主体虽然是作为私人主体的公众，其行使权利的目的不是纯粹追求私人的利益，而是对环境公共利益的维护。③ 该权利有以下几点特征：第一，该权利的行使需要以现有的法律规定为依据。第二，该权利不可放弃。第三，该权利的行使有利于环境公益。④ 第四，该权利属于积极性权利，需要通过对其进行积极行使才能够达到该权利所保护的利益目的。

　　环境是一种公共物品，具有稀缺性和易受侵害性，不仅需要通过国家公权力机关的职责进行维护，也需要全社会公众的共同保护。宪法是公民权利的基础和源泉，我国《宪法》第26条将环境保护作为一项国家义务进行规定，以此来保障公众获得良好环境享受的权利。⑤ 同时，我国《宪法》第2条第3款中规定："人民依照法律规定，通过各种途径和形式，管理国家事务，管理经济和文化事业，管理社会事务。"依照该则条款，公众在法律允许的情况下，有参与公共事务的权利。而《环境保护法》将环境保护的义务主体扩展到一切单位和个人。⑥ 与此同时，2015年实施的《环境保护法》用一个独立的章节将公众参与环境保护过程中所享有的权利的内容进行了规定。由此可见，公众基于环境公益保护参与环评，属于法律对公众参与公共事务已作出相应规定的范畴。环境权一直是环境法学领域所研究的一个热门话题。不过，由于环境权的内涵过于庞大，内

---

　　① 朱谦：《环境公共利益的宪法确认及其保护路径选择》，《中州学刊》2019年第8期。

　　② Jennigfer Cassel，"Enforcing Environmental Human Rights：Selected Strategies of US NGOs"，*Northwestern Journal of International Human Rights*，Vol. 6，No. 1，2007，pp. 105-108.

　　③ 参见郭道晖《公民权与公民社会》，《法学研究》2006年第1期。

　　④ ［日］美浓部达吉：《公法与私法》，黄冯明译，中国政法大学出版社2003年版，第110页。

　　⑤ 《宪法》第26条："国家保护和改善生活环境和生态环境，防治污染和其他公害。国家组织和鼓励植树造林，保护林木。"

　　⑥ 《环境保护法》第6条："一切单位和个人都有保护环境的义务。地方各级人民政府应当对本行政区域的环境质量负责。企业事业单位和其他生产经营者应当防止、减少环境污染和生态破坏，对所造成的损害依法承担责任。公民应当增强环境保护意识，采取低碳、节俭的生活方式，自觉履行环境保护义务。"

容过于复杂，实际操作起来难以把握。本书中的公众环境保护权利理论，是以《宪法》和法律文本为依据，以公众参与环境保护过程的法律实践为基础而作出的总结。

一方面，公众的环境保护权利是公众一系列权利的集合。从权利的性质来说，公众的环境保护权利具有积极性权利和消极性权利的双重属性。《宪法》规定的传统意义上的公民权利，即第一代人权，往往是公民的消极性权利，例如人身自由、人格尊严、宗教信仰自由等。这些权利是公民与生俱来的，在行使过程中不需要国家过多的干涉。而随着社会、经济和文化的发展，积极性人权逐渐获得发展，例如对于受教育权、获得社会保障权等权利则需要国家的积极干预并保障实现。在公众的环境保护权利行使过程中，其中知情权、参与权、表达权和监督权不仅需要国家积极干预，为保障该权利的实现，还需要在行使过程中给予公众一定的权利行使自由，防止国家的过度干预。在该理论指导下，公众可以通过环境保护权利的行使参与到环境保护的各个领域，同样包括环评过程。环评本身作为环境保护的一个环节，根据《宪法》和《环境保护法》的规定，依然也适用国家的环境保护义务理论，以及单位和个人均有环境保护义务的规定。

另一方面，公众的环境保护权利内容本身包含对环境公益的追求。耶林较早地将权利和利益相连接，并提出权利本身就是受法律调整的利益的结论。不过，他对利益的认识局限于物质层面，并且认为利益是实现权利的底层动机。[①] 朱谦教授曾提出，公众的环境保护权的目的是"保障自身的或公共的环境利益"[②]。本书中的公众的环境保护权利理论，就是将公众的知情权、表达权、参与权和监督权等权利与环境公益结合，是从公众行动最根本的动机——利益角度对公众的相关权利进行的剖析。由此来看，公众的环境保护权利理论本来就与环境公益密不可分。在该权利束中，公众环境知情权、公众环境意见表达权、公众环境监督权等权利中的"环境"以环境公益为主要内容。这意味着，在公众对自身私人利益进行保护之外，在行使公众的环境保护权利这一权利束过程中，拥有共同的特征和目标，并均面向对环境公益的维护。公众的环境保护权利，更进一步可表现为环境公益知情权、环境公益参与权、环境公益表达权与环境公益监督权。在行使范围上，该权利可以涵盖整个环境管理领域，包括环境影

---

① 参见［德］耶林《为权利而斗争》，郑永流译，商务印书馆 2016 年版，第 42 页。
② 朱谦：《公众环境保护的权利构造》，知识产权出版社 2008 年版，第 51 页。

响评价阶段、"三同时"阶段、环境影响评价验收阶段以及项目运行阶段等。在行使的方式上，该权利既可以表现为公众对相关建设单位或企业这种私主体活动的介入和监督，也包含公众对环境行政机关这种公权力主体活动的介入与监督。

需要注意的是，在公众的环境保护权利理论之下，可能存在部分公众以环境公益保护之名而进行个人利益保护之实。不过，由于该权利的行使要求以环境公益保护为诉求，且环境公益本身与个人利益存在一定的重合，因此，在该理论下，公众环境保护权利的行使是有利于环境公益保护的。在环评审批过程中，环保部门作为公权力主体有维护环境公益的义务，即使其所面临的只是单纯的私人利益纠纷。[①] 但在实践中，为了充分化解公众与建设单位之间的矛盾，公权力主体在面对互相冲突的各种利益时，出于对其他利益的保护可能并不会一直站在环境公益这方，而是存在环境公益保护的例外。受该权利理论的影响，在环评审批过程中，公众可以专门针对环境公益保护来提出合理诉求。例如，要求公开环评信息，表达环境公益保护诉求，基于环境公益保护进行监督等。

---

① 朱谦、楚晨：《环境影响评价过程中应突出公众对环境公益之维护》，《江淮论坛》2019年第 2 期。

第二章

环评公众参与的立法与实践之检视

法律是现代法治国家一切行为的准则，法律文本是法学学科的基本任务。① 对立法现状进行梳理，以及对现有法律进行分析能够明确我们国家具体的法律制度。通过对我国环评公众参与理论的分析，阐明了在我国确立公益型环评公众参与的必要性以及可行性。在将公益型环评公众参与制度引入我国现有制度的过程中，需要对环评公众参与的相关法律规范进行明确。根据这项制度的法律规范框架，明确人们可行与不可行等行为的准则。因此，在本书这一部分，将从利益角度出发，对环评公众参与制度在立法和实践中所涉及的环境公益保护状况进行探究和剖析，旨在探寻现有环评公众参与制度中是否存在支持公益型环评公众参与的法律依据和路径。

第一节　公益型环评公众参与的域外立法

生态环境具有整体性和流动性，对环境公益的保护仅仅依靠一个国家和地区的努力并不能达到良好的效果。公益型环评公众参与，作为公众参与环境保护的一种方式，在国外立法和国际条约中，同样可以找到该制度存在的法律依据。

一　国外立法中公益型环评公众参与的依据

公众参与环评效果的标准往往包括环评公众参与主体的选择、环评信息的获取、公众意见的表达、公众意见的听取等几个重要方面。这些要素的具体内容显著影响着公益型环评公众参与的可能性和有效

---

① 参见江必新主编《强制执行法理论与实务》，中国法制出版社 2014 年版，第 76 页。

必，因此，本书介绍国外环评立法中是否存在公益型环评公众参与时，主要从以上几个方面进行展开。目前国外关于环评公众参与的立法有很多，内容上也具有一定的相似性，为了避免内容上的重复性，本书以美国和日本为例，围绕公益性环评公众参与的开展介绍环评公众参与制度与救济机制。

（一）环评公众参与主体范围具有广泛性

环评公众参与主体是否广泛往往与公众是否可以基于环境公益保护参与环评过程有关。在环评过程中，不同行政区域、文化、工作、教育背景的公众内心所追求的利益具有一定的差异。环评范围内的公众参与环评过程时通常是基于对自身私益的保护，而环评范围外公众参与环评过程则通常具有私益之外的公益追求。扩大参与环评的公众主体范围则可在环评过程中融入各类不同类型的利益代表，并在环评过程中基于环境公益保护征求公众意见。公益型环评公众参与并不限制公众是否存在直接的利害关系，因此基于环境公益的环评公众参与的重要特点之一就是对公众意见的听取是否具有广泛性。

美国作为最早在立法中确定环境影响评价制度的国家，其环评公众参与制度也拥有较长时间的实践历程。为了确保 1969 美国《国家环境政策法》（*National Environmental Policy Act*，NEPA）的实施，1978 美国《国家环境政策法实施条例》（*Regulation for Implementing Procedural Provisions of the NEPA*，CEQ 条例）对环评公众参与制度作出了更为具体详细的规范。根据 CEQ 条例，当一个项目确定需要进行环评后就应当发布信息公告，确保任何人对该信息的获知。[①] 并且，当拟定环评报告书的草案后，以及在确定最终环评报告书文本之前，获取意见的公众范围，除了包括受影响的个人或组织外，还包括可能有兴趣的个人或组织。[②] 此处的"任何人"和"可能有兴趣的个人或组织"，不仅包括环评范围内受影响的公众，还包括环评范围外基于环境公益保护参与到环评过程中的有关个人或组织。

20 世纪 50—70 年代，公害事件严重威胁到了日本国民的生命安全与健康。20 世纪 30—70 年代发生的世界著名八大公害事件中，有四件发生

---

① 40 C. F. R. § 1501. 7（a）（1）；参见许子寒、祝超伟、李翔《中美环境影响评价公众参与比较研究》，《环境与发展》2014 年第 6 期。

② 40 C. F. R. § 1503. 1.（a）（4）.

在日本。① 这些公害事件的发生，与工业化所导致的环境污染密切相关。污染事件导致日本满目疮痍，但该事件的发生也使得日本尤为重视环境保护运动的开展。1972 年日本《与各种公共事业有关的环境保护对策》中明确了在公共事业中开展环评后，环境影响评价制度涉及的范围继续得到扩展，并于 1983 年提出《环境影响评价法案》。虽然该法案未被通过，但是奠定了环境影响评价制度法定化的基础。在 1993 年《环境基本法》之后，1997 年《环境影响评价法》第 18 条规定了环评公众参与。其中规定，可以提出意见的公众为"对计划书拥有环境保全意见的当地人"。随着日本环境影响评价制度的开展，在新法出台后，将参与的公众范围进行了扩大，确定为"对计划书拥有环境保全意见的所有人"。② 由此可以看出，日本的环评公众参与主体范围也并不局限于环评范围内的公众，而是具有一定的广泛性。

（二）环评公众参与时间具有充分性

由于公益型环评公众参与需要公众从环境公益的角度提出意见，基于环境公益参与进来的公众主体范围也具有不确定性，环境技术的复杂性以及地理位置的限制，与私益型环评公众参与相比，公益型环评公众参与往往需要更多的时间来补全信息上的差距。因此，环评公众参与时间是否充足，意味着公众是否有时间基于环境公益参与到环评过程中，以及公众参与过程是否充分。

根据美国 CEQ 条例，当环境影响评价草案制作完成后，将会在环保部网站公示并在《联邦公报》上发布公告。关于环评信息的公示时间一般为 90 天以上，当环保部征求有关部门同意后，可以作出适当缩短或延长，但最短公示期间不少于 45 天。当环境影响报告书制作完成后，也会在环保部网站再次公示及《联邦公报》上再次发布公告，此次公示期间为 30 天。③ 公众在以上公示期间范围内均可向有关部门提出意见。根据 CEQ 条例，环评草案制作完成后和环评报告正式制作完成后均需要进行信息公示。前一过程中，环评信息公示的时间较长，并且有最短时间的限

① 这几例事件包括日本水俣病事件、日本四日市哮喘病事件、日本爱知县米糠油事件和日本富山痛痛病事件。
② 孟根巴根：《中日环境影响评价法制度的比较研究》，内蒙古大学出版社 2012 年版，第164 页。
③ 40 C. F. R. § 1506. 10.

制。公众有足够的时间对所公示的环评信息进行调查与研究，基于环境公益保护发现并提出问题。当公众意见较多且矛盾较为突出时，环评草案公示的时间可能会超过 90 天。后一过程相较于前一过程的环评信息公示时间较短，这是因为此时环评文件中已经吸收过前一过程中公众所提出的意见，形成了包含公众意见内容的环评文件。公众在该过程中可以对前一过程中所提出的意见进行查漏补缺，或是针对新发现的问题提出意见，由此来看 30 天的时间也较为充分。

日本《环境影响评价法》第 7 条、第 16 条和第 27 条规定了环评信息的公开。其中，规定环评信息公布的时间为建设单位制作好执行手册、计划书和环评书后。环评信息公示需要具有时间上的持续性，时长应当保证满足一个月的要求。① 与美国环评信息公布过程中所规定的公众提出意见的时间不同，在日本，当环评信息公示时间届满后的一定时间内，公众仍然可以提出自己的意见，该意见的提出并不会随着环评信息公示的时间结束而终止。根据日本《环境影响评价法》第 8 条和第 18 条的规定，公众在执行手册和计划书公开之日起至公开期限届满后的两周内均可提出意见。由此可见，日本环评信息公示时间与公众意见提出时间并非完全重合。充足的时间为公众进行实地调查、获取环境相关数据、查找环评过程中可能出现的瑕疵和漏洞以及提出针对环境影响报告的质疑提供了基础。为了给予公众充分的调查和研究时间，环评信息公布期限届满后两周内，公众仍然可以针对自己所发现的问题继续提出意见。因此，从环评公众参与的时间来分析，日本环境影响评价法律规范也在多个阶段为公众预留了参与环评的机会和时间。

（三）环评公众参与过程具有互动性

在环评过程中，环境行政机关对收到的公众质疑或疑问时，是否作出回应以及作出回应的态度与质量将会影响环境行政机关对公众意见的重视程度。在该过程中，环境行政机关作出回应的事项范围是否包含环境公益内容，以及环境行政机关的回应方式与公众能否进行公益型环评参与具有较大关联。

根据美国 CEQ 条例，当环评过程产生可质疑的内容后，公众可要求

---

① 有学者将此处的执行手册、计划书和环评书分别称为方法书、准备书和评价书。参见王亚男、舒艳《中日韩环境影响评价制度中公众参与的对比与启示》，《环境与发展》2014 年第 6 期。

有关部门作出答复或进行合理解释。可见，当对该环评事项感兴趣的个人或组织基于环境公益保护提出意见时，公众还有要求有关部门针对其所提出的问题作出回应的权利。这种强制与公众进行互动的规定，使得有关部门必须针对公众所提出的环境公益问题认真思考，以加强该过程中的环境公益保护。此外，CEQ 条例中对有关部门作出回应的方式作出了规定。当公众意见较为合理时，回应方式包括根据公众意见进行修改，制定和评估之前未被认真对待的替代性方案，对有关内容进行补充、改进或修正等。若是公众意见不合理，有关部门则需要说明公众意见不予采纳的理由、依据的文件等内容，并可根据情况向公众进一步说明触发有关部门进一步作出回应的情形。针对公众意见较为突出的情形，还需要将公众的意见内容和有关部门针对公众意见作出回应的内容附在最后声明中。① 由此可见，美国环评公众参与互动交流机制较为畅通，为公益型环评公众参与提供了充分的土壤。

在日本，公众参与贯穿环评过程的始终，为公益型环评公众参与提供了充足的准备时间，而且参与的过程也为公众提供了充分互动的空间。居民社区及相关社会团体对环评公众参与及环境治理具有重要的推动作用。② 一方面，公众可以通过居民社区及社会团体来加强不同公众彼此之间的环评信息交流，为环评公众参与代表的选择作准备。另一方面，除了环评公众参与组织者与公众之间的互动与交流之外，日本居民社区及社会团体为公众提供有效信息、提高公众参与能力的同时，还在公众与企业或有关部门之间搭建了信息沟通的桥梁，这种方式不仅能够提高私益型环评公众参与过程中不同类型主体的互动性，也为公益型环评公众参与过程的开展提供了获取有效环评信息与互动的平台。

（四）环评公众参与过程具有司法保障

公众在环评过程中的权利在多大程度上得到保障，还有一个重要的判断标准，那就是公众在环评过程中是否拥有一定的救济途径，包括公众是否可以基于环境公益保护提起诉讼，以及在多大程度上可基于环境公益保护提起诉讼。公众是否有权利基于环评过程中的环境公益保护行为获得司法上的救济，是衡量公众是否在环评过程中享有环境公益请求权的表现。

① 40 C. F. R. § 1503. 4.
② 李琳、刘海东、赵旭瑞：《日本"邻避项目"环境保护公众参与制度对中国的启示》，《世界环境》2018 年第 6 期。

随着诉讼制度的发展，关于原告的起诉资格也逐渐发生变化。该标准从最初的原告需要存在直接利害关系，逐渐开始允许原告存在非直接利害关系或是基于法律的特殊规定。在一些国外的相关诉讼制度中，公众可以直接基于环境公益保护，针对环评审批过程中的有关违法行为提起诉讼。具体包括：

（1）美国的公民诉讼制度。1970 年，美国通过了《清洁空气法》（*Clean Air Act*，CAA），在该法第 304 条确立了公民诉讼制度（Citizen Suits）。该制度在联邦层面和州层面都得到了展开。即任何人（Any Person）均有权利作为原告，针对各类环境违法行为，向包括国家在内的各级政府及政府机关、行政官员或者任何有违法行为的建设单位提起诉讼。[①] 美国设立公民诉讼制度的目的是通过公众来保障法律的顺利实施，并促进环境公益。在该诉讼制度下，公众针对行政机关的违法行为可以直接提起诉讼，而不受利害关系的限制。[②] 当环境行政机关在环评审批过程中违反法律规定，侵犯公众利益或存在可能侵犯环境公益的情形时，公众可以直接针对行政机关提起诉讼。尽管随着美国公民诉讼制度的发展，对原告起诉资格也逐渐开始作出一定的限制。例如，在"数据处理组织委员会诉凯姆普案"后，原告是否遭受事实损害成为原告是否有资格起诉的重要条件。[③] 不过，公民诉讼制度的发展，还是为公众基于环境公益提起环境公益诉讼提供了良好的制度支撑。

（2）日本的民众诉讼制度。本书此处列举民众诉讼制度时特别强调日本，是因为在相关法律中，日本对民众诉讼给予了明确具体的规定，并不代表在其他国家并不存在该种诉讼类型。虽然我国与日本在法律中确定环评公众参与制度的时间较为接近，但是在环评公众参与的救济上日本给予了公众一定的权利救济途径。日本《行政案件诉讼法》第 5 条对民众诉讼制度予以了明确规定。该条文指出，民众诉讼制度是指任何公民均可针对公权力机关的有关违法行为提起诉讼，这种诉讼并不受是否具有选举人资格以及其他利益影响的限制。该诉讼类型中受侵害的利益往往是公益，既包括行政机关的不作为或滥作为等具体行政行为所致侵害，也包括

---

①　42 U. S. C. §7604 CAA §304（a）.

②　参见傅玲静《公民诉讼、公益诉讼、民众诉讼？——环境法上公民诉讼之性质》，载《月旦法学教室——公法学篇》，元照出版有限公司 2011 年版，第 260 页。

③　陈冬：《美国环境公民诉讼研究》，中国人民大学出版社 2014 年版，第 39 页。

有关公权力主体制定规范性文件等抽象行政行为所致侵害。① 而且，公民在行政监督的过程中，既可以基于私人利益，也可以基于公益。② 在该诉讼制度之下，并不排斥公众基于环境公益保护，对环评过程中有关机关的违法行为提起诉讼。

二　国际条约中公益型环评公众参与的依据

分析了国外公益型环评公众参与的立法后，本部分将进一步探究国际条约中公益型环评公众参与的依据。1972 年斯德哥尔摩会议通过的《人类环境宣言》第 18 项共同原则规定，控制环境恶化时应当采用科学手段予以规制。公益型环评公众参与过程中，由于公众提出意见往往是基于客观的环境公益，除了既定的环境实施之外，需要运用环境科学知识来对建设项目环评内容进行分析和判断。此时，参与的公众主体的广泛性除了会影响环评过程是否民主之外，还会对环评过程的科学性产生影响。

1992 年里约热内卢会议通过的《环境与发展宣言》通过了 27 项原则，其中第 17 项明确了建立环境影响评价的共同原则。环境保护问题关涉全体民众，需要全社会每一个人的共同参与。其中不仅强调了应当保证公众对环境信息的获取，还包括通过行政程序以及司法程序对公众权利进行保障。除此之外，该宣言还强调了特殊群体在环境保护过程中的作用。例如，根据该宣言第 20 项、第 21 项、第 22 项，妇女、青年、土著居民等享有特殊知识和文化的公众，在环境管理及可持续性发展方面的作用不可忽视。

1998 年丹麦通过的《奥尔胡斯公约》是公众参与环境保护的一项重要国际条约。③ 该公约在序言部分明确，每个人在享受健康福祉的生活环境的过程中，也具有为后代保护和改善环境的义务，不论该义务是单独履行还是与他人共同履行。该公约对公众参与环境保护过程中的信息获取、收集、散发，参与的程序、方式，参与的计划、方案、政策，以及有关文书的制作等作出规定。根据该公约规定，不同范围中的公众在参与过程中被保障的程度有所不同。其中关于"公众"的范围有两种情形。一种是

① 郑春燕：《论公民诉讼》，《法学》2001 年第 4 期。
② 参见傅玲静《公民诉讼、公益诉讼、民众诉讼?——环境法上公民诉讼之性质》，载《月旦法学教室——公法学篇》，元照出版有限公司 2011 年版，第 259 页。
③ 《奥尔胡斯公约》的全称为《在环境问题上获得信息公众参与决策和诉诸法律的公约》。

普通的公众，包括自然人、法人或其他组织。另一种是"所涉公众"，包括可能受影响公众或者有利害关系的公众。《关于一定规划与计划欧盟环评指令》（2001/42/EG）第 2 条第 4 款、《2011/92/EU 指令》第 1 条和《2013/30/EU 指令》第 5 条对"有关的公众"作出了定义。同《奥尔胡斯公约》不同，该部分公众是指可能受影响公众或者有利害关系的公众。不过从总体来看，《奥尔胡斯公约》及欧盟环评指令中承认了任何公众在保护环境过程中所享有的程序上的权利。[1] 根据该条约规定，任何公众在参与环评事务的过程中，均享有一定的程序性权利。这种规定，恰恰能够对环境公益进行很好的保障。

由此可见，国外立法中有公益型环评公众参与的相关规定，国际条约的相关规定也为公众基于环境公益参与环评过程的权利行使提供了依据。

第二节　公益型环评公众参与的国内立法

通过对国外立法和国际条约中关于环评公众参与的有关规定的分析，可以发现目前国际已经将环境保护作为全社会的共同任务。并且，环评过程中广泛吸收公众意见能够为公益型环评公众参与提供相应的国际法律依据。在从环境公益保护角度对我国环评公众参与分析时，除了对国外立法和国际条约进行分析，更重要的是以我国现有的法律规范为研究基础进行展开。

在环评公众参与制度发展过程中，随着环评公众参与制度的推进，已有学者对环评公众参与的法律文本进行了分析，不过仍然缺乏对环境公益保护内容的梳理。本部分基于环境公益保护的视角，梳理环评公众参与过程中环境公益保护的历史脉络，进一步剖析我国公益型环评公众参与的法律保护现状。根据我国环境影响评价法律规范，环评公众参与主要分为环评编制阶段的公众参与和环评审批阶段的公众参与。[2] 由于环评编制阶段公众参与的性质与环评审批阶段公众参与的性质的不同，本书在从环境公

---

[1]　参见周训芳《欧洲发达国家公民环境权的发展趋势》，《比较法研究》2004 年第 5 期。

[2]　由于我国环评制度确立后，环评制度的内涵也在不断发展，而且基于划分依据的不同，学者们对环评公众参进行分析的阶段划分也不相同。汪劲教授 2004 年曾经将其划分为立项和环评书（表）的编制、报批、审批，以及制作环境保护篇章五个阶段。参见汪劲《环境影响评价程序之公众参与问题研究——兼论我国<环境影响评价法>相关规定的施行》，《法学评论》2004 年第 2 期。

益保护视角对环评公众参与立法现状进行分析时，也将分阶段展开。

一　环评编制阶段公众参与的立法现状

对一项制度的立法脉络进行分析，可以更加全面地了解这项制度的发展，判断它的前进方向。随着实践中环评公众参与经验的总结，以及环评公众参与制度研究的推进，我国的环评公众参与制度也在不断完善。

（一）环评编制阶段公众参与的历史脉络

本书在对我国环评公众参与的历史脉络进行分析时，以法律规范为分析对象，以环境影响评价制度在我国正式确立为起点，结合新的环评公众参与制度的法律规范的出台与原有的环评公众参与制度法律规范的改进，从利益角度对我国环评公众参与制度的发展进行分析。我国环评编制阶段的公众参与制度的发展如表 2-1 所示。

表 2-1　　　　　　　　环评编制阶段公众参与的利益保护

第一阶段（1979—1996 年）					
	时间	规范名称	效力级别	法律时效	位置	利益类型
1	1979 年	《环境保护法（试行）》	法律	失效	第 6 条第 1 款	环境公益
2	1986 年	《建设项目环境保护管理办法》	部门规章	失效	第 4 条	环境公益
3	1989 年	《环境保护法》	法律	已被修改	第 13 条第 2 款	环境公益

第二阶段（1996—2002 年）					
	时间	规范名称	效力级别	法律时效	位置	利益类型
1	1996 年	《水污染防治法》	法律	已被修改	第 13 条第 4 款	私人利益
2	1996 年	《环境噪声污染防治法》	法律	已被修改	第 13 条第 3 款	私人利益
3	1998 年	《建设项目环境保护管理条例》	行政法规	已被修改	第 15 条	私人利益

第三阶段（2002—2014 年）					
	时间	规范名称	效力级别	法律时效	位置	利益类型
1	2002 年	《环境影响评价法》	法律	已被修改	第 21 条	私人利益
2	2006 年	《环评公众参与暂行办法》	部门规范性文件	失效		私人利益

第四阶段（2015—2019 年）

	时间	规范名称	效力级别	法律时效	位置	利益类型
1	2015 年	《环境保护法》	法律	现行有效	第 5 章	私人利益+环境公益
2	2017 年	《国家海洋局关于海洋工程建设项目环境影响评价报告书公众参与有关问题的通知》	部门规范性文件	失效	第 3 条	私人利益+环境公益
3	2019 年	《环评公众参与办法》	部门规章	现行有效	第 5 条，第 8—21 条	私人利益+环境公益

　　注：由于本部分的分析的对象是建设项目环评，为了对环评编制过程中的公众参与的利益保护现状分析作铺垫，仅选取了对本书具有重要意义的部分规范进行分析。

　　第一阶段：环评编制阶段公众参与制度的孕育（1979—1996 年）。1979 年《环境保护法（试行）》的出台，标志着环境影响评价制度在我国的确立。[①]《环境保护法（试行）》第 6、7 条分别对建设项目的环境影响评价和规划的环境影响评价制度作出了规定。建设项目的环评公众参与仅包含环评编制阶段的公众参与。在环境影响评价制度确立之初，环评公众参与还未作为一项正式的法律制度。虽然该规范中尚未对环评公众参与作出规定，却明确了建设项目环评过程所要保护的利益内容。通过对第 6 条的分析可以发现，第 1 款起到了总领性作用，为第 6 条所规定的环境影响评价制度、"三同时"制度以及排污许可制度的立法目的进行了阐释。其中，环境影响评价制度设计的价值追求是"防止对环境的污染和破坏"。通过对该条文进行体系解释，可以发现第 6 条处于《环境保护法（试行）》第一章的总则部分。总则部分的第 1—5 条分别规定的是立法思想、任务、环境的定义、立法方针、政府及有关部门的工作方法等。总则部分的第 7—9 条规定的是规划环评、公众监督以及涉外规定。《环境保护法（试行）》中的其他条款也都是从宏观的角度对环境保护作出的规定。可以明确，此处的"环境保护"，是一种对环境利益的宏观考量。加之环境保护本身属于公共活动，可推断第 6 条中并未涉及私人利益的有关内容。[②]该法中所规定的环境影响评价制度，主要是以环境公益保护为

---

① 1979 年《环境保护法（试行）》第 6 条和第 7 条。
② 参见叶俊荣《环境政策与法律》，元照出版有限公司 2010 年版，第 204 页。

目的。1979—1996 年，我国发布了一系列环境保护的法律、法规、规章和规范性法律文件，大多仅涉及环境影响评价制度本身，鲜少有关于环评编制阶段公众参与的相关规定。

第二阶段：私益型环评公众参与的确立（1996—2002 年）。环评过程中的公众参与制度的建立道路是曲折的，在环境影响评价制度确立十几年之后，我国首次在法律中确立环评公众参与制度是在 1996 年 5 月修改的《水污染防治法》中。① 由于该法为单行法，所以约束面也仅局限于水污染防治过程中的环评公众参与。② 之后，我国在 1996 年 10 月公布的《环境噪声污染防治法》中，规定了噪声污染防治过程中的环评公众参与。③ 1998 年《建设项目环境保护管理条例》这一行政规章中，用原则性条款规定了环评公众参与制度。④ 不过，我国此时尚未确立规划环评，这些规范均针对建设项目环评，规定了环评编制阶段的公众参与。⑤ 将环评公众参与的主体范围规定为"建设项目所在地的单位和居民"。由于该规范未对"建设项目所在地"的具体范围作出进一步解释，因此环评公众参与的主体范围难以明确。从利益角度上进行分析，此处之所以对公众参与的主体进行限定，是考虑到建设项目对不同区域中的公众人身和财产所造成的影响程度不同，这种考虑可认为是基于私人利益的保护。

在这一阶段，虽然在单行法及行政法规中对环评公众参与进行了规定，且用"应当"这种命令性语句对是否征求有关公众意见进行了确定，从而将环评公众参与作为编制阶段的一项强制性的必要任务。不过，此条款的规定也仅仅局限于应然层面，并未明确具体的可操作性内容。可以确定的是，对环评公众参与主体范围进行明确时，考虑更多的是建设项目对公众私人利益的影响。但是，对基于私人利益保护的环评公众参与如何展

① 在此之前，1993 年《关于加强国际金融组织贷款建设项目环境影响评价管理工作的通知》（已失效）第 7 项通知也对环评公众参与作出了规定，不过由于该规定主要是涉及金融领域的贷款项目，并且效力级别仅属于部门工作文件，因此本部分并未将其作为环评公众参与的法律规范进行分析。

② 1996 年《水污染防治法》第 13 条第 4 款："环境影响报告书中，应当有该建设项目所在地单位和居民的意见。"

③ 1996 年《环境噪声污染防治法》第 13 条第 3 款："环境影响报告书中，应当有该建设项目所在地单位和居民的意见。"

④ 1998 年《建设项目环境保护管理条例》第 15 条："建设单位编制环境影响报告书，应当依照有关法律规定，征求建设项目所在地有关单位和居民的意见。"

⑤ 参见李艳芳《论我国环境影响评价制度及其完善》，《法学家》2000 年第 5 期。

开并未作出规定。

第三阶段：私益型环评公众参与的确立与发展（2002—2014 年）。通过上述分析，1996—2002 年，我国确立了环评编制阶段的公众参与制度，通过对法律条款的解释明确了这种参与是基于私人利益保护，不过对环评公众参与制度的具体开展并未作出进一步规定。随着 2002 年《环境影响评价法》的出台，基于私人利益的环评公众参与有了正式的可操作性规范。2002 年《环境影响评价法》除了增加对规划环评的规定外，还进一步对建设项目的环评公众参与制度进行了细化，环评公众参与不再局限于原则性条款。第 21 条规定了建设单位组织环评公众参与的时间和可以采取的方式。① 从利益角度来看，该条款对环评公众参与的利益保护类别规定较为模糊：一方面，该条款在第 21 条第 1 款规定了环评编制阶段公众参与的启动针对的是"对环境可能造成重大影响、应当编制环境影响报告书"的情形，这种以环境利益受损程度大小来判断是否进行公众参与的判断标准，可以理解为该法条已经注意到环境对公众生活具有重要影响；另一方面，在规定公众参与的组织方式和公众意见的处理方式时，都将公众范围确定为"有关公众"。对"有关"二字的理解，影响着该法中所规定环评公众参与的利益类型。

为了增强环评公众参与条款的可适用性，2006 年国家环境保护总局发布了《环评公众参与暂行办法》，进一步拓展了组织环评公众参与的项目范围，专门对环评公众参与进行了细化，使得环评公众参与制度有了历史性的突破。由于《环评公众参与暂行办法》的出台，是为了增强《环境影响评价法》中公众参与的适用性，从利益视角对《环评公众参与暂行办法》的分析，可以为《环境影响评价法》中的"有关"二字提供依据。通过对《环评公众参与暂行办法》中对公众信息公开的方式进行分析，可以发现，其所发布的有关信息仅仅辐射于以建设项目所在地为中心的区域中。② 因此，《环评公众参与暂行办法》中仍然同前述《水污染防治法》《环境噪声污染防治法》《建设项目环境保护管理条例》，规定的是一种私益型环评公众参与。2002 年《环境影响评价法》中关于"有关"二字的理解，同之前的法律条文规定，解释为"建设项目所在地的有关公众"，仍然是一种对私人利益的保护。

---

① 竺效：《环境保护行政许可听证制度初探》，《甘肃社会科学》2005 年第 5 期。

② 《环评公众参与暂行办法》第 10 条和第 11 条。

综上，2002—2014 年，不论是法律法规，还是有关规章或规范性文件，基本上还未出现公益型环评公众参与。在这期间，随着环评公众参与法律法规的完善，私益型环评公众参与的时间、方式、程序等方面有了具体可操作性依据，而不再仅仅是原则性规定。但是，仍然缺少环评公众参与过程中对公众权利进行救济的规定。

第四阶段：公益型环评公众参与的曙光（2015—2019 年）。2015 年《环境保护法》的实施，开启了环评公众参与的新篇章。该法第五章对公众参与环境保护过程中所享有的权利作出了专门规定，并且第 56 条专门规定了环评过程中的公众参与。依据《环境保护法》第 56 条，公众在环评过程中的知情权、参与权、表达权和监督权的行使获得了法律上的承认。从利益视角对该法律条款进行分析，在环评编制阶段，建设单位所保护的是可能受影响的公众。根据对前述几个部分中环境法律规范的分析，此处对公众范围的确定是基于私人利益保护。在对该条款进行体系解释时发现，该条款所处位置为"信息公开和公众参与"这一篇章。该篇章是2015 年《环境保护法》修订时新增加的章节，作为《环境保护法》的第五章，与第二章、第三章和第四章并列，共同对第一章总则规定内容进行落实。①

从法律规范内容上看，第 53 条和第 58 条分别是该章节的总领性条款和兜底性条款。在总领性条款中，从获取环境信息、参与环境决策和监督环境保护等方面明确了公众在环境保护过程中的权利。该章节下的其他条款也是为了保障《环境保护法》第 53 条内容的实现。由于"环境保护"这一术语多指向一种公益，此处基于"环境保护"所享有的权利，应当理解为是对包含环境公益的环境利益的保护过程中所享有的权利。在兜底性条款中，规定的主要是社会组织针对环境公益破坏所提起的公益诉讼。因此，该章节的总领性条款和兜底性条款中都含有环境公益的保护内容。该条款为公众基于环境公益参与环评提供了正当性。② 第 56 条作为该章节的条款之一，虽然没有直接明确规定公益型环评公众参与，但依据该法第 53 条和第 58 条的法律解释，该条款使得公益型环评公众参与出现了曙光。

2015—2018 年，我国环评公众参与加快了脚步。2015 年环保部办公

① 《环境保护法》第 6 条总括了政府、企业事业单位和公民的环境保护义务。
② 参见朱谦《环境民主权利构造的价值分析》，《社会科学战线》2007 年第 5 期。

厅发布了《关于建设项目环境影响评价公众参与专项整治工作的通报》，针对抽查过程中发现的环评公众参与虚假等问题进行批评，并给予了处理意见。2017年国家海洋局发布了《关于海洋工程建设项目环境影响评价报告书公众参与有关问题的通知》，以此来强化环评公众参与的责任意识。在这两个文件中，都强化了环评编制过程中建设单位组织公众参与的责任，明确了出现虚假公众参与的处罚，以此来保障公众的私人利益。同时，对环评过程中建设单位组织公众参与的任务作出了详细安排。值得注意的是，以往的规范中所规定的公众范围都是以建设项目为中心向外辐射的一片区域，并且信息公布的方式也是以满足这些公众对环境信息的获知为主。该通知强调了在环评初期阶段，在征求公众意见过程中应确保其广泛性，并未设置环评公众参与的主体范围边界。本书认为，该规范性文件对于环评初期阶段的规定，包含着公益型的环评公众参与。稍有遗憾的是，该规范仅约束海洋类建设项目，且是一项概括性规定，只涉及环评初期，公益型环评公众参与并不算是真正确立。①

2019年《环评公众参与办法》的实施，则是在经过十几年的环评公众参与实践积累后，从环评公众参与的具体细节对现有的法律制度进行了更新与完善。从《环评公众参与暂行办法》到《环评公众参与办法》，"暂行"二字的去除，实现了环评公众参与制度的跨越。与《环评公众参与暂行办法》相比，该《环评公众参与办法》实现了对环评公众参与制度的统一规定。其中，除了环评编制阶段的公众参与外，还包括环评审批阶段的公众参与。对于环评编制阶段公众参与内容，除了体现在《环评公众参与办法》原则部分，还体现在第5条和第8—21条。可作为该阶段公益型环评公众参与依据的主要包括以下几个方面：

第一，信息公开的完善，为公益型环评公众参与提供了信息基础。《环评公众参与办法》对建设单位的信息公开方式作了明确的要求。为了方便信息的获取，除了以往在"建设项目所在地"进行现场公布的方式之外，还特别强调了通过网络平台进行环评信息公开的方式。这种规定强化了建设单位信息公开的广泛性。而且，在信息的获取上，网络平台这种方式具有较强的公开性，且获取方式简便。只要拥有上网设备，公众在获取该类信息时并不会受到时间和地点的限制。同时，关注环境公益保护的

① 此处的"环评初期"是指环评编制阶段的初期，此时建设单位刚刚确定环境影响报告书的编制单位，尚未开始正式编制环评文件。

公众，也能够在网络平台上获取到有关建设项目的环评信息。这种方式对文本进行保存时具有较高的完整性，也便于公众彼此之间进行沟通与传阅。信息获取壁垒的打破，可为基于环境公益参与环评的公众提供丰富的信息获取平台。[①]

第二，环评范围外公众意见的听取，为公益型环评公众参与提供了参与机会。《环评公众参与办法》第9条第2款规定，"在环境影响报告书征求意见稿编制过程中，公众均可向建设单位提出与环境影响评价相关的意见"。此处"均可"一词，意味着不仅环评范围内的公众可以提出有关意见，环评范围外的公众也可以提出意见。在这一过程中，由于环评公众参与主体的放开，使得基于环境公益参与环评过程中的公众，在规章层面获得了行使环境公益表达权的依据。不过，这种表达权行使的依据也仅仅局限于环境影响报告书征求意见稿编制过程之中，《环评公众参与办法》中并没有对环境影响报告书征求意见稿编制完成后的有关阶段作出相应规定。因此，基于环境公益保护，公众仅在"环境影响报告书征求意见稿编制过程中"有法律上的保障，还缺少其他环节的相关规定。

与此同时，《环评公众参与办法》第5条规定了建设单位对不同公众意见的处理方式。对于环评范围内的公众意见是"应当依法听取"，对于环评范围外的公众意见是"鼓励听取"。这也意味着不同公众的表达权在环评编制过程中所受的尊重程度是不同的。进步较大的是，《环评公众参与办法》对公众主体范围作出了进一步明确。与之前的环评公众参与法律规范相比，其将公众参与的主体从"有关公众"，确定为"环评范围内公众"。这一规定，对公益型环评公众参与的确立具有重要意义。一方面，该条款更加明确了公众基于私人利益参与环评的权利依据。由于有了明确的规定，私人利益受到侵害的公众在参与环评时，不需要再对自己的主体资格进行证明。另一方面，该条款明确了参与环评的不同类型公众的界限。由于环评范围外的公众参与环评一般是基于环境公益保护，因此，公众是否处于环评范围内可以作为判断公众参与环评是否基于环境公益的依据。不过，针对环评范围外公众的意见，由于条文中规定的是"鼓励建设单位听取"。因此，当环评范围外公众提出意见后，是否听取，完全依赖于建设单位自己的判断。在一般情况下，建设单位出于对自身经济利

---

① 何彦彬：《信息技术支持下的城市重大公共项目决策研究》，云南大学出版社2015年版，第145—148页。

益的考虑会采取消极态度。不过，由于参与环评的公众主体有部分可能是基于环境公益保护，所以可以认为该规定为公众基于环境公益参与环评提供了一种可能。

第三，以建设项目的"环境影响"作为讨论内容，提高了环境公益在环评公众参与过程中的地位。目前对建设项目环境影响的范围是以可能对公众人身利益和财产利益造成侵犯为界限的。由于"环境影响"本身就具有"对环境公益的影响"的内涵，因此可推断该条款中"环境影响"的实质是建设项目对环境公益造成侵害后所导致的公众私人利益的直接或间接的侵害。① 从这个角度来看，这种规定对环境公益与公众私人利益之间的联结进行了强化。不过，该过程将公众参与的讨论主题确定为环境影响，并不代表着其中包括公众基于环境公益参与环评的内涵。因为公益型环评公众参与，意味着公众可以仅仅为了环境公益的诉求而参与环评过程，并不需要任何私人利益作为中介。

综上，在2015—2019年这一阶段，我国2015年《环境保护法》第五章关于公众在环境保护过程中的权利规定，为公众基于环境公益参与环评提供了权利依据。是否开展公益型环评公众参与，2019年实施的《环评公众参与办法》并没有对建设单位作出强制性规定。因此，《环评公众参与办法》虽然包含公益型环评公众参与的规定，但是《环评公众参与办法》却将公众是否可以基于环境公益参与环评过程的认定权利交给了建设单位。即使公益型环评公众参与尚未得到正式确立，在环评编制阶段已经开始出现公益型公众参与的相关内容，也为公益型环评公众参与制度的正式出台提供了基础。

（二）环评编制阶段公众参与的立法总结

从环评公众参与制度确立，至目前专门的环评公众参与办法的正式出台，我国环评公众参与制度经历了较大的发展。通过以上从环境公益角度对环评编制阶段公众参与历史脉络的梳理，发现我国环评公众参与制度中所保障的利益类型已经开始发生了变化。从最初始的对以建设项目所在地为中心的向外辐射的一片区域中公众的私人利益保护，到现在以环评范围内公众参与为主要内容，并包含环评范围外公众参与的可选择机制，出现

---

① 朱谦、楚晨：《环境影响评价过程中应突出公众对环境公益之维护》，《江淮论坛》2019年第2期。

了公益型环评公众参与的曙光。不过,依据现有的法律规范,开展公益型
环评公众参与还具有一定的障碍,主要包括以下几点:

其一,公众参与主体规定使环境公益目的模糊。在不存在私人利益关
系的前提下,公众是否能够仅仅基于环境公益参与到环评过程中,意味着
是否存在公益型环评公众参与。如前文所述,根据生态系统的统一整体性
理论,每个人都不能脱离环境而存在,任何区域中的排污行为都会对其他
区域产生影响。① 污染物的影响范围并不仅限于建设项目周围的一块地理
区域。人们都不希望污染距离自己太近,为防止自身私人利益受损,环评
范围内的公众会有更强烈的参与欲望。② 在一般的理解上,距离越远、越
不具有直接利益关系的公众,越倾向于因对环境的保护而提出相应的意
见,该意见因中立性较强而更能体现对环境公益维护。此外,在一些情况
下,还能够防止建设单位对环评范围内公众进行诱惑而损害环境公益现象
的发生。例如,在云南怒江水电开发项目中,项目附近的公众因高额的征
地拆迁补偿费用放弃了对环境公益的追求。通过环保组织的不断推
进,③ 使得怒江流域的水电开发项目得以限制,并对流域的生态加以保
护。④ 在环境影响评价法律规范中,环评公众参与主体的范围的确定,在
很大程度上代表着是否存在公益型的环评公众参与。目前,我国环境法律
及相关规章对公众参与的主体的规定如表 2-2 所示。

表 2-2　　　　　　　　环评编制阶段公众参与主体的范围规定

	时间	规范名称	条款	公众主体范围	确定方法
1	2006 年	《环评公众参与暂行办法》	第 15 条	受建设项目影响的公众代表+其他	综合考虑地域、职业、专业知识背景、表达能力、受影响程度等因素
2	2015 年	《环境保护法》	第 56 条	可能受影响的公众	
3	2002/2016 年	《环境影响评价法》	第 21 条	有关公众意见	
4	2016 年	《建设项目环境影响评价公众参与办法(征求意见稿)》	第 4 条	环境影响评价范围内的公众	

---

① 参见吕忠梅《环境法新视野》,中国政法大学出版社 2000 年版,第 117 页。
② See Michael O'Hare, "Not on My Block You Don't: Facility Siting and the Strategic Importance of Compensation", *Public Policy*, Vol. 25, No. 4, 1977, pp. 407-458.
③ 尹鸿伟:《民间力量对决怒江建坝》,《中国社会导刊》2004 年第 8 期。
④ 曹海东:《怒江的民间保卫战》,《经济》2004 年第 5 期。

	时间	规范名称	条款	公众主体范围	确定方法
5	2019 年	《环评公众参与办法》	第 5 条	环境影响评价范围内+环境影响评价范围外（鼓励）	《建设项目环境影响评价技术导则　总纲》根据"环境要素和专题环境影响评价技术导则"的要求确定

可以看出，我国法律法规对环评公众参与主体的规定并不相同。2002年《环境影响评价法》规定的公众主体范围为"有关公众意见"，具有很大的不确定性。2006 年《环评公众参与暂行办法》进一步明确"受建设项目影响的公众+其他"，仍然难以确定具体的公众范围。在《环评公众参与暂行办法》修改的过程中，2016 年《建设项目环境影响评价公众参与办法（征求意见稿）》中将"可能受影响的公众"明确为"环评范围内的公众"。2018 年 7 月 16 日公布的《环评公众参与办法》，在保留"环评范围内的公众"的同时，增添了"鼓励环评范围外"公众参加的字眼。从环境法律规范的修改过程来看，对于在建设项目环评文件编制阶段，公众是否能够基于环境公益保护参与进来，已经得到了部分肯定。但是，对于基于环境公益参与进来的公众的权利行使，仍然缺乏法律的明确规定。因此，从法律规范来看，目前体制下环评公众参与仍然是针对私人利益而言的。而对公益型环评公众参与，需要法律继续予以改善，并将公益型环评公众参与作为建设单位的一项强制性义务予以确定，而非作为是倡导性义务。

其二，环境信息获取不畅阻碍环境公益保护。由于基于环境公益参与环评过程的公众，往往处于环评范围外，这样就导致该部分公众是否有机会选择参与到环评过程中，很大程度上受制于其所了解到的信息的广度和深度。在环评编制阶段，具有信息公开义务的主体是建设单位。建设单位环评信息公开的内容和方式，与公众是否拥有获取环境信息的自由紧密相连，同时与公众知情权的保障密切相关。[①] 在该过程中，若信息获取的方式不方便，将会阻碍该过程中环境公益的保护。同时，信息公开的时间越早，越能给予公众足够的准备时间。[②] 根据本书上一部分内容的分析，在

---

① 郭道晖：《知情权与信息公开制度》，《江海学刊》2003 年第 1 期。

② 参见［日］黑川哲志《环境行政的法理与方法》，肖军译，中国法制出版社 2008 年版，第 111 页。

环评编制阶段，建设单位的信息公开主要依据以下法律规范，如表 2-3
所示。

表 2-3　　　　　　　　　　　环评编制阶段的环评信息公开

时间	规范名称	条款	内容	方式	利益类型
2015 年	《环境保护法》	第 56 条	向可能受影响的公众说明情况		私人利益
2006 年	《环评公众参与暂行办法》	第 7 条	公开环评信息	便于公众知悉的方式	私人利益
		第 7—11 条	发布信息公告或公开环境影响报告书简本	1. 特定场所；2. 网络平台；3. 其他	私人利益
2019 年	《环评公众参与办法》	第 9—11 条	发布信息公告或公开环评信息	1. 网络平台；2. 当地报刊；3. 当地场所；4. 广播、电视、微信、微博和其他新媒体	私人利益+环境公益

　　在法律层面，针对环评编制阶段建设单位的信息公开，我国《环境
保护法》只规定了建设单位应"向可能受影响的公众说明情况"。虽然该
条款作为一项具有概括性的原则性条款，没有对信息公开的具体方式进行
规定，但是，由于该条款仅仅规定了对"可能受影响的公众"的环评信
息知情权的保障，因此，该条款对环评信息知情权的保障是基于私人利益
考虑。同时，由于无法保障信息公开方式的广泛性和透明性，因此公益型
环评信息知情权难以保障。①

　　《环评公众参与暂行办法》针对信息公告的发布和环评报告书简本的公
开，规定了建设单位"可以选择一种或多种"在"所在地公共媒体、印刷
品发放、网页"等方式。从条款规定内容来看，虽然其中规定的信息公开
方式种类繁多，但是，"可以选择一种或多种"的规定意味着，建设单位只
选择一种也完全符合法律规定，且这种方式由建设单位自行选择，包括公
众最难发现的方式。② 随着现代信息获取方式的改变，电视、报刊已经不
能满足如今公众对信息获取的需求。因此，《环评公众参与暂行办法》中
的信息公开方式难以保证公益型环评公众参与过程中的信息获取。

　　2019 年实施的《环评公众参与办法》实现了信息公开方式的重大突

---

　　① 郭道晖：《知情权与信息公开制度》，《江海学刊》2003 年第 1 期。
　　② 李挚萍：《建设项目环评信息公开法律机制改革及立法回应》，《环境保护》2016 年第
6 期。

破。确立了"3+5"的信息公开方式。"3"是指建设单位"必须"要满足的三种公开方式，包括网络平台公开、当地报刊公开、当地场所公开。这三种作为传统的信息获取方式，在公众日常生活中占据着重要位置。"5"是指"鼓励"建设单位满足的新型公开方式，可根据建设单位的意愿、资金实力状况或当地政府的其他要求对该项内容进行满足。然而，恰恰是这种新媒体逐渐成为人们获取信息的主要途径。这五种方式包括广播、电视、微信、微博和其他新媒体。微信是上班族必备的工作软件，微博基本上也是人们空闲时间获取信息的方式之一。并且，人们愈加习惯从手机新闻上来获取相关信息。

虽然《环评公众参与办法》中规定了众多的环评信息公开方式，使得公益型环评公众参与的信息知情权获得了保障，但是，在实践中，由于地理位置上的差异，公众获取到其他地区有关建设项目的环评信息的概率较低。公众因未能及时获取有效信息，而错失环评参与良机的现象普遍存在。因此，对于公益型环评公众参与过程来说，公众是否能够在日常生活中获取到该建设项目的环评信息，将会影响公众是否有机会参与环评以及参与环评的质量。《环评公众参与办法》虽然对环评公众参与方式作出了突破，但对于这些公众最容易获取的方式，依然采取了"鼓励"的态度，使得该部分仅具有倡导性。其实，不妨将微信、微博作为同步公开方式，与网络平台、当地报刊和当地场所相并列，以便开启基于环境公益的环评公众参与。

其三，参与渠道不畅阻碍环境公益表达。通过本书上述分析，2019年《环评公众参与办法》第9条第2款对公众意见表达权的行使主体使用的文字表述为"公众均可"，因此，可理解为该条款为基于环境公益的环评公众参与表达权提供了一定的空间。基于环境公益参与环评的公众，则可以根据第9条第1款中所规定的公众意见表达方式，向建设单位提交相关意见。不过，该条款对公益型环评公众参与的规定，仅仅局限于"环境影响报告书征求意见稿编制过程中"。① 在征求意见稿编制完成后的阶段，对于建设单位是否继续对公益型环评公众参与的表达权行使继续予以尊重未作出规定。

---

① "环境影响报告书征求意见稿编制"不同于本书中的环评文件编制，前者是后者的程序内容之一。环评文件编制过程包括从建设单位确定环评机构，至将最后形成的环境影响报告书和公众参与说明等环评文件提交至审批部门的整个过程。

为了加强公众与建设单位之间的互动,《环评公众参与办法》在第14条中规定了环评文件编制阶段的深度公众参与方式,专门用于集中解决公众的质疑性问题。深度公众参与的方式包括开展座谈会、听证会和论证会。不过,根据以往的经验,一般都是建设单位在建设场地周围的一定范围内调查公众意见。进行公众参与时,也主要是针对环评范围内的公众。其实,环评范围外的公众,由于地理位置的原因造成了他们对该项目有了更多的疑问。当他们获取到该项目环境信息并想要参与进来的时候,通常有着更强烈的愿望与建设单位进行交流。但是,《环评公众参与办法》对深度公众参与开展过程中的公众范围进行了限定,即"在环境方面可能受建设项目影响的公众"。结合《环评公众参与办法》第5条对环评范围外公众意见听取的非强制性规定进行理解,此处的公众是指私人利益可能受建设项目影响的公众。因此,此处对于深度公众参与的规定并未包含基于环境公益的环评公众参与内容。为解决目前环境公益表达渠道缺失的问题,建设单位在依据《环评公众参与办法》进行环评深度公共参与时,需要注意在该程序中引入环境公益代表,为公众进行环境公益表达提供交流的渠道。

其四,缺乏对建设单位环境公益保护的责任性规定。若没有违反义务的责任性规定,难以保证法律义务的履行。目前的建设项目环评公众参与过程中,除了对私人利益保障的公众参与外,并没有规定建设单位基于环境公益开展环评公众参与的强制性规定。2019年实施的《环评公众参与办法》第5条在规定建设单位征求公众意见时,对环评范围外的公众意见用的术语是"鼓励"。那么,不征求环评范围之外的公众意见也完全符合规定。这表明,目前法律规范中,对建设单位并没有规定严格意义上的环境公益保护方面的义务。《环评公众参与办法》在缺乏针对环境公益保护的强制性规定时,也并没有在其他条款中进行对建设单位未开展公益型环评公众参与的惩罚措施。

在这样的背景下,建设单位在环评过程中对环境公益进行保护会存在外在动力不足的问题。主要表现为,建设单位是否引入公益型环评公众参与全凭自己的意愿。当引入公益型环评公众参与时,可能会增加建设单位工作的烦琐程度,或是存在影响自身经济利益的情形,从而对公益型环评公众参与造成阻碍。在可有可无的选择下,为了降低成本,建设单位一般会追求经济利益最大化，忽略公益型环评公众参与。①

二　环评审批阶段公众参与的立法现状

与环评编制阶段的公众参与制度相比，环评审批阶段的公众参与制度确立较晚。由于这两个阶段中环评公众参与组织者和公众参与程序的不同，其参与的性质也不相同。通过本书上一部分对环评编制阶段公众参与的法律现状的梳理，明确了由建设单位组织环评公众参与过程中所应遵守的法律规范以及公众在环评编制过程中所享有的权利。在这一部分，则通过对环评审批阶段环评公众参与程序的梳理，进一步剖析由审批部门（主要为生态环境主管部门）所组织的环评公众参与的法律规范中环境公益保护现状。

（一）环评审批阶段公众参与的历史脉络

与环评编制阶段的公众参与相比，我国环评审批阶段的公众参与制度确立的时间较晚。早期环评编制阶段的公众参与和环评审批阶段的公众参与并未规定在同一法律规范中。环评编制阶段的公众参与集中于环境法律规范范畴，环评审批阶段公众参与的法律规范则主要集中于行政许可法律规范中。随着环评公众参与制度的发展，逐渐对两阶段中的环评公众参与进行整合。从环境公益角度对环评公众参与法律规范分析，我国环评审批阶段的公众参与制度的发展可以分为以下几个部分：② 具体法律分析如表2-4所示。

表2-4　　　　　　　1979—2019年环评审批制度的法律规范

第一阶段（1979—2003年）					
	时间	规范名称	效力级别	法律时效	条款	内容
1	1979年	《环境保护法（试行）》	法律	失效	第6条第1款	原则性规定
2	1984年 1996年	《水污染防治法》	法律	已被修改	第13条第2款	原则性规定

① 吴元元：《双重结构下的激励效应、信息异化与制度安排环境影响评价公众参与制度的经济学考察》，《制度经济学研究》2006年第1期。

② 需要说明的是，公众在环评审批阶段和环评编制阶段的参与作用存在很大不同，即使是同一个法律规范，也要作阶段上的划分。

续表

		第一阶段 （1979—2003 年）				
3	1987 年 1996 年	《大气污染防治法》	法律	已被修改	第 9 条第 2 款（1987 年）；第 10 条第 2 款（1996 年）	原则性规定
4	1986 年	《建设项目环境保护管理办法》	部门规章	失效	第 5 条、第 13 条、第 21 条	审批权限归属、审批时效
5	1989 年	《环境保护法》	法律	已被修改	第 13 条第 2 款	原则性规定
6	1998 年	《建设项目环境保护管理条例》	行政法规	已被修改	第 10 条、第 11 条、第 12 条	审批权限归属、审批时效
		第二阶段 （2003—2015 年）				
	时间	规范名称	效力级别	法律时效	条款	利益类型
1	2003 年	《行政许可法》	法律	已被修正	第 46 条、第 47 条	私人利益
2	2004 年	《环境保护行政许可听证暂行办法》	部门规章	现行有效	第 6 条、第 7 条	私人利益
3	2006 年	《环评公众参与暂行办法》	部门规范性文件	失效	第 5 条、第 13 条、第 15 条、第 17 条、第 32 条	私人利益
		第三阶段 （2015—2019 年）				
	时间	规范名称	效力级别	法律时效	条款	利益类型
1	2015 年	《环境保护法》	法律	现行有效	第 5 章	私人利益＋环境公益
2	2015 年	《环境保护公众参与办法》	部门规章	现行有效	第 7 条第 2 款	私人利益＋环境公益
3	2019 年	《环评公众参与办法》	部门规章	现行有效	第 22—27 条	私人利益＋环境公益

　　第一阶段：环评审批阶段公众参与制度的孕育（1979—2003 年）。1979 年《环境保护法（试行）》的发布，标志着环境影响评价制度在我国法律层面的确立。该法不仅对建设单位的环评义务进行了规定，还包含了有关行政机关的环评审批职责。稍有遗憾的是，该条款仅仅是一项原则性规定，对于环评审批的主体和内容等并未予以明确。紧接着，在 1984 年《水污染防治法》第 13 条第 2 款和 1987 年《大气污染防治法》第 9 条第 2 款，在单行法中分别强调了对水污染和大气污染的环境影响的环评，也对环评审批制度再次予以规定。关于环评审批的具体内容，直到

1986 年《建设项目环境保护管理办法》的发布，开始对环评过程中的审批制度予以了明确。其中，分别在第 5 条和第 13 条规定了一般建设项目的环评审批权归属和特殊类建设项目的环评审批权归属。另外，在第 21 条规定了一般建设项目的环评审批时效和特殊类建设项目的环评审批时效。此时，我国环评审批制度开始在部门规章层面确立了下来，并且对环评审批权限和时效作出了规定，使得建设项目的环评审批得到了确认。紧接着，1989 年出台的《环境保护法》，在法律层面对环评审批制度予以了规定，使得环评审批制度在我国法律上得到了确认。

由第一章内容可知，最初在环评过程中规定公众参与制度的条款出现于 1996 年《水污染防治法》中。该法局限于涉及水污染的建设项目，环评公众参与的规定针对的是环评文件提交审批前的编制阶段。新修改的其他法律规范中，也未对环评审批阶段的公众参与作出规定。

从 1979 年我国确立环境影响评价制度开始，至 2004 年我国环评公众参与制度在法律上正式确立，其间包含了各项法律、法规和规范性文件的颁布与实施。虽然也包括环评审批制度中审批权限和审批时效等内容的完善，但环评审批阶段的公众参与制度并未得到体现，而是仅包括环评编制阶段的公众参与。

第二阶段：公益型环评公众参与制度的萌芽（2003—2015 年）。环评审批阶段的公众参与真正出现于 2003 年。2003 年发布的《行政许可法》中，第 46 条对行政机关的听证义务进行了规定。其中，明确行政机关依职权进行听证时，除了依照法律规范的相关依据之外，还可以主动进行听证。[1] 开展主动听证的行政许可事项，则要求其"涉及公共利益"，突出了行政机关职责中对于公共利益的维护。因此，当在面临环评审批事项时，环境行政机关的职责中也蕴含着对环境公益的保护。紧接着，《行政许可法》在第 47 条确立了利害关系人的重大事项听证权。依据该条款，审批事项的利害关系人可以主动申请环评听证。在该两则法律条款的指引下，公众参与也在环评审批过程中得以确立。从环境公益角度对第 47 条进行分析，申请环评听证的公众需要与环评审批具有一定的利害关系。而对"利害关系人"的判断是以公众人身权、财产权等私益受损为依据。虽然审批机关的职责中蕴含着对环境公益的保护，但是从环评公众参与的

---

① 章剑生：《行政听证制度研究》，浙江大学出版社 2010 年版，第 137—142 页。

主体来看，依据《行政许可法》，环评审批阶段中并未包含公益型公众参与的内容。

　　紧接着，在 2004 年的《环境保护行政许可听证暂行办法》中，对环保部门组织的听证程序作出了规定。包括听证的适用范围，听证组织者、听证主持人和听证参加人的权利和义务，听证程序及责任。该办法的出台，为环评审批过程中的公众参与提供了借鉴依据，并有利于保障听证过程中公众的陈述意见、质证和申辩的权利。[①] 2006 年《环境信访办法》规定了环境信访人的权利和信访机关的义务、程序及保障范围。虽然，这些为公众参与环评提供了一些可借鉴的程序及内容，但也未包含公益型环评公众参与的有关内容。

　　为使公众能够更好地参与环境影响评价过程，2006 年国家环境保护总局发布了《环评公众参与暂行办法》，除了对环评审批阶段的公众参与进行规定以外，在第 5 条中也规定了环评审批阶段的公众参与，使得环评过程中公众参与更加完整。虽然《环评公众参与暂行办法》主要以环评编制阶段的公众参与规定为主，但是其中也包含环评审批阶段的公众参与内容。在涉及环评信息公开和征求公众意见过程的一般规定时，虽然规定了审批部门可采用政府网站、调查公众意见、咨询专家意见、座谈会、论证会和听证会的环评公众参与方式，但是，在涉及环评过程中深度公众参与的具体细则时，主要表现为环评编制阶段的公众参与保障。[②] 例如，对于环评编制阶段由建设单位组织的公众参与，其中规定了问卷调查、座谈会、论证会和听证会的公众参与方式，当涉及环评审批阶段由审批部门组织的公众参与时，仅仅规定了环评听证的有关内容。虽然《环评公众参与暂行办法》丰富了环评审批过程中公众参与的具体内容，但该《环评公众参与暂行办法》中关于审批部门征求意见的公众范围也仅仅限于"受建设项目影响的公众"，对其他公众意见是否听取并未作出规定。由于"受建设项目影响的公众"多指私人利益受到影响的公众，因此该条款并不能作为公益型公众参与确立的依据。因此可以理解为不论是法律法规，还是有关规章或规范性文件，还没有针对公益型环评公众参与的审批

---

　　① 竺效：《环境行政许可听证专家主持人制度初探——兼议〈环境保护行政许可听证暂行办法〉第 8 条的完善》，《法学评论》2005 年第 5 期。
　　② 参见朱谦《我国环境影响评价公众参与制度完善的思考与建议》，《环境保护》2015 年第 10 期。

依据。

综上，2003—2015 年，不论是环评编制阶段的公众参与，还是环评审批阶段的公众参与，在法律规范中都获得了完善。但是，其关注的范畴都主要集中于私益型环评公众参与。不论是法律法规，还是有关规章或规范性文件，还未出现公益型环评公众参与。在此期间 2008 年《政府信息公开条例》的出台，进一步强化了环评审批部门的环境信息公开义务。信息公开义务的强化，进一步提高了环评信息公开的广泛性和透明性。加之公民环境保护权利意识的觉醒，公众在环评过程中并不能满足以往的私益型公众参与，而是希望能够有权利基于环境公益保护参与到环评过程中。

第三阶段：公益型环评公众参与制度的初现（2015—2019 年）。通过上述分析，虽然《行政许可法》没有对公益型环评公众参与作出规定，但是并不意味着在环评审批阶段不能增加公益型公共参与方式。2015 年实施的《环境保护法》第 53 条作为该章节的总领性条款，规定所有公民均有权利参与并监督环境保护。此处的公众参与环境保护除了包含公众在环评编制阶段的环境保护外，还应当包括公众在环评审批阶段的环境保护。不过，在规定环评审批阶段的公众参与时，该法仅在第 56 条规定了审批部门的环境信息公开义务，并未涉及公益型环评公众参与的程序内容。不过，同环评编制阶段的公众参与相同，依据对第 53 条和第 56 条的解释，可以认为《环境保护法》中为公益型环评公众参与的审批工作预留了空间。

2015 年环境保护部发布了《环境保护公众参与办法》，对修改后的《环境保护法》第五章公众参与的有关内容进行落实。作为一种涉及环境保护的综合类部门规章，其规定的公众参与也具有一定的综合性，所涉范围包含环境管理各个领域，也包括环评审批这一阶段的公众参与。在对环保部门所开展的公众参与方式进行细化时，在第 7 条第 2 款明确，专家论证会的主要人员中不仅包含相关领域的专家，还包括环保社会组织中的专业人士。由于环保社会组织往往是以环境公益保护为目标的一类社会组织，其所处的区域并不具有地理位置上的限制。[1] 参与进来的环保社会组织，也不需要具有私人利害关系。因此，通过对该条款中环保社会组织参

---

[1]　吴应甲：《中国环境公益诉讼主体多元化研究》，中国检察出版社 2017 年版，第 91 页。

与环评的引入，应当认为此处出现了基于环境公益参与环评的主体。需要注意的是，第一，此处该主体是作为具有专业知识的"专业人士"参与进来，而非普通的公众主体；第二，此处对公益型环评公众参与主体的引入仅仅局限于环评审批阶段的环评论证会中，而并未涉及环评座谈会、环评论证会或者一般的环评公众意见调查过程。

2019 年实施的《环评公众参与办法》，不仅对环评编制阶段由建设单位组织的环评公众参与进行了制度的升级，而且对环评审批阶段由审批部门组织的公众参与也作出了完善。除了《环评公众参与办法》原则部分外，第 22—27 条属于环评审批阶段公众参与的内容。从环境公益保护视角对《环评公众参与办法》进行分析时，发现公益型环评公众参与的曙光主要表现在以下两点：

其一，广泛的信息公开有望为公众打开基于环境公益参与环评审批的入口。[①] 在环保部门作出审批决定前，公众有两次集中提出意见的机会。其中，并没有限制提出意见的公众主体范围。在信息公开的时间上，《环评公众参与办法》第 22 条规定的信息公开的时间点是"建设项目环境影响报告书被受理"后，第 23 条是"环保部门对环境影响报告书作出审批决定前"。在信息公开的内容上，《环评公众参与办法》第 22 条是对建设单位所提交的文本的全文公开，包括环境影响报告书和公众参与说明。《环评公众参与办法》第 23 条是对建设项目环境影响及公众参与的相关内容的再次公开。这两次信息公开义务所针对的对象都是社会上不特定的多数人，并非仅包括环评范围内的公众。而且，其中都规定了"公众提出意见的方式和途径。"因此，基于环境公益保护的公众有望在该过程中按照环保部门的要求有针对性地提出环境影响方面相关意见。《环评公众参与办法》第 23 条第 3 款规定了环保部门进行信息公开时，应当履行对建设单位和利害关系人的听证权利进行告知的义务。环保部门对不同主体义务性规定的不同，可以理解为《环评公众参与办法》已经开始意识到在环境影响评价审批的过程中存在不同性质的公众参与。即使其主要是考虑到了在现有环境法下，以环评范围内公众为主体的环评公众参与和以利害关系人为主体的行政许可听证的不同。不过，以环境公益保护为主要内容的环评公众参与也应当成为其中的类型之一。

---

① 楚晨：《逻辑与进路：环评审批中如何引入基于环境公益的公众参与》，《中国人口·资源与环境》2019 年第 12 期。

其二，环境举报的规定有望提高公众基于环境公益参与环评审批的深度。① 虽然在编制阶段，公众不一定能够基于环境公益保护参与到建设单位组织的公众参与程序之中，但是在审批阶段，公众可以基于环境公益的保护，针对建设单位的环评文件及编制过程中的违法行为向环保部门举报。《环评公众参与办法》这次修订，明确环保部门对公众举报予以反馈并采纳的相关规定时，并没有将可以进行举报的公众限制为利害关系人。更为重要的是，在《环评公众参与办法》中，规定"环保部门对收到的举报，应当依照国家有关规定处理"及"必要时，可以通过适当方式向公众反馈意见采纳情况"。对环保部门回应义务的规定，也逐渐提高了公众意见的重要程度。②

通过以上对环境法律规范的解释可以发现，现有的规范依据为公众基于环境公益参与环评审批打开了入口。但是，若要真正在环评审批中落实公益型公众参与，需要对环评审批阶段的公众参与进行总结，以便进一步在规范或制度上作出努力。

（二）环评审批阶段公众参与的立法总结

通过以上从环境公益角度，对环评审批阶段公众参与历史脉络的梳理，发现我国环评公众参与制度中所保障的利益类型也在逐渐凸显对环境公益的保护。依据现有的法律规范，在环评审批阶段的公众参与还存在以下障碍：

第一，缺乏公益型环评审批参与的公众主体规定。本书通过对环评编制阶段公众参与主体性质的分析，明确了环评公众参与主体的确定，则在很大程度上代表着是否存在公益型环评公众参与。我国环境法律及相关规章对公众参与的主体的规定如表 2-5 所示。

表 2-5　　　　　环评审批阶段公众参与主体的范围规定

	时间	规范名称	条款	公众主体范围	利益类型
1	2003 年	《行政许可法》	第 46 条 第 47 条	重大利害关系人	私人利益

① 张式军、徐东：《新〈环境保护法〉实施中公众参与制度的困境与突破》，《中国高校社会科学》2016 年第 5 期。
② 具体可参见生态环境部《生态环境部环境影响评价司有关负责人就〈环境影响评价公众参与办法〉修订发布答记者问》，http://www.mee.gov.cn/gkml/sthjbgw/qt/201808/t20180803_447717.htm。

续表

	时间	规范名称	条款	公众主体范围	利益类型
2	2004 年	《环境保护行政许可听证暂行办法》	第 6 条 第 7 条	重大利害关系人	私人利益
3	2006 年	《环评公众参与暂行办法》	第 15 条	受建设项目影响的公众代表+其他	私人利益
4	2015 年	《环境保护公众参与办法》	第 7 条	环保社会组织中的专业人士	私人利益+环境公益
5	2019 年	《环评公众参与办法》	第 22 条 第 23 条 第 24 条 第 27 条	未限定	私人利益+环境公益

　　环评审批，本身作为一种环境行政许可行为，在遵守环境保护法律规范之外，仍应遵守《行政许可法》的规定。《行政许可法》第 47 条规定，与该行政许可有重大利害关系的申请人和利害关系人具有听证的权利。此处利害关系人的判断以是否具有"重大利益"关系来进行确定。通常，具有重大利益关系的主体除了申请环评审批的建设单位之外，还包括相邻权及健康权可能受影响的公众。因此，行政法在认定"利害关系"时，是以行政机关的许可行为对他人所带来人身和财产利益的影响为判断标准，属于私人利益考量。这种私益型环评公众参与主体的判断，会使得听证的过程中内容聚焦于利害关系人自己个人利益，从而使得审批机关忽略环境公益成为私益的俘虏。[①] 2004 年《环境保护行政许可听证暂行办法》则是为了保障《行政许可法》中行政许可听证程序的实施，其中同样沿袭的是基于私人利益考量的重大利害关系人的规定。2006 年《环评公众参与暂行办法》对环评审批阶段公众参与主体的确定，采用的是和环评编制阶段相同的方式，不包含公益型环评公众参与的主体。具有突破性进展的则属 2015 年《环境保护公众参与办法》的发布，使得环评审批过程中，公众基于环境公益参与环评过程成为可能。遗憾的是，该主体并非作为普通的公众主体参与进来，而是具有专业知识的特殊公众，并且，对于公益型环评公众参与的程序并不包含除论证会之外的其他程序性过程。2019 年实施的《环评公众参与办法》强化了环评审批部门的职责规定，有利于公益型环评公众参与主体及时获得有效的环评信息，或是对环评公

　　① 参见翁岳生编《行政法》（上册），中国法制出版社 2009 年版，第 776—777 页。

众参与过程进行监督。不过，该《环评公众参与办法》并未规定公益型环评公众参与的表达权和参与权的行使，以及相关权利的救济内容。即时可以认为《环评公众参与办法》引入了公益型环评公众参与的主体，但由于相关法律规范的缺失，使得环评审批过程主要还是一种私益型公众参与。

第二，环评审批公众参与的程序启动体现私益性。根据《行政许可法》第 46 条和第 47 条，行政听证启动程序条件除了审批部门主动组织外，是否组织开展公众参与程序在很大程度上还取决于"申请人和利害关系人"的申请。对于"申请人和利害关系人"提出的意见，审批部门应当认真听取。该法律中并未将听证程序的启动权利赋予不具备私人利害关系的公众，是否因环境公益目的启动听证以及在听证过程中是否对环境公益进行保护只能取决于审批部门。而在实践中，因时间较短公众可能无法在规定时间内提出听证。更有甚者，因听证程序过于形式化不能解决实际问题，其作秀效应使得公众会因对听证程序的失望而不再提出听证，出现集体冷漠和无人报名的现象。① 生活中，公众也更倾向于针对与自身人身和财产紧密相关的事项提出意见。例如，公众对私人利益保护中的邻避效应。针对邻避设施的建设，更多的公众关注的是如何避免将该设施建在自己的院子里，而非是该设施是否应该建设。② 此外，环评审批机关作为政府部门，也会深陷于地方保护主义的沼泽，过多地考虑如何避免公众提出意见拖慢项目的审批进程，进而影响当地经济发展。申请听证的利害关系人则主要从人身权和财产权角度进行判断，这就使得参与程序的启动更加体现私益性。

第三，环评审批公众参与权利救济体现私益性。当审批部门作出审批决定后，会在网站上对审批结果和公众救济权利进行告知，包括行政复议和行政诉讼的权利。而这种救济权利针对的往往是具有私人利害关系的公众。一方面，在行政救济方式中，《行政复议法》中规定，除了行政相对人之外，第三人也可针对行政机关的行政行为提起行政复议。此处的第三人需要与被申请的具体行政行为有人身或财产上的利害关系。③ 目前《行

---

① 成洁、赵晖：《我国公共听证制度的困境与突围》，《江海学刊》2014 年第 2 期。

② See Michael O'Hare, "Not on My Block You Don't: Facility Siting and the Strategic Importance of Compensation", *Public Policy*, Vol. 25, No. 4, 1977, pp. 407-458.

③ 吴高盛主编：《〈中华人民共和国行政复议法〉释义及实用指南》，中国民主法制出版社 2015 年版，第 111—112 页。

政许可法》也仅将审批机关在公众参与中的义务对象限于私人利益范畴。① 复议机关对被提起复议的行政机关进行审查的依据仅表现为对特定利害关系人的私人利益保障。另一方面，在司法救济方式中，《行政诉讼法》第 25 条在规定行政诉讼的原告时，也仅仅规定了利害关系人的诉讼救济权。

通过以上分析，在环评审批阶段引入公益型公众参与，还需要明确法律规定对公益型环评公众参与的表达权、参与权和权利的救济内容进行完善。否则，在环评审批阶段的基于环境公益的公众参与则难以开展。

由上可知，环境法律中已经表现出了对环境公益的保护。不过，还需要更多具体的可操作性规范。在环评文件编制阶段，建设单位进行公众参与时缺乏针对环境公益的保护。形成了一种以私益保护为中心，环境公益保护为边缘的制度。在环评文件审批阶段，环评审批部门组织公众参与时，由于环评公众参与主体的判断主要是基于私人利益，使得听证内容聚焦于不同私人利益主体之间的个人利益，而使得环评审批部门忽略了对环境公益的保护。本书通过从环境公益角度对我国现有环评公众参与法律现状的分析，可以得出结论：从严格意义上来说，公益型环评公众参与尚未在我国正式确立。不过，不论是通过对环评编制阶段的公众参与法律规范立法脉络的梳理，还是对环评审批阶段的环评公众参与的法律规范的分析，都能发现，随着法律文本的更新与完善，现有的有关法律规范已经开始意识到公益型环评公众参与这一问题。2014 年出台的《环境保护法》为环评审批公众参与提供了权利依据，2015 年出台的《环境保护公众参与办法》中参与方式和参与原则的规定可以为环评审批过程中的公众参与的开展提供指导意义。随着 2019 年《环评公众参与办法》的实施，有望实现公众基于环境公益参与环评审批的突破。

不过，由于建设单位对经济利益的强烈偏好，以及环评审批部门的行政压力，若要真正在环评审批中落实公益型公众参与制度，还需要对我国现有的环评公众参与制度的法律实践进行剖析，明确在实践过程中是否存在公益型环评公众参与，以及开展公益型环评公众参与需要的方式和步骤。

---

① 参见江利红《行政法学》，中国政法大学出版社 2014 年版，第 392 页。

第三节　公益型环评公众参与的实践检视

"徒法不足以自行。"① 从环境公益角度对环评公众参与制度进行分析，不能仅仅局限于法律文本方面。为了明确环评公众参与制度的利益保护现状，则还需要对具体的法律实践的实例进行分析。通过对环评公众参与实践过程中环境公益保护现状的检视，可以真正了解公众在环评过程中的利益诉求的具体内容，分析公众参与背后真正的利益需要，以及作为环评公众参与组织者的建设单位和环评审批部门对利益的保护。

一　公益型环评公众参与的案例分析

本书在对公益型环评公众参与的实践案例进行分析时，分别从环评文件编制阶段公众参与的实践，以及环评文件审批阶段公众参与的实践两方面具体展开。并通过实践中公益型环评公众参与的权利行使以及权利的救济的剖析，明确公益型环评公众参与的重要性。

（一）公益型环评公众参与的案例

案例一：海南三亚红塘湾机场人工岛填海工程

海南三亚红塘湾机场人工岛填海项目属于机场建设这一系统工程的一部分，是一项包含人工填海工程的机场工程，需要针对机场人工岛填海造地工程开展环评工作。2017 年 4 月 21 日第一次信息公示时，"自然之友"曾经质疑过该项目存在未批先建的问题。国家海洋局于 7 月份对该项目环评报告书作出"不予批准"的决定，该工程于 2017 年 7 月 25 日停工。② 2018 年 3 月 14 日该项目进行了环境影响评价第二次信息公示，并引起了当地政府及有关部门的高度重视。在此期间，海南省政府和三亚市政府分别成立新机场的工作领导小组，三亚市政府组建了三亚机场建设有限公司。2018 年 3 月 12 日，中国民用航空局印发《民航局关于海南三亚新机场厂址的批复》，对该机场的选址予以认可。2018 年 4 月 14 日，自然资源部部长在三亚进行现场调研，并要求对该机场建设方案进行重新评估和方案调整。自然资源部第三海洋研究所先后两次对三亚新机场人工岛

---

① 《孟子全集》，古吴轩出版社 2010 年版，第 140 页。

② 详情参见自然之友官网，http：//www.fon.org.cn/index.php? option = com_k2&view = item&id = 10586；2017-05-12-08-15-07&Itemid = 111。

填海工程海洋生态损害进行评估，提出了新的人工岛填海方案。根据三亚市《关于落实中央环境保护督察整改任务（序号104）整改完成情况公示》的附件《落实中央环境保护督察整改任务（序号104）整改完成情况公示表》中的内容显示，2019年9月10日该项目更换了新的建设单位，并作出《三亚新机场人工岛工程环境影响评价第一次信息公示》，重新启动机场的环评程序。①

在该项目环评过程中，由于环保组织等相关志愿者的积极参与，及时发现了该项目的违法行为，并推动了有关部门对该违法行为的及时处理。其间，在2017年该项目进行第一次信息公示后，该环保组织中就有志愿者出于对填海项目的重视，进行了实地调查。然而却发现该项目在未通过环评审批的情况下大肆施工，存在违法填海的行为。收到对该环保组织的积极举报后，国家海洋局核实了建设单位的违法行为。在国家海洋局2017年11月对"自然之友"的回复中的第二项包括"2017年4月26日在国家海洋局南海分局网站发布了三亚新机场人工岛项目的环评听证公告，5月18日召开了听证会，自然之友没有报名参加听证会"。从其表述的内容可以得知，"自然之友"这一环保组织如果报名参加听证会的话，是会被允许参与进来的。另外，该回复中还包括对该案查处相关违法案件的回复，以及暂停审查该项目用海预审申请的回复。可以发现，由于公众可以基于环境公益保护对有关违法行为进行举报，在实践中存在一定的公益型环评公众参与。

案例二：广西防城港生态岛礁项目

广西防城港生态岛礁项目，是一项涉及生态修复的重大项目。该项目的建设单位是防城港市海洋局港口区分局，环评单位是大连海事大学。在确定该项目的环评单位后，在该市政府网站上对该项目的环评信息进行了公示。第一次征求公众意见时间为2018年2月12日至2018年2月26日。② 在第一次信息公示后，就收到了来自各方对该项目的意见和建议。为了更好地保护环境公益，防城港市海洋局港口区分局和大连海事大学针对收到的公众意见进行了认真反馈，并开展了专家论证会，以提高该

---

① 详情参见三亚市自然资源和规划局网站，http://zgj.sanya.gov.cn/zgjsite/tzgg/201909/c36e63e946f648b0a98dba319f54efb4.shtml。

② 环评公众参与第一次信息公示为2018年2月12日，具体公示内容可见广西防城港港口区人民政府门户网站，http://www.gkq.gov.cn/zwdt/tzgg/111538.html。

项目的环境公益保护水平。在该过程中，影响最大的则属广西观鸟会的有关意见。广西观鸟会意识到，由于该岛所处位置具有特殊性，其本身是众多水鸟的繁殖、觅食和栖息点。当该项目实施后，会严重影响到水鸟的越冬。而且，这些水鸟中还包括被世界自然保护联盟（IUCN）列为极危物种的勺嘴鹬。因此，向建设单位以及环评机构提出取消《防城港市山心沙岛生态岛礁项目》建设的建议。为了对该岛生态进行整治和修复，该项目多次进行了讨论。[①]

在防城港市山心沙岛（简称山心岛）的生态岛礁项目环评过程中，表现出了较强的专业性。有关环保组织、专家、学者等有针对性地提出了针对水鸟保护、生态修复等方面的意见，主管部门接受各方意见后对该项目进行了完善。[②] 目前，该岛已完成沙堤、绿化和沙滩修复工作，并希望通过后期工作的开展，提高海岛生态系统完整性。该案公众参与进行得非常顺利，一方面是来自各界环保人士爱好者的共同积极参与，使得该项目更科学合理；另一方面是政府及有关部门在收到公众意见后的积极态度，正面了解公众意见内容，并切实展开行动。

（二）公益型环评公众参与的作用

引入公益型环评公众参与目的是在公权力之外，通过公众参与的方式，提高对环境公益的保护。避免将环境公益保护的重担全部交由环保部门，从而出现该利益保护不足的风险。公众参与环评过程中对环境公益保护的作用主要包括以下几个方面：

第一，有利于提高环评质量。通过上一部分对公益型环评公众参与有关案例的分析，可以发现，涉及环境敏感类项目的环评公众参与过程中，往往包含公益型环评公众参与的主体。在公益型环评公众参与过程中，不仅能够从客观专业角度及时发现环评文件中的问题，还包括环评文件编制过程中尚未发现的一些生态影响。例如，上述所提到的环保组织参与广西生态岛礁项目。根据该项目的环评文件征求意见稿，发现其并未意识到项目所带来的生态环境的变化对水鸟们的重要影响。在环保组织、政府和检察机关的共同推动下，完善后的环境影响评价书中针对水鸟栖息提出了相

---

① 李鹏、杨子健：《为迁徙水鸟"打造"一片净土——探访广西防城港市山心沙岛生态岛礁项目》，《中国海洋报》2018 年 3 月 2 日第 4 版。

② 潘婧：《环保社会组织在生态规划中的作用——以防城港市山心岛生态岛礁项目为例》，《环境与可持续发展》2018 年第 3 期。

关措施。此外，早在 2003 年的怒江水电开发项目的建设过程中，就曾有公众基于环境公益保护对该项目的环境影响作出了深入分析。在当时我国尚未确立政府信息公开制度的背景下，号召环境影响报告应当向社会公示。不过，当时该流域的原住居民的生活条件极其匮乏，生存权和发展权难以保障之时，更无从谈起对环境公益的维护。[①] 此处公益型环评公众参与的主体则主要是环评范围外的环保组织和有关专家。鉴于该项目开发对环境公益的重大影响，曾提出了"停止开发怒江水电"的口号，最终导致该项目暂停。紧接着，2016 年一批小水电开发项目陆续被叫停。[②] 项目开发虽有利于经济发展，但应当在环境公益保护的基础上进行。对有关项目的开发，可以在我国环境科学技术发展到一定程度之后进行，并逐渐降低项目开发对环境公益的影响，避免对生态环境的破坏。

　　第二，有利于防止环评公众参与造假。在环评公众参与过程中，存在着公众参与程序造假问题。例如，最终被决定撤销环评批复的"秦皇岛西部生活垃圾焚烧项目"。按照环评公众参与的程序要求，在环评文件编制过程中，建设单位应当作出环评信息公示，并调查公众意见。当地村民们表示，对于环评报告书中所提到的两次环评信息公示并不知情。最后经调查核实，环评文件中列名的被调查公众并不属实。其中，包含已死亡人员、犯罪潜逃人员以及外地打工人员，而这些公众难以成为参与环评的主体。同时，对于环评报告书中所提到的会议记录，最后也查明是后期合成。[③] 除此之外，环评公众参与造假现象还有很多。如蓟县垃圾焚烧发电厂环评造假、山东曹县垃圾发电项目环评造假、苏家坨垃圾焚烧项目公众参与篇章和污染物处理方式造假、江西彭泽核电项目环评造假、黑龙江渭水消化病医院项目公众"被参与"、南京荣欣化工有限公司建设项目购买公众意见等。在建设单位所提交环保部门进行审批的环评报告中，大多数只提到"未曾收到公众意见"，或者"公众意见满意度较高"的有关内容。之所以出现这种造假的现象，一方面是公众参与不积极，对环评项目并不关心，建设单位为了完成公众意见调查认为而造假；另一方面是该项

---

　　① 青长庚：《大型水电项目的公众参与》，载《联合国水电与可持续发展研讨会文集》2004 年 10 月，第 1088—1101 页。

　　② 在 2016 年 1 月 25 日，云南省委书记明确"禁止一切怒江小水电开发"，参见中国新闻网，http：//www.chinanews.com/gn/2016/01-25/7732188.shtml。

　　③ 高胜科：《秦皇岛西部生活垃圾焚烧发电项目陷入僵局》，具体可见环卫科技网，http：//www.cn-hw.net/html/china/201207/34297_2.html。

目较为敏感，公众可能会提出较大的反对意见，从而影响项目的进展，建设单位为了防止公众反对而悄无声息地避开公众参与程序。引入公益型环评公众参与，一方面能够引入一部分对环境公益保护感兴趣的公众，通过不同公众之间的彼此交流，补足环评公众参与能力不足；另一方面，公益型环评公众参与的引入，使得更多的人能够以"参与者"和"旁观者"的身份监督环评过程，保证环评质量。

第三，能够提高审批部门的环境公益保护能力。环评文件编制完成后，需要经审批机关审查，并作出予以审批通过的决定，该项目才能开始建设。若审批机关能力不足，将会导致环评审批决策失误或错误，从而损害环境公益。由于审批时间、人员数量或审批能力的限制，环保部门中环评技术机构在对建设单位提交的环评文件进行审查时，并不一定能够及时发现环评文件中的所有问题。例如，生态环境部每年都会分阶段抽查之前审批通过的建设项目的环评文件，仍然发现一些项目未达到法律要求。而广大的公众中则可能存在对该问题更为专业的人员，进而提供专业技术层面的支持。[1] 例如，在深圳西部通道案例中，该项目的环评报告结论显示出口处汽车尾气能够达到标准，而施、钱两位老先生实际测量后发现氮氧化物浓度超标将近 20 倍。[2] 虽然二者的实际测量并不一定符合环境评估标准要求，但是该案表明公众在环评科学技术上能够提供专业支撑。相对于公众个人而言，环保组织因资金的保障一般更加能够提供环评技术上的支持。事实证明，环保组织确实在项目开发过程中，在一些大型建设项目开发过程中发挥了重要的作用。

第四，能够提高审批机关的环境公益保护意识。在实践中，因经济利益的诱惑或政府的压力，审批机关可能与建设单位进行合谋，违法作出环评审批的决定。例如，环保部 2017 年对北京市通州区环境保护局违规备案建设项目环境影响登记表予以通报。中央环保督察组督察过程中，也曾发现多省自然保护区内存在项目违规建设的现象。包括辽宁辽河口国家级自然保护区违规填海造地、吉林省珲春东北虎国家级自然保护区占林开发、江苏镇江长江豚类省级自然保护区违法开垦江滩湿地、安徽扬子鳄国

---

① 参见吴满昌《公众参与环境影响评价机制研究——对典型环境群体性事件的反思》，《昆明理工大学学报》（社会科学版）2013 年第 4 期。

② 参见金自宁《跨越专业门槛的风险交流与公众参与透视深圳西部通道环评事件》，《中外法学》2014 年第 1 期。

家级自然保护区削山造田、重庆缙云山国家级自然保护区及云南拉市海高原湿地省级自然保护区存在违法旅游项目等，审批部门的违法审批是这种无序的开发和利用行为存在的重要原因之一。更有甚者，环评审批工作人员与建设单位勾结后作出违法环评审批因而承担了一定的刑事责任。例如，刘某某作为某市环保局工作人员，因超越职权将本应由省级环保部门审批的项目擅自作出了审批决定，而被判处滥用职权罪。并因在其工作期间多次收受企业贿赂为他人提供环评审批和环保验收监测方面的帮助而被判处受贿罪。魏某某利用职务之便，在环评审批过程中违规收取环境监测费用而被判处滥用职权罪。因环保工作不力，多地环保部门人员进行了"大换血"，甚至出现环保局领导班子被集体免职的现象。① 而引入公益型环评公众参与，可以通过公众对审批机关的环境公益保护职责进行监督，防止审批机关的权力滥用，同时提升审批机关对环境公益的保护程度。②

（三）缺乏公益型环评公众参与的弊端

由于公益型环评公众参与的引入具有一定的必要性，当该类型公众参与缺乏时，则将会出现一些不利后果。包括以下几个方面：

第一，不利于环境公益的保护。公众基于环境公益参与环评审批，是公共理性的一种表现。个人理性（Individual Rationality）是经济学中的一个概念，是指在市场经济体制下，每个人都追求着自身利益的最大化，并扮演着"经济人"的角色，行为受到纯粹私利追求的驱使。③ 而且，个人理性与集体理性往往存在一定的冲突，并且在没有其他强制性约束的情况下，个人理性支配下的公众个人利益追求会使集体利益受损。缺乏公共理性下的个人理性，在从众心理的作用下，将演变成彼此个人利益的争夺，进而陷入囚徒困境之中。④

而在环评过程中，则体现为公众希望通过该参与过程解决自己所有的问题，或者仅仅从个人利益角度出发来提出是否有利于该项目环评审批通

---

① 参见王乐文《陕西旬阳县国土局领导班子被集体免职"回炉锻造"》，《人民日报》2017年5月9日第18版。

② 楚晨：《逻辑与进路：环评审批中如何引入基于环境公益的公众参与》，《中国人口·资源与环境》2019年第12期。

③ 参见汤剑波《重建经济学的伦理之维——论阿马蒂亚·森的经济伦理思想》，浙江大学出版社2008年版，第82页。

④ 囚徒困境，是由美国梅里尔·弗勒德和梅尔文·德雷希尔合作设计的数学工具，表达了个人在追求利益过程中与他人之间进行博弈的过程。

过的意见。其实，环评公众参与程序所解决的内容是非常有限的。环评过程中的公众参与是通过程序的开展，向公众告知项目将有可能造成的环境影响，并通过环境污染防治措施将该不良环境影响控制在一定范围内，针对环境影响方面这一内容征求公众的有关意见。该程序中，对公众个人利益的解决往往也局限于不良环境影响可能对公众人身健康或财产利益方面的损害。并不涉及观赏等其他利益内容。征地拆迁补偿、就业等问题，这些并不是环评公众参与程序所要解决的内容，公众则应当通过其他途径来对其利益进行保护。例如，《国有土地上房屋征收与补偿条例》第 19 条规定，关于房屋价值评估的异议可以申请复核评估，并可申请专家委员会鉴定复核结果。同时，第 26 条规定，在签约期限内无法达成补偿协议的，需要由作出该补偿决定的市、县人民政府作出补偿决定。被征收人不服的，可通过行政复议或行政诉讼来保护自身合法权益。如果无法解决的，还可以通过合理的方式向有关政府部门进行反映。

个人理性是有一定限度的，单纯的个人理性之下，人们往往更加追逐眼前的利益，忽视长远利益或不确定的利益。[①] 在环评过程中，如果仅仅针对公众之间的私人利益纠纷进行研究，那么就容易导致急功近利的现象。而环境公益本身具有整体性和普惠性，在生活中无处不在但没有具体的存在状态。环境公益的受损会通过空气、土壤、水等物质循环过程中反映到人类本身。例如，癌症村的出现。因此，缺乏对环境公益保护的后果将是人类人身权和财产权的受损。为了增强总体的利益，需要在个人利益追求之外，增强公众的共同利益意识。而在环境领域，这种共同利益则以环境公益的形式表现。为了破解这种环评公众参与过程中的囚徒困境，则需要意识到环境公益的重要性，为公众基于环境公益保护参与环评过程提供制度保护。

第二，阻碍公众参与环境保护的权利实现。公众基于环境公益参与环评的权利，是公众在面对公共事务管理过程中的权利运用，该权利与政府及行政机关的公权力职责和有关建设单位的法定义务相对应。这种权利是公众在参与环境影响评价过程中的一种权利束。

这种权利的公权力性质表现为以下几个方面：首先，权利的行使领域体现公共性。在进行环境公共利益的保护中，根据公众权利行使是否对他

---

① 宋克勤、徐炜主编：《管理学》（第三版），首都经济贸易大学出版社 2018 年版，第 66 页。

人产生影响，可以分为私人领域和公共领域两个方面。在私人领域中，公众对环境公益保护的权利行使主要表现在对自身及家人环境保护行为的支配，该权利行使影响的范围非常有限，往往局限于以自己生活、工作或学习领域为中心的一小片区域。而在公共领域中，则表现为公众参与环境公益保护的公共活动，从而对他人和社会造成影响。例如环境宣传、环保募捐或者对损害环境公益的行为进行举报等。① 其次，权利的行使方式体现公共性。公众在参与环境影响评价过程中，其环境保护方面的权利行使，需要遵循法律、行政法规、规章或其他相关法律规范中对公众参与程序作出相关规定。例如，《环评公众参与办法》规定了公众在环评过程中提出意见的方式和途径。此外，公众在环评过程中还应当按照该项目的建设单位或审批部门要求的时间及方式进行。建设项目在进行环评之前或者在环评过程之中，会对公众参与环境影响评价的时间及方式进行公示，公众要按照公示中所列明的时间和方式参与到环评过程中，而非主观臆想或者其他单位或个人的要求。最后，权利的义务对象体现公共性。环境影响评价过程中，公众的环境保护权利的行使对应着建设单位或者审批部门的义务。该权利的实现，与建设单位或者审批部门是否给予公众权利行使的空间，并通过参与程序和制度的设计来保障公众的权利密切相关。

　　因此公众在环境影响评价过程中对环境公益的保护需要法律及相关制度程序的保障。如果在环评过程中，缺乏公益型公众参与的程序性规定，那么公众的公权利在环境影响评价过程中将难以实现。

　　第三，不利于环评公众参与的监督。并非所有的环评机构所编制的环评报告都能够严格按照规定。当建设单位与环评机构订立委托合同后，便会不断催促环评单位在一定时间内交出环评报告。环评机构在建设单位的强压之下，所作出的环评报告内容有时会出现一定的质量问题。当建设单位将其环境影响报告提交环评审批时，会一同提交该项目的公众参与说明。但是，根据笔者的整理，发现项目中关于"公众提交意见的情况"的记载，内容大部分为"公示期间，我公司未收到意见反馈表"。在环评过程中，存在环评质量问题以及公众"被参与"等现象。建设单位出现这么多的弄虚作假，除自身原因之外，还与缺乏公众和相关部门的监督有关。若仅仅将参与环评的公众主体限定在环评范围内，将会失去更多的监

---

① 有学者对公众参与环保的行为进行了分类。参见王晓楠《"公"与"私"：中国城市居民环境行为逻辑》，《福建论坛》（人文社会科学版）2018 年第 6 期。

督力量。在环评范围外，存在众多的以环境公益保护为目的的公众，其往往拥有更多的参与知识和技巧。

二 公益型环评公众参与的制度检视

通过以上环评公众参与实践过程中的有关实例，可以发现，公益型环评公众参与的主体能够对环评过程提出专业性意见，补足环评公众参与能力，并且对环评公众参与过程进行监督。为了更进一步保障公益型环评公众参与制度的实施，需要从环境公益角度，分类型对我国实践中公众参与的制度现状进行剖析，并对建设单位、环保部门或者其他有关主体的义务进一步落实。① 公益型公众参与的开展，不仅能够提高环境保护的力度，还能够在公众享有安全、舒适的环境公益的同时，对公众健康进行更好的保护，是环境利益与私人利益相互联结的体现。环评公众参与，主要是通过公众在环评过程中获取相关环境信息，提出针对环境影响的意见的过程。② 公益型环评公众参与则强调通过环评公众参与相关制度的落实，从而在环评过程中突出环境保护。公众参与环评过程如图2-1所示。

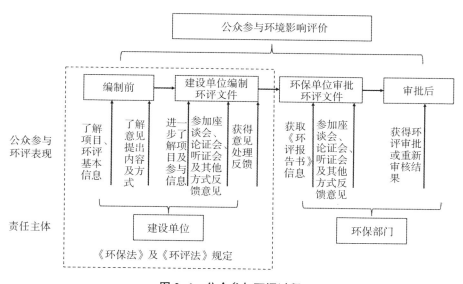

图2-1 公众参与环评过程

---

① 参见朱谦《环境民主权利构造的价值分析》，《社会科学战线》2007年第5期。
② 参见王秀哲《我国环境保护公众参与立法保护研究》，《北方法学》2018年第2期。

通过图 2-1 可以发现，公众基于环境公益参与环评，是以环评信息公开为前提，以良好的环评公众参与方式和程序为保障的过程。为了突出环评过程中对环境公益的保护，需要从以下几个方面对我国现有的环评公众参与制度进行分析：第一，环评信息公开制度；第二，征求公众意见的主体范围；第三，环评公众参与中的深度公众参与；第四，环评公众参与中的互动交流与信息反馈。

（一）环评公众参与中的信息公开

公益型环评公众参与的主体往往处于环评范围外，其是否能够参与到环评过程中则较大程度地依赖于对建设项目环评信息的获取。[①] 建设单位和环保部门有义务向公众公开与建设项目环评有关信息，环评信息公开是否广泛和深刻是公众是否有机会基于环境公益参与环评的关键。环评信息的公开性越强，内容越具体，越有利于公益型公众参与的开展。《环评公众参与办法》颁布之后，建设单位在实践过程中对相关环评文件的公示，为公众基于环境公益参与环评过程奠定了基础。这主要表现为以下两个方面：

一方面，提高了环评信息公开的广泛性。建设单位确定环评机构时所进行的信息公开，通常被称为"第一次信息公开"；当环境影响报告书征求意见稿形成之后的公开，称为第二次信息公开；在报送环评文件审批之前的公开，称为第三次信息公开。由于当建设单位刚确定环评编制单位时，环评文件的编制工作尚未真正开始，建设项目对环境所产生的污染物质和环境污染防治措施等内容还未得出结论，公众在这一过程中所提出的意见较少。当环境影响报告书征求意见稿形成之后，公众在针对建设项目的环境影响提出意见时，则有了可具体参照的依据。《环评公众参与办法》颁布前后的环评信息公开方式对比如表 2-6 所示。

表 2-6   环评信息公开方式对比

《环评公众参与办法》出台以前	《环评公众参与办法》出台以后	
一种或多种 1. 公共媒体（项目所在地的） 2. 印刷品（信息获取受资源限制） 3. 其他（建设单位自由选择）	必要	1. 建设单位网站；2. 建设项目所在地公共媒体网站；3. 建设项目所在地相关政府网站；4. 建设项目所在地公众易于接收的报纸；5. 建设项目所在地公众易于知悉的场所
	可选择	6. 广播；7. 电视；8. 微信；9. 微博；10. 其他新媒体

---

① 罗文燕：《论公众参与建设项目环境影响评价的有效性及其考量》，《法治研究》2019 年第 2 期。

　　在《环评公众参与办法》未出台之前，实践中建设单位对于环评信息公开方式的任意性，使得公众在环评编制阶段没有机会获得相关信息。《环评公众参与办法》出台之后，实践中建设单位除了通过几种必要性信息公开方式进行了公开，还可以另外选择其他方式进行信息公开。根据公众信息获取习惯的变化，《环评公众参与办法》中强化了网络平台这种环境信息公开方式。网络平台是目前公益型环评公众参与主体获取建设项目有关信息最方便、最快捷的一种方式。利用网站对建设项目环评信息进行公开，能够使更多的人注意到该项目的有关信息。在网站上对建设项目有关信息进行公开是法定的，也是必不可少的。

　　同时，在环评公众参与中，企业的环境信息披露义务也将逐渐完善。① 建设单位和审批部门在组织环评公众参与过程中，不能以任何理由作为不进行网络信息公开的借口。例如，在"耿某某、陈某某、胡某某与洛阳市环境保护局环境行政管理纠纷"案件的二审过程中，河南省洛阳市中级人民法院认为，被上诉人洛阳市环境保护局在受理环评报告后，未能在其政府网站或者采用其他便利公众知悉的方式，公告环境影响报告书受理的有关信息，并确保公开的有关信息在整个审批期限均处于公开状态。所以，其程序上存在瑕疵。虽然被上诉人以其成立时间不久尚未建立官方网站，且采用张贴信息公示的方式进行信息公布为由，但是，这种方式仍然不能被认为其进行了充分的信息告知。因而，判决撤销了河南省洛阳市老城区人民法院作出的〔2014〕老行初字第4号行政判决。②

　　另一方面，增加了环评信息公开的可识别度。在实践过程中，为了增加环评公众参与信息的可识别度，规范了环评信息公开的格式，要求环评信息公开标题需反映出公众参与内容。例如，蚌埠市环保局对本市内建设项目环评信息进行了规范化处理。其针对建设单位环评信息公示不规范的行为，责成相关建设单位和环评机构深刻检查、重新进行公示。③ 这种从"某项目公众参与二次公示"到"某项目环境影响报告书征求意见稿的公示"用语上的变化，使得环评信息内容更有利于被公众所识别。对建设

---

　　① 相关数据可参照公众环境研究中心（IPE）研究报告《蓝天路线图5期—秋冬季污染反弹考验"差别化"管理》，企业对信息披露逐渐积极配合。

　　② 《耿某某、陈某某、胡某某与洛阳市环境保护局环境行政管理纠纷二审判决书》〔2014〕洛行终字第121号。

　　③ 针对的是"蚌埠市光华橡胶制品厂高性能橡胶气密件及减震项目公众参与二次公示"和"蚌埠鑫扬塑业有限公司年产3000吨塑料再生造粒及300吨注塑项目公众参与二次公示"。

单位环评信息公开进行统一格式化要求，则提高了建设单位进行信息公开时的注意义务，方便环评机构的监管和环评公众参与的引入。

（二）环评公众参与中的征求意见

通过实践中对所征求的公众意见的主体范围的分析，发现了公益型环评公众参与的发展空间。在以往的环评过程中，建设单位征求意见时以建设场地周边的公众为其对象。但是，《环评公众参与办法》颁布之后在环境影响报告书征求意见稿编制过程中，建设单位征求意见的对象除了以往的"环评范围内的公众"和"建设项目所在地周围的公众"之外，出现了对公益型环评公众参与主体的规定。这一举措，使得基于环境公益保护的公众，在参与环评过程中获得了针对环境公益表达的空间。在实践过程中，当某建设项目的环境影响报告书的征求意见编制完成后，对其公布和征求意见过程中，往往在其发布的信息中对征求意见的公众范围进行限定，确定为"环评范围内的公众"。① 不过，也有一些包含了环评范围外的公众。② 通过 2019 年 12 月"环境影响评价信息公示平台"中公布的环评信息进行分析和总结，发现目前建设单位在征求公众意见时，对所征求的意见的公众范围中有些包含公益型环评公众参与的主体。具体如图 2-2所示。

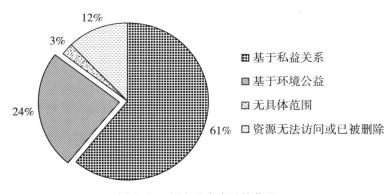

图 2-2　征求公众意见的范围

注：资料来源于"环境影响评价信息公示平台"。

---

① 例如，台前县农村第一污水处理厂项目环境影响评价报告书征求意见稿公示，http：//www. taiqian. gov. cn/show. asp？id=14238。

② 《随州海诺尔环保发电有限公司随州垃圾无害化处理厂环境影响报告书（征求意见稿）》，http：//www. suizhou. gov. cn/art/2018/8/20/art_75_107843. html。

需要说明的是，在图 2-2 中，将"受项目所影响的公众""环评范围内的公众""项目附近的公众""受项目直接影响的公众"这些对环评公众参与主体具有较强限制的主体类型，统称为私益型环评公众参与主体。用来表述公益型环评公众参与的主体的表述有："关注本建设项目的公众""环境影响评价范围外的公众""有异议、疑问或建议的公众""受建设项目间接影响的公众""有关团体和专家学者"等。

通过图 2-2 可以看出，目前，建设单位在收集公众意见时，已经开始引入了公益型环评公众参与主体。处于环评范围外的公众在获取到环评信息时，可以根据自己的能力和意愿向建设单位提交有关意见。同时，在 2019 年 12 月份环评信息公开平台中公示的建设项目中，均明确了公众意见应当围绕项目所带来的环境影响展开。由于这种环境影响是以受建设项目影响的环境公益展开的，因此，这种意见包含着纯粹环境公益上的诉求。这一过程中，公众的环境公益表达权能够获得行使的空间。需要注意的是，此处仅仅涉及对公众意见的收集，而并不代表建设单位一定会对该意见予以采纳。

（三）环评公众参与中的深度公众参与

公众基于环境公益参与到环评过程中，不仅包括调查问卷、提交公众意见等一些非正式场合的参与，也包括座谈会、听证会和论证会这些程序性较强的方式。① 在环评文件编制或审批过程中，建设单位或生态环境主管部门除了通过调查公众意见，来确定建设单位在环评编制阶段所组织的公众参与的真实性之外，还会在该过程中根据实际情况决定是否开展深度环评公众参与程序。由于《环评公众参与办法》颁布之前，深度公众参与方式尚未作为一种强制性义务对建设单位加以规定，因此本书讨论这一内容时将以审批阶段的深度公众参与方式进行展开。

在环评审批过程中，生态环境主管部门除了受理建设项目的环评文件时作出信息公开之外，在作出环评审批决定前，还需要对公众告知提出意见和听证的权利。基于环境公益保护的公众，则可以根据生态环境主管部门的要求，针对建设项目提出环境影响方面的意见。因此，生态环境主管部门所公示的公众权利内容，影响着环评审批过程中是否包含公益型环评公众参与这一判断。

---

① 《环评公众参与办法》第 14 条。

为了对生态环境主管部门告知的公众范围和权利类别进行分析，本书收集并总结了中国省级生态环境厅（除中国香港特别行政区、中国澳门特别行政区、中国台湾地区）受理建设项目环评文件时的公告内容。并根据省级生态环境主管部门所告知的公众权利类别，进行了差异化处理。① 环保部门审批决定前对公众参与权利告知情况如表 2-7 所示。

表 2-7　　　　　环保部门审批决定前对公众参与权利告知情况

	告知主体及权利类别	省份	比例
1	A. 告知申请人、利害关系人听证的权利 B. 告知公众提出意见的权利	北京、天津、上海、安徽、福建、河南、广东、重庆	25.8%
2	A. 告知申请人、利害关系人听证的权利	河北、内蒙古、辽宁、吉林、黑龙江、江苏、浙江、江西、山东、湖北、湖南、广西、四川、贵州、云南、西藏、陕西、甘肃、青海、宁夏、新疆	67.7%
3	B. 告知公众提出意见的权利	海南	3.2%
4	无规定	山西	3.2%

注：数据来源于对我国生态环境主管部门环评信息公示的整理，形成时间为 2019 年 5 月 30 日。

表 2-7 显示，超过 1/4 的省级生态环境主管部门告知了公众提出意见的权利。由于未对提出意见的公众范围作出具体的限制，而且生态环境主管部门本身具有保护环境公益的义务，应当理解为其中包含公益型环评公众参与的主体。不过，以上数据也表明，有超过 2/3 的省级生态环境主管部门仅对申请人和利害关系人的申请听证的权利进行了告知，并未对其他主体作出规定。由此可见，环保部门公布拟审查的建设项目时，虽然因网络公开的这种社会化公开方式使得所有公众均能了解到相关信息，但是其公布的听证权利限制的主体往往是"申请人"和"利害关系人"，使得不具有直接利害关系的公众难以参与到环评听证这种深度公众参与程序中来。因此，环评审批过程中出现的公益型公众参与并不涉及所有的建设项目。

（四）环评公众参与中的互动交流与信息反馈

通过上述分析可以明确，公益型环评公众参与，需要建设单位以及环评审批部门的共同保障。环评文件编制过程中，公益型环评公众参与的责

---

① 该数据原始资料来自各省生态环境部门官方网站，并经过笔者统计后形成。

任主体是建设单位；环评文件审批过程中，公益型环评公众参与的责任主体是环评审批部门。① 若建设单位或审批部门未按照规定开展环评公众参与，将会承担相应的责任。需要注意的是，在实践中公众是否能够基于环境公益参与到环评过程中，还需要公众环境保护权利的积极行使。公众通过这些权利的行使，积极获取环评信息、参与环评进程、表达环评意见、监督环评程序，从而获得保护环境公益的机会。②

在对 2019 年 12 月环评信息公示平台中所公布的环评信息进行整理的过程中发现，建设单位在公布建设项目的环评信息时，一同公布了公众对所公布的信息质疑或疑问的方式。经过梳理，这些方式主要包括信函、传真、电子邮件、填写公众意见表等书面方式，也包括电话、访谈等非书面方式。同时，一些项目在征求公众意见时还增加了微信、QQ 等新型即时通信方式。2019 年 12 月环评信息公开平台所公示的 43 份公众参与信息中，除去链接已失效的 5 份环评信息，共计 38 份环评公众参与信息公示中对公众意见征求方式的具体如图 2-3 所示。

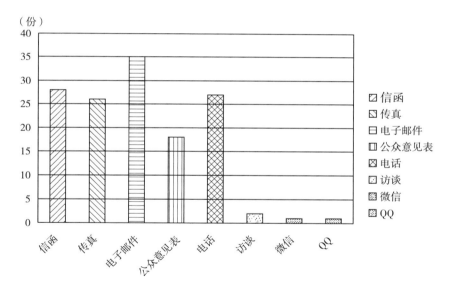

图 2-3　公众意见征求方式

① 包存宽、许艺嘉、王珏：《关于新时期环境影响评价"放管服"改革的思考》，《环境保护》2018 年第 9 期。

② 朱谦、楚晨：《环境影响评价过程中应突出公众对环境公益之维护》，《江淮论坛》2019年第 2 期。

　　从数量上进行分析，这 38 份环评信息中，每份均包含两种或两种以上的公众意见征求方式。在提交意见时，公众可根据自身情况自由选择，从而降低了环评公众意见的提出成本。从方式上进行分析，在 2019 年 12 月该平台公布的公众参与方式中，根据征求公众意见的不同方式类型的出现频率，由高到低依次为电子邮件、信函、电话、传真、填写公众意见表、访谈、微信和 QQ。前五种公众意见征求方式中，有四种均属于书面方式。并且，有建设单位在征求公众意见的过程中，只公布了书面意见征求方式。例如，2019 年 12 月 10 日 "辽阳市鑫鹏科技有限公司塑料颗粒制品建设项目" 在公布的环评信息中明确，公众意见提交方式包括信函、传真、电子邮件、书信等书面方式。电子邮件作为线上交流方式之一，不仅信息发送过程较为方便，而且具有较强的备案功能，成为最受欢迎的公众意见征求方式。电话虽然不是书面意见征求方式，但因使用较为简便，因此使用频率也较高。在以上几种公众意见提交方式中，微信和 QQ 作为目前较为流行的通信工具，不仅具有较强的历史信息保存功能，而且使用较为方便、快捷。遗憾的是，仅有一例建设项目将其作为公众意见征求方式。

（五）公益型环评公众参与的责任保障

　　环评公众参与过程中，如果发现事后建设单位存在环评公众参与虚假等问题，往往并没有实质性的处罚措施。在 2015 年环保部对我国包括内蒙古在内的十个由省级部门进行审批的项目的公众参与情况进行审查后，发布《关于建设项目环境影响评价公众参与专项整治工作的通报》（环办函〔2015〕1899 号）。所抽查的建设项目中，发现一些项目存在环评公众参与虚假、公众参与过程敷衍等问题。[①] 针对抽查中所发现的这些问题，除了责成建设单位对环评公众参与工作进行补足之外，仅仅规定了给予通

---

　　① 进行通报批评的 15 个项目分别是中电投内蒙古土默特右旗电厂一期 2×1000 兆瓦超超临界燃煤空冷机组项目；包头固阳金山工业园区热电厂 2×350 兆瓦发电机组工程；镍铁合金及深加工配套三期项目；福建可门电厂三期工程；濮阳盛宝年产 3 万吨混甲胺项目；郑州威纳啤酒年产 20 万千升/年建设项目；湖南同力增加小家电拆解、塑料再生造粒、线路板加工及锥玻璃破碎处理资源循环利用项目；海南英利生产线升级改造项目；航空活塞式发动机燃料生产及配套项目（一期）；朱家坝铜矿改扩建项目；金川二选车间扩能降耗技术改造工程；方大炭素新上电极、接头加工线项目；宁夏紫荆花秸秆造纸循环经济示范项目—清洁生产本色纸、有机肥项目；昌吉华圣源年产 3000 吨干红葡萄酒及其副产物综合利用（一期）项目；新疆鑫联 18 万吨/年焦油加工改造工程项目。

报批评的处罚方式。① 在 2017 年，国家海洋局针对海洋类建设项目环评文件编制过程中出现的虚假参与，增加了中止环评审查的处罚方式。② 而且，对于已审批通过的建设项目，未对相关审批部门的责任予以规定。因此，在目前的体制中，缺乏公众基于环境公益参与环评过程的责任性规定。

（六）公益型环评公众参与的司法救济路径

当公众因审批过程中参与不畅提起行政诉讼，并不一定能够获得法院的支持。例如，在"贾某某诉国家认证认可监督管理委员会不履行法定职责、国家质量监督检验检疫总局行政复议案"中，贾某某向国家认监委递交了一系列材料来对其在国家汽车质量监督检验机构和混凝土搅拌运输车强制性认证活动监管中的不作为现象提出异议。国家认监委作出答复后贾某某不服，向国家质检总局提出行政复议，但国家质检总局作出复议维持的决定。于是贾某某便以国家认监委不履行法定职责和国家质检总局行政复议违法为由向北京市第一中级人民法院提起诉讼，请求判令国家认监委履行相应的法定职责。一审法院因被诉行政行为并未侵犯到原告的自身权益，认定原告不满足与被诉行政行为存在法律上的利害关系，在〔2015〕一中行初字第 1564 号行政裁定书中明确驳回原告起诉。虽然此案经过了二审和再审程序，但结果都因贾某某未能证明存在私人利害关系而被法院驳回申请。

随着环境公益保护意识的提升，法院也逐渐放开了公众因环境公益参与环评审批受阻情况下的原告资格。例如，在 2013 年至 2014 年的"夏某某等人不服江苏省东台市环保局环评行政许可案"中，夏某某等人（原告）的房屋位于四季辉煌沐浴广场（第三人）的浴池、噪声设备间及水泵房的正下方。第三人将该项目的环评文件编制完成后，提交东台市环境保护局（被告）进行审批。但被告在未告知原告听证的情况下作出了予以通过的审批决定。虽然原告起诉时与第三人并不具有现实的利害关系，但因其与进行审批的建设项目具有可期待的环境相邻关系，法院认定原告属于行政法上的利害关系人，并进一步认定被告未告知其听证的行为属于

———

① 2015 年环境保护部办公厅发布的《关于建设项目环境影响评价公众参与专项整治工作的通报》（环办函〔2015〕1899 号）。

② 2017 年国家海洋局发布的《关于海洋工程建设项目环境影响评价报告书公众参与有关问题的通知》（国海环字〔2017〕4 号）。

程序违法。

　　需要注意的是，虽然目前法院开始放宽了对行政法上利害关系人的认定，但是并不代表当公众基于环境公益提起诉讼时能够获得保障。在"刘某某不服北京市房山区环境保护局环境影响批复案"中，北京市房山区环保局（被告）对首发集团（第三人）发布《关于京石二通道（大苑村—市界段）高速公路工程建设项目环境影响报告书的批复》（房环保审字〔2010〕0143号）对该项目予以认可。原告的起诉内容就包括被告在作出具体行政行为时未告知原告，剥夺了其陈述、申辩及听证的权利。一审法院在对该案审理后，认为因被审批的项目对原告生产、生活及居住环境有一定影响，所以原告资格成立。但是，因原告的承包地不在环境影响评价范畴内，认定无法证明原告与该建设项目之间是否存在重大利益关系，从而对原告未被告知相关权利的诉求未予支持。从该案可以看出，虽然公众参与是法院审查的重要内容，但是，法院对利害关系人的判断更多的是从行政法中寻找法律依据。并且，法院对行政机关行为的审查是以其是否符合法律规范来进行的，若要追究行政主体在环评公众参与过程中的相关责任，还需要有法律的明文规定。另外，目前环境法庭虽然在环境案件的处理中发挥了较大作用，但制度尚未成熟之前仍然存在各种问题。① 所以，目前不论是行政复议这种行政救济，还是行政诉讼这种司法救济，对公益型环评公众参与的救济均难以实现。

　　综上所述，由于环境法律规范中尚未明确引入公益型环评公众参与的路径，实践中的公益型环评公众参与并没有得到良好开展。在追求经济发展和个人财富自由的过程中，只有少数的环保组织和专家积极关注项目的环评，鲜少有公众基于环境公益保护参与到环评中，并针对建设项目提出关于环境影响方面的意见。信息不对称等问题使得公众难以知晓项目的具体信息，参与热情逐渐消耗在信息的获取和煎熬的等待之中。当公众克服重重难关，基于建设项目的"环境影响"，提出"环境影响意见"后，又可能因为其身处环评范围外，其所提出的意见并未受到过多的关注。同时，公益型环评公众参与的司法救济途径的缺乏，使得公益型环评公众参与的开展更为艰难。

---

　　① 参见于文轩《环境司法专门化视阈下环境法庭之检视与完善》，《中国人口·资源与环境》2017年第8期。

第三章

公益型环评公众参与的立法模式

通过第二章的研究发现，在我国目前的环评公众参与立法和实践中，私益型环评公众参与占据主导地位，而公益型环评公众参与被边缘化。公众虽然有基于环境公益获取环境信息并提出意见的机会，但由于缺乏明确的立法，公益型环评公众参与难以得到真正开展。中国作为典型的大陆法系国家，为了确保一项法律制度的正式确立，需要有相关法律规范加以明确。近年来，《环境保护法》的修订及《环评公众参与办法》的出台，使得公益型环评公众参与出现了曙光。不过，在实践过程中发现，大部分建设单位和审批部门在征求公众意见时，仍然缺乏对公益型环评公众参与的尊重。在此背景下，我们应当将公益型环评公众参与在规范上予以确认，明确公益型环评公众参与的依据和准则，保证该公众参与类型的顺利开展，并进一步防止环评过程中对环境公益的忽视。在目前以公众私益保护为主要内容的环评公众参与过程中，引入公益型环评公众参与，立法上对环评公众参与制度本身就是一种挑战。在这种背景下，我们引入公益型环评公众参与，除以上对环评公众参与理论和实践的分析之外，还需要进一步确定引入该种环评公众参与制度的立法模式，以便完善公益型环评公众参与的立法进程。

立法模式通常是指根据一定的逻辑而制定、修改或废止法律的套路。[①] 或是具有一定的方法、结构、体例或形态的法律表现方式。[②] 根据

[①] 参见关保英、张淑芳《市场经济与立法模式的转换研究》，《法商研究》（中南政法学院学报）1997 年第 4 期。

[②] 参见竺效、杨飞《境外社会工作立法模式研究及其对我国的启示》，《政治与法律》2008 年第 10 期。

法律构成要素的不同，有不同的立法模式类型。① 从立法模式的内容来看，可以分为实质立法模式和形式立法模式。而环评中的公益型公众参与的立法，应当采取实质立法与形式立法相结合的复合型立法模式。

第一节　实质立法模式

经济与社会快速发展过程中，社会冲突不可避免，立法需要根据客观事实在规范中作出价值判断。在对公益型环评公众参与进行立法的过程中，有必要通过实质立法的方式以增强该过程中的价值判断与衡量，进而提升社会稳定性。

一　实质立法模式的内涵

本书所指的实质立法模式是指在客观事实的基础上，以未来将要发生的社会变化为导向，以增强个案正义等社会价值为目标的立法模式。这种实质立法模式的含义主要包含以下两个方面：一方面，实质立法模式应当以环评公众参与事实为依据。不论是形式立法模式，还是实质立法模式，在立法过程中，均应当立足于现有的环评公众参与的实践现状。另一方面，实质立法模式应当包含多元利益冲突的价值选择。立法的过程中，本身就蕴含着价值判断。法的价值一般包括自由、正义、平等、秩序等内容。在环境法领域，法的价值取向则围绕人类的可持续发展及人与自然的和谐关系进行展开。② 同样，环评公众参与中也存在一定的价值判断。私益型环评公众参与过程中的价值判断围绕不同私人利益主体之间的利益进行展开，公益型环评公众参与过程中的价值判断则需要以维护环境公益为中心。因此，围绕环评中的公益型公众参与进行立法的过程中，也应当反映出该过程所要保护的利益类型。与形式立法模式不同的是，在实质立法过程中，并不是通过制定具体的公益型环评公众参与法律规则来强制约束人们的行为规范，而是通过一定的价值追求和利益取向来对人们的行为予以引导。由于该过程中，实质立法的目的在于实现个案

---

① 参见陈书全、王开元《共享单车地方立法研究——以立法模式选择为视角》，《中国海洋大学学报》（社会科学版）2018年第3期。

② 陈泉生等：《环境法哲学》，中国法制出版社2012年版，第580—586页。

正义。因此，在对公益型公众参与设置一些具体的法律安排之外，实质立法模式要求法律规范中包含原则性或概括性条款，以便根据不同的法律实践作出选择。

二　实质立法模式应当体现的社会价值

具体来说，环评中的公益型公众参与的实质立法模式，需要根据该过程所涉内容的特殊性来进行确定。具体包括以下两个方面：

（一）多元利益的冲突与衡量

本书在对环评公众参与制度进行研究过程中，发现公众参与的背后，包含不同主体利益追求与博弈的过程。在现有的环评公众参与过程中，不论是环评公众参与规范还是实践，均体现着各方私人利益的平衡，忽视了环境公益。本书提出在现有的环境影响评价制度中，引入公益型环评公众参与，则是希望在解决私益与私益之间的冲突过程中，也能够对私益与公益之间的冲突进行解决。

公益型环评公众参与可以通过双向的互动与沟通，解决好与建设项目环境影响方面的有关问题，在保护公众环境权益的同时，提高公众对建设项目的认知和认可。[①] 引入公益型环评公众参与，意味着不论是环评范围内的有关公众，还是处于环评范围外的公众代表，在参与环评过程中，都可以围绕该项目对环境公益的影响进行讨论或提出异议。该类型的公众参与，对公众在环评过程中的利益诉求提出了新的要求，这种要求便是公众需基于环境公益保护参与进来。即使该过程中公众的主张外观形式上是对环境公益的保护，而内心却是基于私人利益的追求的情况。李卫华教授认为，在环评公众参与的过程中，会存在"挟公济私"的可能性。[②] 基于经济人理论和人的自私的本性，对私人利益的追求不可避免，所以，即使在公益型环评公众参与中，也会存在私人利益的交换。而公益型环评公众参与，之所以要求公众所提出的利益诉求应当是对环境公益的保护，是因为在参与过程中，为了增强观点的说服力和采纳性，公众往往会基于环境公益保护进行自我审查以及事先承诺，从而在实践中达到个人利益与环境公益共赢的认识。这种以环境公益保护为

---

① 参见王文革《环境知情权保护立法研究》，中国法制出版社2012年版，第190页。
② 参见李卫华《公众参与对行政法的挑战和影响》，上海人民出版社2014年版，第25页。

由，夹杂着私人利益保护的情况在法律允许的范围内是可行的。由于人们共同表达善的过程并不会完全净化人们自私的欲望，① 即使其深层含义是对私人利益的追求，但其以环境公益的外观表现，也能够起到保护环境公益的作用。

值得注意的是，虽然公众在环评参与过程中基于环境公益提出诉求有其公正性，但是人们在追求幸福的过程中由于各种原因可能会偏离原来的轨道，变成个别意志集合而成的众意。② 可见公众在参与公共治理过程中，存在偏离公共利益追求的风险。为了提高该过程的公益性以及公众对公共利益的保护意识，需要通过立法对该参与过程进行确定。公益型公众参与则是通过对公众参与目的、方式及程序的限制，来达到公众对环境公益保护的目的。这种限制需要满足两点：一是对这种公众参与目的的限制应当属于对公众外在的行为限制，而非对公众潜在的参与思想的限制；二是对这种公众参与方式和程序的限制应当以该程序本身的目标实现为目的，并非对公众其他利益的忽视，而是在有限的框架下实现更高程度的环境公益保护，对于公众个人利益和其他类型的公共利益则可以通过另外的方式进行保障。

（二）生态系统整体性的维护

生态系统本身有其存在的内在价值，从生态系统的整体性理论上来看，任何人都可能会因某一建设项目对环境公益的损害而受到影响。法律上对环境公益的保护，是以保障人类的长久生存和健康为目的，对环境公益的保护程度受经济、社会、科学技术等发展水平的影响。这就意味着，从生态系统整体性的视角来分析，因建设项目可能受影响的公众的范围并不会受到地理位置的限制。环境影响评价范围外的公众，其个人利益也会因为环境公益的受损而间接受到影响。在对环评中的公益型公众参与立法时，应当结合生态系统的整体性作出安排。

首先，在生态系统的整体性下，环境对污染物质的容纳程度是有限度的。环境容量是环境科学中的一个重要概念。环境法律中对环境容量的定义是"在不影响环境的正常功能或者用途的情况下，环境承受污染物的

---

① 参见［美］乔恩·埃尔斯特《市场与论坛：政治理论的三种形态》，载［美］詹姆斯·博曼、［美］威廉·雷吉主编《协商民主：论理性与政治》，陈家刚等译，中央编译出版社2006年版，第11—16页。

② ［法］卢梭：《社会契约论》，李平沤译，商务印书馆2011年版，第32页。

最大容许量或者能力"①。在环境容量概念的指导下，环境所能够容纳的污染物是有一定限度的。随着社会及经济的发展，在人们物质生活逐渐丰富的同时，对环境所造成的污染物质也逐渐增多，环境容量的稀缺性逐渐突出。② 并且这种环境容量是动态变化的，影响环境容量的因素除了大气、水、土壤等环境要素的环境自净能力以外，还有人类对污染物的处理能力。根据环境污染物的迁移转化规律，建设单位所排放出来的污染物质，会通过挥发、沉降、氧化、光化学反应等一系列物理、化学和生物作用的方式，在大气、水、土壤等环境要素之间进行转换，并实现污染物的空间位移的现象。③ 因此，在环评过程中，增强对环境公益的保护至关重要。

其次，一般情况下，人们行为对环境公益的影响体现在消极方面。根据生态系统的整体性，任何动植物的行为或活动都会对环境或生态系统产生一定的影响，而这种影响主要是一种负面影响。比如，人类生产和生活过程中需要不断地获取各种类型的自然资源，例如水资源、土地资源、森林资源、矿产资源等。如果过度开发和消耗这些资源，就会导致生态环境的破坏和资源的短缺。人类的生产和生活会产生大量的废弃物，如废水、废气、废渣等。如果这些废弃物得不到妥善处理和排放，就会污染环境，影响人类的健康和生态平衡。包括全球目前正面临的严峻环境问题——气候变化。造成全球气候变暖的重要原因则是二氧化碳、甲烷、氮氧化物等温室气体的排放。建设项目的建设和运营等人类活动会导致温室气体的增加，尤其是那些需要大量能源消耗的项目，如工业厂房、交通基础设施、大型商业建筑等。这些项目的建设和运营需要消耗大量的化石燃料，如煤炭、石油和天然气等，这些燃料的燃烧会释放出大量的二氧化碳等温室气体，从而导致全球气候变暖。研究报告显示，自从人类工业化以来这三种气体处于激增状态。④ 随着气体的扩散及一系列物理、化学反应，全球气温升高后也会反作用于动植物，并进一步影响着人类自身的生产和生活。例如，随着海平面的上升，一些动物逐渐失去了自己的家园，面临灭绝的

---

① 环境保护法律法规解读委员会编：《中华人民共和国环境保护法律法规解读：事故防范·典型案例》（2016 年最新版），中国言实出版社 2016 年版，第 379 页。

② 参见廖振良编著《碳排放交易理论与实践》，同济大学出版社 2016 年版，第 15 页。

③ 参见杨志峰、刘静玲等编著《环境科学概论》，高等教育出版社 2004 年版，第 253 页。

④ IPCC, *Fourth Assessment Report*, 2007.

危机。全球气候变暖所导致的恶劣天气及气候异常改变了人们的居住环境，海平面上升使得一些小岛上生活的人不得不舍弃自己的家园，迁移到其他区域来寻找适宜的居住环境。此外，全球气候变暖还影响着降雨、植被景观分布规律、水文和水资源、粮食安全、畜牧林业等多个方面。

再次，由于生态系统的整体性，任何人都属于可能受建设项目影响的公众。人类所居住的环境是一个复杂、有时空动态变化的开放系统。环境的流动性决定了地球上的环境是一个整体。环境与人、动植物、微生物等共同作用形成了生态系统，分为包括生产者、消费者和分解者等生物成分（生命系统），以及包含能量因子、物质因子、物质和能量运动相联系的气候状况等内容的非生物成分（环境系统）。在能量流动的过程中，也存在物质循环，例如，以氧、二氧化碳、氮、氯等形式存在的气体循环，以磷、钙、钾、钠、镁等物质存在的沉积型循环，以截取、渗透、蒸发等方式存在的水循环。① 在不同物质的能量流动及物质循环过程中，生态系统以一定的方式保持着生态平衡。但是，在大型工业化的过程中，原来生态系统自我恢复与平衡的状态已经被打破。人类对环境的过度索取使得环境系统受到重创，而且这种持续且保持递增的索取态度已经严重破坏了生态系统的自我修复能力。目前若要从对环境索取的状态下恢复这种能力，需要对正在退化的生态系统进行干预性升级。

最后，随着环境科学和环境生态学的发展，人们已经认识到地球是一个大的生物圈。在不同地理位置、自然环境和文化背景下，人们的信息传递方式和周期具有一定差异。针对一个具体的建设项目，该项目建设及运行过程中所造成的环境污染首先会影响到该项目周边的一片区域，并以排污点为中心逐步向周围扩散。我们所要保护的环境也不能仅仅局限于自己的生活地点和工作地点周围的局部区域的环境，还应当包括其他任何区域中的环境。在环评的过程中，参与环评的公众参与范围不应当受到限制。环评公众参与的主体中，不仅包括与环评审批有关的利害关系人，以及生活、工作或学习可能受到影响的环评范围内的公众，还应当包括环评范围外的公众。

---

① 参见李洪远主编，孟伟庆、单春艳、鞠美庭、文科军副主编《环境生态学》（第二版），化学工业出版社 2011 年版，第 108—114 页。

第二节　形式立法模式

除了通过实质立法的方式对公益型环评公众参与予以规定外，还需要更进一步以形式立法方式对公益型环评公众参与予以明确。在对立法模式定义的分析时可以发现，立法模式在一般意义上指向形式立法。形式立法可以体现法的安定性，通过客观普遍的形式将公益型环评公众参与的内容加以明确规定，提高公众自己行为的预期。形式立法模式是指在将公益型公众参与的有关内容以法律规范确定下来的过程中，这种法律规范所表现出来的存在样态。将公益型环评公众参与引入我国，根据法律的存在形式，可分为独立式立法模式和融合式立法模式两种。

一　独立式立法模式

公益型环评公众参与的独立式立法模式是指，在我国目前的环评公众参与立法之外，用独立的一部法律规范，专门来规定公益型环评公众参与，亦包括在该规范中规定一项独立的公益型环评公众参与法律程序。

（一）独立式立法模式的内涵

此处的独立式立法模式中的独立性主要包含两个方面：其一，立法形式上的独立。在该种模式的环评公众参与立法中，需要在目前的《环评公众参与办法》之外，另外制定一部法律规范，专门用来规定公益型环评公众参与。其二，公益型环评公众参与程序上的独立。程序上的独立是指，在环评公众参与过程中，同时存在私益型环评公众参与和公益型环评公众参与两套程序。这两种程序彼此之间是互相独立的，并且不存在程序上的交叉。由于二者程序互相保持平行，引入公益型环评公众参与之后，需要建设单位或环评审批部门针对私益和公益两个方面分别组织开展环评公众参与。在引入公益型环评公众参与的立法过程中，不论是满足独立的立法形式，还是满足独立的公益型环评公众参与程序，抑或对以上两个方面的独立性均满足，均属于独立式立法模式。

（二）独立式立法模式的特点

独立式立法模式的优点主要有：第一，更能够提高环评过程中的环境公益保护意识。由于独立式立法模式需要用独立的一部法律规范专门对该制度进行落实并对各主体的环境公益保护义务或权利进行规定，或是用一套独立的法律程序规定公益型环评公众参与，高度的独立性将从形式上大幅度提升建设单位和环评审批部门对环境公益保护的注意义务，以便公众在环评公众参与过程中，针对不同的利益保护采取不同的参与方式。第二，各主体基于环境公益保护组织或参与环评过程的行为规范更为具体和系统。[1] 独立式立法模式中，独立的法律规范会使得立法过程中拥有更多的立法空间对环评过程中的环境公益保护作出规定，独立的公众参与程序会使得环评公众参与过程更加注重环境公益保护的具体实践。[2] 由于各主体基于环境公益保护组织或参与环评过程的规范更为细致和详细，因此公益型环评公众参与的实践过程中将有更加具体的可操作性规范。

　　独立式立法模式的缺点有：第一，需要消耗大量的法律成本。[3] 采取独立式立法模式，需要增加一部新的环评公众法律规范对环境公益保护过程作出规定。需要投入更多的人力、物力和财力，包括研究、起草、审议、表决等过程，这些都需要消耗大量的资源，从而造成法律成本的增加。第二，容易出现法律适用的困境。独立式立法模式意味着针对环评公众参与这一事项，同时存在公益型环评公众参与的法律规范和私益型环评公众参与的法律规范。这样就会导致在具体适用过程中出现不确定性，导致法律适用的混乱和不一致。比如，公众、建设单位、审批部门等都需要根据不同的法律规范分别针对不同类型的公众参与作出具体的安排，进一步增加了不同主体在该过程中的难度和法律负担。而且针对私益型环评公众参与和公益型环评公众参与性质的不同，法律规范会对其区别作出规定，在选择适用的法律时较易出现法律适用的困境。第三，降低环评公众参与的效率。独立式立法模式之下，可能存在私益型环评公众参与和公益型环评公众参与两套程序并存的局面。为了保证程序的连贯性，当建设单位组织两种不同形式环评公众参与程序后，环保部门中负责审批的同一人员，需要分别参加不同的程序。而且，为了保证公众参与环评过程的充分性，可能每种类型的程序可能不只开展一次。在该过程中，不仅会消耗大量的时间，也会降低环评审批公众参与的效率。由此可知，独立式立法模式在规定一项制度的过程中有较大的立法空间，因此通常用于确定一项全

---

　　① 参见张小勇《我国遗传资源的获取和惠益分享立法研究》，《法律科学》（西北政法学院学报）2007 年第 1 期。

　　② 参见孙佑海、李丹《废旧电子电器立法研究》，中国法制出版社 2011 年版，第 221 页。

　　③ 参见竺效《生态损害的社会化填补法理研究》（修订版），中国政法大学出版社 2017 年版，第 224 页。

新的法律制度，或者该项法律制度的内容与现有的法律制度具有较大的差异，抑或内容足够庞大不能被已有的法律规范所容纳。

二　融合式立法模式

融合式立法模式是指在不改变现有环评公众参与的框架下，将环境公益保护融合进已有的环境影响评价法律规范中，使得公众参与中既有环境公益保护又有私益保护，二者共用同一个法律规范和程序的方式。

（一）融合式立法模式的内涵

此处的融合式立法模式，其融合性主要包含两个方面：其一，立法形式上的融合。该种模式的环评公众参与立法，并不需要在目前的法律规范之外单独制定新的法律规范，而是在现有的法律规范中融入公益型环评公众参与的有关内容。其二，公益型环评公众参与程序上的融合。程序上的融合是指，私益型环评公众参与和公益型环评公众参与的程序之间是互相融合的，二者在程序上存在一定的交叉。在实践过程中，虽然建设单位或环评审批部门组织环评公众参与需要关注私益类型和公益类型两个方面，但由于二者均属于环评公众参与程序，鉴于程序上的相似性选择共用同一套公众参与程序。因此，本书所指的融合式立法模式是指，既满足融合的环评公众参与立法形式，又满足融合的环评公众参与程序，将公益型环评公众参与内容与现有的私益型环评公众参与程序融合的一种立法模式。

（二）融合式立法模式的特点

融合式立法模式的优点主要包含以下几个方面：第一，进一步提高环评公众参与法律规范的综合性，降低立法成本。[①] 融合式立法模式需要在现有的法律规范中融入公益型环评公众参与这部分内容，该过程需要对私益和公益两种类型的环评公众参与过程进行对比与分析，进而确定将两种不同类型下的环评公众参与整合后的法律规范和法律程序。在该过程中，由于二者在程序和制度方面存在一定的重合，该种立法模式对于重合部分不会针对公益型环评公众参与再次单独制定一部独立的法律规范，从而达到缩减立法成本的目的。第二，避免法律适用的困境。通过私益和公益两种类型环评公众参与立法的融合，将会对建设单位和环评审批部门的义务

---

① 参见陈书全、王开元《共享单车地方立法研究——以立法模式选择为视角》，《中国海洋大学学报》（社会科学版）2018 年第 3 期。

作出统一性规定，也会对环评公众参与制度和程序作出统一安排，降低同一主体针对同一事项所适用的法律规范的负担。不会导致不同类型的环评公众参与程序并存的局面，降低法律适用的不确定性和避免法律适用的困境。第三，提高环评公众参与效率。融合式立法模式中，由于立法过程中对私益和公益两种类型的环评公众参与进行了细致的对比与分析，因此，将会避免环评公众参与程序的重复性。组织一套环评公众参与程序需要花费一定的时间、人力、物力及财力，由于二者共用同一个法律程序，有利于避免出现重复的参与环节，从而节省环评公众参与的时间、人力、物力及财力。第四，增强环评公众参与过程的交流强度。在融合式立法模式之下，将会展开私益型环评公众参与主体和建设单位或环保部门之间的交流，公益型环评公众参与主体和建设单位或环保部门之间的交流，以及私益型环评公众参与主体和公益型环评公众参与主体之间的交流。在避免重复的环评公众法律程序和重复的相关发言时，也有利于不同利益主体间的互动。一方面有利于提高环评质量，另一方面也有利于从不同的角度对该建设项目进行综合分析，使得公众意见更加专业和理性。

融合式立法模式的缺点主要包含以下两个方面：第一，环境公益保护的形式性较低。在融合式立法模式下，只是在现有的环评公众参与法律规范中增加公益型环评公众参与的法律规定。虽然这种立法模式也会有独立的法律条款专门规范该类型环评公众参与，但由于其并不是一部独立的法律规范，因此融合式立法模式对环境公益的保护无法像独立式立法模式那样凸显。第二，程序开展的针对性较低。采取融合式立法模式引入公益型环评公众参与时，需要对私益和公益两种类型的公众参与进行细致比较，并通过立法技术的整合将二者融合在一起。对于二者的相同之处在法律条款中不作出区分，相异之处在法律条款中作出说明。在实践过程中，两种类型的公众参与将适用同一个法律程序，因此公益型环评公众参与的开展将不会那么具体和详细。

三　立法模式的选择

通过本书第二章对我国环评公众参与法律规范的梳理，可以发现目前我国环评公众参与法律规范中，形成了以私益型环评公众参与为主要内容的法律体系。随着近年来环境科学的发展以及公众环境保护意识的觉醒，我国法律规范中已经出现了公益型环评公众参与的曙光。在对独立式立法模式和融合式立法模式进行综合分析后，本书认为在我国目前的体制之下，随着环评公众参与法律规范的完善，采取融合式立法模式是引入公益型环评公众参与的恰当选择。依据主要包括以下两个层面。

（一）法律层面

在现有的法律层面上，对环评公众参与有关内容作出规定的有《环境保护法》《环境影响评价法》和《行政许可法》。其中，2015 年实施的《环境保护法》对公众参与的内容作出了修改，第 53—58 条对环境保护过程中的信息公开和公众参与用专章作出了规定，是在法律层面上完善公众参与环境保护过程的重大突破。其中不仅包括对公众参与环境保护过程中所行使的权利的规定，也包括对建设单位、环评审批部门和其他具有环境保护监督管理职责部门的义务性规定。

（二）其他规范层面

目前，针对环评公众参与，规定较为详细的有 2019 年新实施的由生态环境主管部门颁布的《环评公众参与办法》。内容包括环评公众参与的原则、环评公众参与的意见征集、环评公众参与的责任归属，以及环评公众参与信息公布的时间、地点、方式，公众提交意见表的时间、方式及其他注意事项，开展深度公众参与的情形和方式等内容。《环评公众参与办法》还规定了审批部门对公众参与过程的监督，产业园区、核设施等特殊类型的环评公众参与注意事项等内容。另外，2004 年原环境保护总局颁布的《环境保护行政许可听证暂行办法》以及 2016 年原环保部颁布的《环境保护公众参与办法》，也为公众参与环境影响评价等环保活动提供了可操作性规范。另外，在实践操作过程中，为了保证环评公众参与的顺利进展，地方政府或有关部门对环评公众参与内容作出了具体规定。① 例如，上海市生态环境局 2019 年发布的《上海市建设项目环境影响评价公众参与办法（试行）》（沪环规〔2019〕8 号），山东省生态环境厅（原山东省环境保护厅）2013 年发布的《关于加强建设项目环境影响评价公众参与监督管理工作的通知》（鲁环评函〔2012〕138 号），新疆环境保护厅 2013 年发布的《新疆维吾尔自治区建设项目环境影响评价公众参与管理规定（试行）》（新环发〔2013〕488 号）等。这些地方性法律规范

---

① 俞海、〔荷〕龙迪主编：《环境公共治理：欧盟经验与中国实践》，中国环境出版社 2017 年版，第 180—182 页。

为环评公众参与适应各地区的特殊情况，更好地改善当地环境质量作出了贡献。

由上可知，目前环评公众参与的法律规范中已经对环评公众参与过程中的主体、程序、权利行使等方面作出了具体规定。并且 2019 年《环评公众参与办法》对环评公众参与过程的开展已经规范得较为具体。若要设立一部独立的公益型环评公众参与法律规范，其立法层次应当与该《环评公众参与办法》相同，以便与私益型环评公众参与形成对比，且立法内容将与《环评公众参与办法》中的环评公众参与形成对照。在形式上，不论是采取独立式立法模式，还是采取融合式立法模式，引入公益型环评公众参与后的法律规范中均需要包括：建设单位和环评审批部门基于环境公益组织环评公众参与过程中的义务性规范，公众基于环境公益参与环评过程所具有的权利性规定，以及为顺利开展公益型环评公众参与的制度与保障。由于两种类型的环评公众参与具有较多的相似之处，《环评公众参与办法》中的较多规范对公益型环评公众参与同样适用。若再另外设立一部独立的环评公众参与法律规范，将与《环评公众参与办法》中的较多内容存在重复。

第三节 复合型立法模式：兼顾形式与实质

通过上述分析可以明确，为了确保环评公众参与过程中对环境公益的保护，在对环评中的公益型公众参与进行立法时，不仅需要形式立法的方式明确法律规范对公益型环评公众参与的具体内容予以明确，还需要实质立法的方式在价值目标上予以指导，从而维护该过程的科学性和实质的公平与正义。总而言之，对公益型环评公众参与的立法，应当采用形式立法和实质立法相结合的方式，满足形式正义和实质正义的双重要求。本书将兼顾形式立法与实质立法的这种立法模式称为复合型立法模式。

具体来说，公益型环评公众参与的复合型立法模式的展开，在形式立法上遵循将公益型公众参与内容融入现有法律规范中的融合式立法模式，在实质立法上需要包含环评公众参与过程中的多元利益平衡机制，凸显生态系统的整体性特征和环境公益的保护。以上关于形式上的融合式立法模式仍然处于设计阶段，若要使其发挥作用，需要根据环评公众参与的实践对该立法内容作出完善，真正做到制度的融合。采取复合型立法模式时，还应当对其构造进行分析，包括以下几点。

一 提高环评公众参与的立法层次

《环境保护法》虽然对公众参与用专章作出了规定，不过，该章节内容不仅可以运用于环境影响评价制度，而且在其他环境保护制度中同样适用。同时，《环境保护法》和《环境影响评价法》在规定公众参与的有关内容时，并没有涉及环评公众参与的具体层面，主要是通过原则性条款予以了规定。当涉及环评公众参与主体的选择、环评信息公开的具体内容与方式、环评公众参与程序的具体展开与繁简分流、环评公众参与内容的审查标准等具体问题时，便无法直接从《环境保护法》中寻找到法律依据。

虽然环评作为一种行政许可，同样需要遵守《行政许可法》。但是，该法中对行政许可听证的规定，除了适用于环评文件审批阶段由环评审批部门组织的环评听证过程之外，还适用于其他环境行政许可听证过程。① 例如，价格听证、征地听证等听证类别。值得注意的是，环评过程中的听证会不仅包括由生态环境主管部门所组织的环评审批过程中的听证，还包括由建设单位组织的环评文件编制过程中的听证。与此同时，环评听证会属于深度环评公众参与的类型之一，除了环评听证会之外，深度环评公众参与类型还包括环评座谈会、环评论证会。在深度环评公众参与类型之外，环评公众参与还包括其他公众参与方式，例如，网页评论、电子邮件、电话、信件等类型。因此，《行政许可法》中关于听证内容的规定，对环评公众听证内容并不具有特殊针对性。综上所述，不论是《环境保护法》和《环境影响评价法》，还是《行政许可法》，其中对于环评听证内容的规定，或是因为具有较高的原则性，或是因为其规定的内容范围过窄，而不能较好地为环评过程中公众参与提供法律依据。

《行政诉讼法》第 63 条规定了人民法院审理案件的法律适用方法。根据该法条规定，法院审理环评公众参与案件以法律、行政法规和地方性法规为依据。而对于规章或其他规范性文件，法院则可以进行适当的参照。由此观之，法院在审理涉及环评公众参与的案件时，要以《环境保护法》和《行政许可法》为依据，而对于规定得较为详细和具体的《环评公众参与办法》《环境保护行政许可听证暂行办法》和《环境保护公众

---

① 白贵秀：《环境行政许可制度研究》，知识产权出版社 2012 年版，第 128 页。

参与办法》这些部门规章，以及其他地方规范性文件，仅仅是参照适用。

需要注意的是，在环境法律层次上，对于环评公众参与的规定目前主要是从《环境保护法》中寻找法律依据，而对于专门规定环境影响评价的《环境影响评价法》中，仅仅用三则法律条文作出了规定。第一则是在第一章节的总则部分，该章节第 5 条规定，"国家鼓励有关单位、专家和公众以适当的方式参与环境影响评价"。通过对该条款中的"鼓励"二字的分析，可以发现，该条款并不具有法律强制性，而是属于涉及环评公众参与的倡导性条款。第二则是在该法第二章对规划环评公众参与作出的规定。《环境影响评价法》第 11 条规定，环评公众参与应当作为规划环评中的一个环节，规划编制机关应当征求、听取有关公众的意见。我国对规划环境影响评价的范围、内容、程序、公众参与等方面作出了规定，旨在加强对规划环境影响的评价和管理，预防和减少规划实施对环境的不良影响。规划环评比建设项目环评开始的时间更早，涉及的范围更广，利益相关者更多，通常认为规划环评比建设项目环评对公众的影响更大。不过，规划环评公众参与在我国目前并未得到很好地开展。在该过程中，公众参与的难度更大。由于规划环评的时间更长，需要进行多次的评估和审查，因此公众参与的时间也更长，且对公众参与的要求更高，通常需要更多的专业知识和技能。第三则是在该法第三章对建设项目环评公众参与作出的规定。《环境影响评价法》第 21 条规定，对于可能造成较大污染的编制环境影响报告书的建设项目，应当将公众参与程序作为项目通过的必经环节。建设单位应当征求、听取有关公众的意见。虽然《环境影响评价法》在三个章节中用三则法律条款规定了环评公众参与的有关内容，但是，对于公众如何参与环评、建设单位和审批部门如何组织环评，以及公众在参与环评过程中的权利保障等问题尚未作出具体的规定。

由此可见，目前在法律层面，缺乏对环评公众参与的具体规定。之所以会出现这种状况，可能是因为立法时我国环评公众参与制度尚不成熟。随着 1979 年《环境保护法（试行）》的颁布，我国确立了环境影响评价制度并对环境保护过程中的公众参与予以法定化。但是，专门针对环境影响评价这一过程中的公众参与予以法定化则是在时隔 17 年之后的 1996 年《水污染防治法》。[①] 2002 年《环境影响评价法》的修订，标志着我国环

---

① 王志刚：《我国环评公众参与地方法规比较》，《环境影响评价》2016 年第 4 期。

评公众参与制度的正式确立。从 2002 年以来，我国学界展开了环评公众参与的一系列研究，在吸收实践经验之后，关于环评公众参与的法律规范也在不断完善。其中，具有重要意义的则是 2015 年《环境保护法》的实施和 2019 年《环评公众参与办法》的出台。2015 年《环境保护法》专门在第五章规定了公众的环境保护权利，使得公众参与环境保护有了法律依据。2019 年 1 月 1 日实施的《环评公众参与办法》，是对 2006 年《环评公众参与暂行办法》的完善。从该规范的名称上来看，其完成了从"暂行办法"到"办法"的转变。自 2002 年环评公众参与制度确立，至 2006年《环评公众参与暂行办法》的颁布，中间仅仅间隔了四年的时间。而对于如何组织进行环评公众参与、公众如何参与环评、其中会涉及公众的哪些权利的行使仍然缺乏实践经验。所以，制定出了一部暂行办法，为环评公众参与过程提供一个初始的参照依据，最初始该规章的名称中加入了"暂行"二字。而在 2019 年《环评公众参与办法》颁布实施之时距离《环评公众参与暂行办法》颁布也已有 13 年。在这十几年的环评公众参与实践过程中，已经积累了大量的经验。我国环评公众参与取得了阶段性的突破。因此，在《环评公众参与办法》中，删去了"暂行"二字。不过，该规章中仍然未对公益型环评公众参与作出明确规定。对环评公众参与过程规定较为详细的规范，属于部门规章或地方规范性文件，法律效力等级较低。

因此，针对目前在法律层级仍然缺乏环评公众参与的具体规定，以及环评公众参与法律规范的效力等级较低的现状，在考虑采取融合式立法模式对公益型环评公众参与作出明确规定的同时，应当提高立法等级从法律层面上对公益型环评公众参与和私益型环评公众参与一并作出具体规定。

在法律层面对公益型环评公众参与作出规定时，应确定需要完善的相关法律。因《行政许可法》中的公众参与规定约束着所有类别的行政许可行为，除了环境保护类的许可行为外，还包括价格许可、土地规划许可等。① 环境保护类的许可中除了环评审批之外，在环境领域内还有排污许可、危险废物许可等。因此，若要针对环评审批过程中的公众参与作出环境公益保护方面的规定，修改《行政许可法》会影响到太多其他领域中

---

① 许传玺、成协中：《公共听证的理想与现实——以北京市的制度实践为例》，《政法论坛》2012 年第 3 期。

的法律内容，并不是一个好的选择。鉴于《环境影响评价法》是一部专门对环评过程中的有关事项作出规定的法律，而且目前《环境影响评价法》中缺乏环评公众参与的具体规定。可以将包含公益型环评公众参与的有关内容，与私益型环评公众参与的有关内容进行融合，并将其作为《环境影响评价法》中一个新修订的独立章节。针对两种类型公众参与程序的相同之处与不同之处，在《环境影响评价法》完善环评公众参与的具体法律规定时，针对公益型环评公众参与作出明确。与此同时，进一步在《环评公众参与办法》中对公益型环评公众参与作出具体规定。

二　继续完善环评公众参与规定

采用复合型立法模式引入公益型环评公众参与时，需要分别在环评编制阶段和环评审批阶段原有程序规定的基础上增加环境公益的有关内容。基于环境公益的参与和基于私益的参与在程序上具有较多的相同之处，因此可以共用同一个法律程序。不过，由于该程序利益追求目标的不同，内容上仍然存在一定的差别。采用复合型立法模式引入公益型环评公众参与时，应当注意以下几个方面：

第一，继续加大信息公开范围，加大内容公开力度。在范围上，因公益型环评公众参与主体可能遍布大江南北，为保证处于各地的公众都能够获取到该信息，环评公众参与组织者在公布信息时，应注意所公布信息的广泛性，以便其他区域中的公众有机会获取到该类信息。

环评文件编制阶段，环评信息公开的义务主体是建设单位。由于建设单位属于私人主体，应当确保其作出环评信息公开的网站的公开度，以免作出隐蔽性公开。目前，随着环评公众参与工作的完善，已经有一些地方开始免费向建设单位提供进行信息公开的公示平台。例如，青岛市建设项目环境影响评价公示网、内蒙古企事业单位环境信息网、浙江政务服务网等。此外，还有易环评公示平台，以及南京天地环境污染防治研究院创办的环境影响评价信息公示平台等。应当加快统一环评信息公示平台的建立，以提高公众获取环评信息的稳定性。环评文件审批阶段，环评信息公开的义务主体是审批部门。不过，审批部门作为公权力主体，有专门的机关网站及信息公开平台，在信息的发布和公开上具有绝对优势。在确保信息公开的广泛性之外，还应当根据环境问题的大小以及公众意见的多少来决定确保信息公开的时长。

在公开的内容上，建设单位及审批部门可适当加深公开内容。在编制阶段，建设单位除了对环评状况作出说明之外，还应当将公众基于环境公益参与环评的情况作出具体说明。在审批阶段，审批部门应当将编制阶段公众曾经提出过的问题及相关回答再次公布，避免重复参与。另外，公告只是信息的公开，是公众参与到环评审批中的第一步，若要真正影响到环评审批的决策或是通过参与来消除公众与政府之间的矛盾，还需要双向互动交流平台的帮助。由于《环评公众参与办法》中并没有限定公众提出意见的方式和途径，因此，在实践操作的过程中，应当确保公众信息交流方式的互动性。

第二，吸引环评范围外的公众参与到该过程中。公众参与不仅要求公众与组织者之间信息的互动，而且需要双方力量的均衡。基于环境公益参与环评的主体范围不仅仅局限于行政法上的第三人，或者环评范围内的公众，还应当包括我国所有对环境保护有兴趣的公众或组织。因此，公益型环评公众参与主体来自全国各地，所处行政区域与建设项目所在地不同而不会受到当地政府控制。在环评过程中，他们专门基于环境公益保护表达自己的意见，表达的内容更具有真实性，可以提高环评质量，弥补环评范围内公众力量上的不足，并避免环评审批的作出对环境公益造成侵害。需要注意的是，应当对公益型环评公众参与主体的数量进行控制，环评参与过程仍然要以环评范围内公众意见为主。因此，环评公众参与组织者应当保证环评范围外公众的代表性。为了防止环评组织者在选择公众主体时进行不正当控制，应当对该类代表的选择程序和标准作出规定，对于选中的公众代表应进行充分公示并说明理由。

第三，打破传统的公众参与方式。"到场"并不是参与的必要条件，参与强调的是参与主体的目的性和自主性。[①] 若公众到某个场所中去表达自己的意见，可能会碍于各种考虑，致使真实意见不能得到表达。进而导致公众在与环评组织者或其他主体交流的过程中意见有所保留，降低双向交流的互动性。[②] 只有给予公众自由的参与空间，才能使公众的权利充分、有效地行使。其实，在保留传统公众参与方式的同时，建立一种网上

---

① 参见竺效《论环境行政许可听证利害关系人代表的选择机制》，《法商研究》2005年第5期。
② 参见朱谦《抗争中的环境信息应该及时公开——评厦门PX项目与城市总体规划环评》，《法学》2008年第1期。

视频的参与方式，可为环评公众参与程序组织者和公众减轻经济和时间负担。① 还可避免基于环境公益参与进来的公众因地理位置的不便，而消耗大量的时间和经济成本。借鉴环保组织专项行动中的视频会议形式，通过视频会议降低彼此的参与成本。并且这种方式氛围较为宽松，易于降低公众顾虑并表达真实想法与展示双方矛盾，增进公众坦诚交流的力度，进一步降低社会风险发生的可能性。与此同时，还应当体现公众参与方式的多元化。在审批过程中，环保部门开展何种公众参与方式要发挥自身的主观能动性，从而与公众意见大小和当地的经济发展相适应。

需要注意的是，即使引入公益型环评公众参与，利害关系人和其他公众在参与过程中的权利也是不同的。第一，是否具有程序发起权不同。利害关系人可以主动要求发起听证程序，享有程序发起权。环评范围内的公众在其所提出的意见满足一定条件后可开启听证程序。环评范围外的公众则不享有听证程序发起权，只能申请参加建设单位或环评审批部门将要组织的听证程序。第二，参与权利的不同。当举行听证程序时，根据《环境保护行政许可听证暂行办法》第 12 条的规定，针对行政许可听证，已经建立了一套比较规范和严谨的听证方式。基于私益保护的利害关系人享有多种权利。包括申请回避、委托代理人、陈述申辩举证、质证、最后陈述、审阅并核对听证笔录、查阅案卷等。不过，并未有针对其他公众规定该类权利的行使。在实践操作中，该部分公众参与深度的把控，掌握在环保部门的手中。第三，对程序进展的影响程度不同。利害关系人在特殊情况下可能影响到听证程序的进展。《环境保护行政许可听证暂行办法》，根据利害关系人不同的申请以及状态，该听证程序可能会延期举行、中止举行或者是终止。同样，并未规定其他公众的该类权利行使。

通过以上对公益型环评公众参与立法必要性与可行性的分析，明确了我国在公益型环评公众参与立法方面亟须完善。由于我国目前已经有一套环评公众参与程序，而且环评公众参与程序的组织与开展，不论是基于环境公益还是基于私人利益，在其程序的适用方面有较多的重合之处可以共用一个法律程序。因此，在对不同类型立法模式的优点和缺点进行梳理后，为了节省立法成本，同时结合我国的环评公众参与法律实施现状，本部分明确了在我国现有法律规范和制度框架下，需要采取融合式立法的方

---

① 参见徐忠麟《我国环境法律制度的失灵与矫正——基于社会资本理论的分析》，《法商研究》2018 年第 5 期。

式对公益型环评公众参与作出规定。在立法的过程中，不仅需要提高环评公众参与的立法层次，对于公益型环评公众参与在参与主体、信息公开及互动交流方面的特殊性也需要在规范中作出进一步规定。

三　明确不同主体的利益追求

在环评公众参与过程中，人们往往会出于自利的心理，通过法律所赋予的知情权、表达权、参与权和监督权的行使，来维护自身的人身利益和财产利益。并且，在个人利益与环境公益相冲突时，会作出舍弃后者的选择。具体来说，环评过程中普遍存在的利益冲突类型主要表现为以下几个方面：

第一，公众提出的利益诉求表现为对私人利益的保护。虽然环境公益是对公共利益在环境领域的具体化，而且这种利益与人们日常生活、工作及学习过程中所享受到的空气、水、土壤等环境要素息息相关。但是，因环境污染对环境公益造成的损害，通常需要经过生态系统的物质流动与循环等一系列作用间接影响到公众私人利益。由于环境公益受损后通过物质循环被人们所感受需要一定的时间，因此除非环境公益在短时间内受到了严重减损，一般情况下并不会对公众的人身利益和财产利益造成直接影响。同时，由于环境是一种公共物品，人们出于"搭便车"的心理，怠于主张对环境公益的保护。因此，当污染发生时，公众对环境公益的关注程度，远远小于对自身利益是否受到实际侵害的关注。基于自利的心理需求，公众一般以个人利益为目标。环评事项是否直接侵犯个人私益，是公众是否积极主动参加环评程序的重要因素。同时，人们有权利在法律限度范围内自由活动而不受限制，除非人们的权利行使对他人造成伤害。即使是出于对公众利益进行保护的父爱主义，由于不符合公民对自由的追求，也不能对公众权利行使进行过度干预。① 由此，公众基于对自身私人利益的保护参与环评，既是合理的，也是合法的。

邻避效应是公众对私人利益保护的典型代表。O'Hare 教授曾提出，尽管邻避设施在实际上会给大部分居民带来更多的益处，人们也不会同意将这些设施建设在自己的院子里。② 即使有些项目的建设能够带动当地的

---

① 孙笑侠、郭春镇：《法律父爱主义在中国的适用》，《中国社会科学》2006 年第 1 期。
② See Michael O'Hare, "Not on My Block You Don't: Facility Siting and the Strategic Importance of Compensation", *Public Policy*, Vol. 25, No. 4, 1977, pp. 407–458.

经济发展，或是给予人们生活更多的便利。当公众的生活或工作场所周围将要建设一些项目时，公众往往会出于对自身利益的保护提出一定的意见。除此之外，在我国，曾经发生过一些环境社会风险事件，例如 2007厦门 PX 事件、2010 紫金矿业事件、2012 启东王子造纸厂污水排海工程事件、什邡宏达钼铜项目事件等。在这些群体性事件中，公众对项目的建设表现出极大的反对与抵抗。虽然有少数的环保组织以及专家学者也曾参与到该过程中来，但是对该事件最为关心的还是私人利益可能受到影响的公众。他们大多是以自己的生命健康权和财产权受到威胁为由，基于私人利益的考虑参与到环评活动中来，请求禁止可能影响自己生活的项目的选址和建设。

　　第二，建设单位对经济利益的追求。建设单位是指："从事建设项目开发活动的自然人、法人或其他组织。"① 需要说明的是，在建筑工程合同中，经常会出现"建设单位"的身影。但是建筑工程中的建设单位与环评中的建设单位含义并不相同。② 根据《环境影响评价法》条文释义，建设单位是指"新建、改建、扩建对环境有影响的建设项目的业主"。③ 环评过程中建设单位的主体包括以企业形式为主的政府机关、事业单位、其他组织和个人等形式。而企业作为经济人的形式而存在，其核心是对经济利益的追求。虽然，目前企业对于自身的社会责任逐渐增强，也积极践行绿色发展路线。但是，企业对绿色环保的追求往往出于对强制性法律法规的遵守，或是避免因自身行为带来更为严重的法律后果，进而影响企业本身对经济利益的追求。随着公民环境保护意识的提高，对建设单位的项目建设活动展开了一系列的关注与监督。环评公众参与，通过公众参与环评的方式，发表意见和见解，在提高环评质量的同时，加强对环评过程的监督。另外，随着互联网的发展，自媒体平台发展迅猛。在倡导绿色环保发展理念的背景下，任何企业环境违法行为的曝光，对该企业的

---

　　① 赵卫民、周科：《论环评相关主体承担民事责任的必要性》，载刘义祥主编《火灾痕迹》，中国人民公安大学出版社 2014 年版，第 251 页。

　　② 建筑工程中的建设单位是指"建筑工程合同的投资方，对该项目拥有产权。建设单位也称为业主单位或项目业主，指建设工程项目的投资主体或投资者，它也是建设项目管理的主体。主要履行提出建设规划和提供建设用地和建设资金的责任，在此过程中形成的文件称为建设单位文件资料"。李建梁主编、颜志敏副主编：《建筑工程资料管理》，厦门大学出版社 2013 年版，第 6 页。

　　③ 全国人民代表大会环境资源委员会法案室编：《中华人民共和国环境影响评价法释义》，中国法制出版社 2003 年版，第 110 页。

发展都将产生不利影响。尽管这些监督的外部手段，能够对建设单位的经济利益追求进行限制，但是无法改变建设单位对经济利益的追求。

第三，环境公益容易成为公众个人利益和地方经济利益的牺牲品。在大部分情况下，公众利益诉求与环境公益保护是同向的，但是也存在公众为了个人利益的需求而放弃环境公益的情形。例如，具有环评公众参与里程碑意义的云南怒江水电开发项目。该项目2003年确定了开发计划后遭到了环保人士的大力反对，在全国引起了激烈的讨论。在各界环保人士的极力反抗的阻力之下，该项目规划被责令停止。[①] 但是，有相当一部分当地的居民同建设单位一样，是支持该项目建设的。当时怒江地区是中国的贫困地区之一，有大量的居民生活在国家贫困线以下。在2004年对怒江中游的400名沿江居民的调查中，有68.4%的居民支持中下游的水电站开发计划，62.7%的人认为有利于提高库区居民的生活质量。[②] 调查意见的结果能够在一定程度上映射出当地居民的意愿，即使该案例中的民意调查并非在建设项目环评过程中，该结果对建设项目环评中的公众参与仍然具有一定的参考意义。由于生活条件的拮据，征地补偿款对他们来说是一笔不小的数目，能让他们脱离当前的贫困生活。所以，在环评公众参与中，公众意见所反映出来的公众个人利益追求，可能出现与环境公益相悖的现象。

需要注意的是，由于人们所追求的利益内容并非均和共同利益相一致，因此，不同的私人利益之间存在一定的对立。[③] 一方面，公众参与环评是私人自治在环境管理中的表现。"自利"是人的本质，每个人都有追求个人利益的权利与自由。不过，任凭人们单纯追逐自己的私利，将会带来一系列的社会问题。[④] 若人们的每一项活动都以自身利益为中心，那么人们会想尽办法牺牲他人的利益和社会公共利益来换取自己的利益。[⑤] 在环评过程中，如果纯粹开展私益型公众参与，容易导致不同私益之间的交

[①] 该项目为了缓解用电能源的紧张，未做整体规划，缺乏对生态效益的考虑。参见何忠洲《怒江争论重塑中国工程决策》，《中国新闻周刊》2006年第23期。

[②] 数据参见汪永晨《在中国西部江河开发中坚守舆论监督争夺话语权》，载《第十二届新世纪新闻舆论监督研讨会论文集》，2012年12月15日，第207页。

[③] 《马克思恩格斯全集》（第三卷），人民出版社2016年版，第37页。

[④] ［英］霍布斯：《利维坦》，黎思复、黎廷弼译，商务印书馆1985年版，第72—73页。

[⑤] 参见朱谦《环境公共决策中个体参与之缺陷及其克服——以近年来环境影响评价公众参与个案为参照》，《法学》2009年第2期。

换，而忽视环境公益的保护。① 例如，为了使建设项目环评顺利审批通过，建设单位可能会给予建设项目场地附近的居民一定的经济利益。虽然这一举动在短时间内能够表现出居民私人利益的增加，但是，从长久的眼光来看，由于环境公益的减损间接对私人利益所带来的负面影响可能远远高于短期内私人利益的增加。另一方面，即使政府和行政机关有保护环境公益的义务，其保护的公共利益内容除了环境公益之外，还包括经济利益和社会利益等内容。在作出行政决策过程中，公权力机关需要兼顾其他类型的公共利益。此外，政府和行政机关可能存在能力不足和权力异化的现象。这些因素都会导致环评审批部门在对建设项目进行审批时，作出的环评审批决定偏离对环境公益的保护，进而对公众利益造成侵害。为了保证公众在追求自身利益的同时不忽略公益内容，需要有法律和制度的安排。② 其实，人们目前已经认识到包含环境公益在内的社会公共利益的维护，将会改变个人生活成长环境，并以一种更优质的环境和社会资源配置来影响人们的成长和生活。③ 缺乏社会性和利他性的环评公众参与将缺乏对个人利益的长久保护。因此，有必要在环评过程中增强对公益的追求，使个人利益的保障更广泛和深远。

---

① 参见黄锦堂《台湾地区环境法之研究》，月旦出版社股份有限公司 1994 年版，第 212 页。

② 参见胡玉鸿《和谐社会与利益平衡——法律上公共利益与个人利益关系之论证》，《学习与探索》2007 年第 6 期。

③ ［美］杜威：《新旧个人主义——杜威文选》，孙有中、蓝克林、裴雯译，上海社会科学院出版社 1997 年版，第 86 页。

第四章

二元利益融合下的环评公众参与机制

法律制度由法律规范所共同组成，用来约束或激励人们的行为，并通过法律文本加以表现。通过以上对我国现有环评公众参与立法模式的分析，明确了复合型立法模式是公益型环评公告中参与立法的选择。鉴于公益型环评公众参与的特殊性，应对复合型立法模式下公众参与的主体、方式及程序等机制作出进一步明确。

第一节 二元利益融合下的环评公众参与主体

公益型环评公众参与旨在通过公众参与保护环境公共利益，具有较强的公益性质。与私益型环评公众参与相比，该过程的公众主体类别具有差异。现有的环评公众参与体制对公众参与主体范围进行了限定，通常局限于具有法律上利害关系的公众，或者是环评范围内的公众，从而不利于公益型公众参与的引入。[①] 但环境影响评价，作为一种具有较高专业门槛的环境保护手段，与一般的环境保护公众参与过程相比，该过程的公众参与需要相关的专业知识作为支撑，从而对参与的公众主体提出了更高的要求。为进一步规范化公益型环评公众参与过程，亟须对环评中的公益型公众参与主体进行明确。

一 参与主体的核心判断标准

在二元利益融合下的环评公众参与过程中，应当对环评公众参与的主体所凸显的公益性进行明确，以确保环境公益的保护和公众环境权益的保

[①] 白明华：《我国环境影响评价制度中公众参与的完善》，《湖北社会科学》2013 年第 1 期。

障，同时提高参与效率。融入公益型环评公众参与之后，二元利益下的环评公众参与主体的核心判断标准主要体现为以下方面。

（一）以保护环境公益为目的

在一般的环评过程中，公众往往是在了解环评信息，并发现该建设项目可能会侵害到自身利益后，从而选择向建设单位或有关部门提出意见，目的是防止自身利益的减损。而公益型环评公众参与的主体，其选择向建设单位或有关部门提出意见的原因并不是为了对自身利益进行保护，而关注的是绿色可持续发展下人与自然的和谐共生，并体现为对环境公共利益的保护。参与目的是否为环境公益，主要看以下两个方面：

其一，公众参与环境影响评价过程的主观心理体现为对环境公益的保护。尽管根据亚当·斯密的《国富论》所提出的"理性经济人"假设，人们的社会活动突出对自身利益的追求。在实践中，人们更多地会出于对个人利益的追求参与到各项社会活动中，包括环境影响评价。按照马斯洛需求层次理论，人们的需求从低到高分为五个层次，分别为生理需求、安全需求、社交需求、尊重需求和自我实现需求。随着物质水平的提高和教育水平的提升，部分人已经在生理需求、安全需求及社交需求方面得到了满足，更倾向于通过参加一些活动，从而获得更高层次的精神追求。例如，获得尊重的需要（即自我成就感、自信心、成就感、被他人的尊重）与自我实现的需要（即成长与发展、发挥自身潜能、实现理想）。[①] 随着全球气候变化下极端天气的频繁，人们的环境保护意识也获得了进一步的提升。除了考虑到环境公共利益之外，参与到环境保护过程中，也能够让人们获得更多的成就感与满足感。在我国信息公开制度不断改革完善的背景下，人们对环境公益的保护也愈加迫切。环境影响评价，则是通过科学的方法，对建设项目或规划项目可能造成的环境污染进行科学评定，进而防止污染和环境破坏的一种制度。公众参与环境影响评价过程，不仅可以通过提供有效的信息以帮助提高环评质量，还能够通过监督提高环评民主性，防止权力滥用现象的出现。而且，在提高环境教育过程中，我国培养了涉及各类知识的专业人才。因此，部分公众在环境影响评价过程中，有能力发现环评过程中的一些问题，并提出有针对性的建议，

---

① Abraham Harold Maslow, "A Theory of Human Motivation", *Psychological Review*, Vol. 50, No. 4, 1943, pp. 370−396.

从而其内心出于对环境公益保护的真实目的而参与到环评过程中。

其二，公众参与环境影响评价的客观行为表现为对环境公益的保护。民国时期颁布的《公益劝募条例》对"公益"的定义作出了解释，是指"不特定多数人的利益"。在法律实践中，通常将损害不特定人利益的行为称为损害社会公益的行为。[①] 由于此处要求公众所保护的利益内容是环境公益，且公众对这一利益的保护是发生在环评过程中。因此，公众若要在环评过程中表现出对环境公益的保护，除了不以自身利益的增长为其目标外，还要求在该过程中对环境公益的追求应当控制在对不特定多数人有益的范围内。具体来说，环评过程中表现出对环境公益保护的公众行为方式包括：（1）基于环境公益保护获取环评信息。（2）基于建设项目对环境公益带来的不利影响提出意见或建议。（3）基于环境公益保护参与环评座谈会、论证会或听证会等。需要注意的是，公众的真实心理活动难以准确判断和预测。因此，通过观察他们在环境公益保护方面的客观行为表现，以评估他们是否积极参与环境影响评价过程，显得更为直接和有效。

（二）参与主体不受地理区域的限制

根据我国《环境保护法》，公众参与环境保护本身就作为一项法律原则而存在，公众作为环境公益的受益主体，有对环境公益进行保护的义务。环境公益作为一种公共利益，其受益主体较为广泛。在生态学上，学者认为生态系统中构成环境要素的阳光、空气、水、土壤等物质具有一定的流动性，围绕环境因素所形成的环境公益具有普惠性和整体性。[②] 同时，当环境公益破坏后所产生的环境污染也具有一定的扩散性。[③] 人们在享受环境所带来的利益时，有义务根据自身能力防止环境公益减损以及环境污染和破坏。根据生态系统的整体性理论，公益型环评公众参与的主体范围应当是所有可能受建设项目生态环境影响的公民、单位和有关组织。这种可能受影响的公众范围应当采取最为广义的解释，包括直接影响和间接影响。只要是受该环境公益影响的人，在环评过程中都应当享有保护环境公益的权利。因此，当进行环评时，不论是环评范围内的公众还是环评

① 张长青主编、王霞副主编：《合同法》，清华大学出版社、北京交通大学出版社2005年版，第240页。
② 王灿发：《论生态文明建设法律保障体系的构建》，《中国法学》2014年第3期。
③ 严耕、杨志华：《生态文明的理论与系统建构》，中央编译出版社2009年版，第32—35页。

范围外的公众，均可以基于环境公益保护，提出关于该建设项目环境影响方面的意见和建议。

通过本书第二章对环评公众参与法律规范的分析可以发现，《环评公众参与办法》出台以前，我国对环评公众参与的主体范围的规定是较为模糊的。通常将环评公众参与的主体的表述为"有关公众"或者"受建设项目影响的公众"，这些表述方式在公众范围的确定上缺乏进一步的指导性。这就导致在环评编制阶段公众参与实践中，有些建设单位为了提高环评公众参与的满意度，有针对性地故意选择某一小片区域中的公众来进行公众意见调查，或者通过随意编造掩盖公众的真实意见，抑或用自己单位内职工及其家属的意见来代替环评编制过程中的公众意见。这就使得所征求的公众主体范围较为片面，该参与过程获取到的公众意见过于以偏概全或者纯属捏造，从而导致虚假公众参与现象的出现。2016 年《建设项目环境影响评价公众参与办法（征求意见稿）》中将"可能受影响的公众"明确为"环境影响评价范围内的公众"，对公众参与的主体范围进行了明确，不过从该表述上来看，参与进来的公众主体的范围也受到了严格的限制。2019 年正式实施的《环评公众参与办法》保留了"环境影响评价范围内的公众"的同时，还出现了对"环境影响评价范围外"的表述。虽然对环境影响评价范围外的公众意见的听取仅仅是一种倡导性规定，但仍然对环评公众参与主体的区分具有显著意义。

在建设项目环评中，由于环评范围的确定往往是根据该项目所致的环境污染对周围私人利益的影响，因此环评范围内的公众一般被默认为与建设项目在人身或财产上存在一定的私人利害关系。现有的法律规范为了保护公众私人利益，已经对该项目的环境污染所可能导致的私人利益受损提供了较为完备的救济方式。因此，当环评范围内公众参与环评过程时，可以直接依据现有的方式和程序，基于私益保护参与到环评过程中。而处于环评范围外的公众，在经过对该建设项目所可能产生的环境污染的科学分析之后，并没有被列入可能存在私人利害关系的公众范围之列。根据上述分析，该部分公众若要基于环境公益参与环评过程，将不会受到环评范围的限制。因此，公益型环评公众参与的主体往往处于环评范围外的区域。

需要说明的是，虽然"利害关系人"为行政法上的概念，指向的是"行政行为作出时除对象人之外与行政行为有法律上利害关系的相对一方，又称为行政相关人"。由于此处的利害关系所衡量的利益为一种私人利益，因此，本书将环评中的利害关系人称为私益型环评公众参与主体。本书所讨论的"公众"，是从广义上理解的。包括除建设单位、环评机构和环评审批机关以外的其他个人、单位或组织。并且，本书对于"公众"的定义结合了生态学理论，根据公众所处的地理区域，将公众分为两类。一类是环评范围内的公众，另一类是环评范围外的公众。环评范围内的公众由于处于建设项目的周围，通常属于直接受影响的公众，且利害关系人往往包含在内。环评范围外的公众则并不具有特定性，往往与该项目不具有行政法上的利害关系，本书在讨论公益型环评公众参与主体时，结合生态系统的整体性理论，因其会间接受到建设单位所带来的环境影响，从而认定其具有生态学上的利害关系。

环评范围之外的公众中除了以公众的身份参与环评的专家之外，一般还包括具有一定能力的普通公众以及环保团体。在环评过程中，包括通过各种渠道对建设项目周围的生态环境状况提出自己的意见，以及对建设项目的环评情况提出专业意见。[1] 基于环境公益保护参与进来的公众，可能更加了解环评公众参与过程中的注意事项和参与方式，熟悉各类环保目标的功能区认定和涉及的建设项目环评的适用标准，以及建设项目周边的环境信息。例如，包括生态环境保护红线、生态保护区、生态功能区等项目周边的各类环境功能区，有关河流与湖泊的生态保护规划及保护条例等与建设项目周边特殊区域环境保护相关的规范，或是项目周边关于医院、学校、居民区、科研机构、文物保护单位、少数民族特殊区域的特殊规定等。以便能够在建设项目环评信息公告中获取更多有价值的信息，有能力确保在规定的时间内，有方式、有策略地在环评进程中提出有针对性的意见。

二 环评公众参与主体的类型

在环评过程中，根据公众所作贡献类型的不同，可以分为常识型环评公众参与主体和知识型环评公众参与主体。虽然这两类主体都可能称为公益型环评公众参与主体，但二者在环评过程中所起到的作用具有一定差异。《辞海》对常识的定义是：普通知识。[2] 常识贯穿在社会生活的方方

---

[1] 李艳芳：《公众参与环境影响评价制度研究》，中国人民大学出版社 2004 年版，第216 页。

[2] 夏征农、陈至立主编：《辞海》（第六版），上海辞书出版社 2009 年版，第 255 页。

面面，成为各个领域知识体系中的基础环节，并将各个领域的知识体系紧密地连接在一起。而知识，是人类认识的成果或结晶。《辞海》中对该种知识的分类方式包括三种：一是根据内容的深刻性，分为生活常识和科学知识；二是根据内容的系统性，分为经验知识和理论知识；三是根据内容的来源性，分为直接知识和间接知识。[①] 可见，该解释对知识采取较为广义的解释，除了科学知识之外，还包括常识的有关内容。不过，本部分在对公众主体类型进行区分时，对知识采取了狭义的解释，仅包含科学知识这部分内容，并与常识形成对比。

（一）常识型环评公众参与主体

常识型环评公众参与主体，是指基于自身所具备的基本知识或一般经验知识而参与到环评过程中来的公众。该类主体可能来自各个行政区域，其年龄、性别、教育程度、民族以及工作领域等也各不相同。由于该类主体并不要求具备相关的专业技能，因此其往往代表了基于环境公益参与环评过程的普通公众。常识型环评公众参与主体，通常具有较高的环境公益保护热情、较强的环境保护兴趣和执行能力，能够及时关注到周边可能发生或已经发生的环境问题。常识型环评公众参与主体的参与能够在社会层面提高该事件的关注度，增强环评过程的透明度，从而使得环评工作更加全面和深入。不同的参与角度可以在不同层面加深对环评事务本身的理解，避免环评过程认知的片面性以增强环境公益。

（二）知识型环评公众参与主体

知识型环评公众参与主体，是指基于自身所具备的与环评有关的专业知识，而参与到环评过程中来的公众。该种类型的专业知识包括环评过程所需要用到的环境法学、环境科学、生态学、环境工程学知识，以及在环评过程中所可能用到的其他专业的有关知识等。该类主体往往是对环境法学、环境科学、生态学、环境工程学等学科领域有着较强了解的专业技术人员或专家。知识型环评公众参与主体，具有较深的专业知识背景、较高的科学文化素养，以及较为敏锐的观察视角。通过对环评问题的深度分析以增强环评过程的专业度，科学有效的参与方式能够提高环评质量和公众参与效率，增强环评过程的科学性以增强环境公益。

知识型环评公众参与主体可能包含环评技术人员，他们熟悉建设项目

---

① 夏征农、陈至立主编：《辞海》（第六版），上海辞书出版社 2009 年版，第 2934 页。

环评过程中的方式、方法，环评过程的注意事项；掌握着与建设项目环境影响有关的数据信息，熟悉环境现状监测的时间、地点、频率等的严格要求；对大气、水、噪声、固体废物等各类污染的防治措施及污染处理有着一定的研究，例如通过了解废气、废水、降噪、固废等的处理设施及设备来判断是否能够达到环评报告中所承诺的环境保护要求。环评过程的科学性较大程度地影响着环评文件的质量，进而影响环境影响评价后续程序的进行，并影响建设单位的排污量和排污设施的建设。① 这些参与主体不仅更有利于对建设项目环境影响报告进行补足，还可以对该过程进行专业性的监督。

需要注意的是，在某种情况下常识型环评公众参与主体与知识型环评公众参与主体的界限并不十分明确。例如，对环评所需知识有着详细了解的专家，也可能是基于自己其他领域中的常识而在环评过程中提出意见。不论是常识型环评公众参与主体，还是知识型环评公众参与主体，对环评过程都不可或缺。前者基于一般公众对环评过程的直觉理解更能够代表社会中的大部分公众，加之身份的大众化而具有更强的民意基础。后者基于专业角度对环评过程问题的分析可提高该过程的科学性，其敏锐的思维，可以帮助凝练环评过程中不同主体交流过程的有效信息。②

（三）环保组织

环保组织是一种特殊的环评公众参与主体。在环保组织中，其中的组成人员既包括对环境公益有兴趣的普通公众，也包括具有一定专业知识的技术人员或专家。因此，环保组织具有常识型环评公众参与主体和知识型环评公众参与主体的双重属性。

其实，在引入公益型环评公众参与制度时，应当着重强调环保组织的作用。环保组织作为一种广泛存在的非政府组织，其成立目的或宗旨就是致力于环境公益保护。环保组织既不同于普通的公众个体，也不同于以经济利益为目标的企业，又不同于具有公权力的政府行政管理部门。环保组织在参与环境保护的过程中以除政府和市场之外的非政府组织的第三部门

---

① 环境影响评价报告书主要可以分为两个部分。一部分是对该项目相关信息的客观事实说明，另一部分是对该项目在建设以及运营过程中将要产生的污染物种类、浓度、环节以及污染源进行科学的分析计算。

② 盛明科、黄华伟等：《中国特色新型智库建设与评价研究》，湘潭大学出版社2017年版，第13页。

身份出现。[①] 环保组织通过其专业知识和丰富经验，协助公众更好地理解和应对环保问题，使他们在环评过程中能够充分发挥作用。同时，环保组织的先进理念和积极行动，能够激发并引导公众个体积极参与环保事务，共同为我国环境保护事业贡献力量。此外，环保组织在环境公益保护过程中，在公众个体缺位时能够提供力量支持，打破无人参与的窘境。具体来说，与其他公众参与主体相比，环保组织具有的参与优势包括以下几点：

第一，更稳固的民意基础。按照我国法律规定，对于将要进行环评听证的有关项目，组织者会在网上进行信息公布。但受各种现实情况的制约，并不是所有的公众都能够及时登录该网站获取到有关信息，并提交参与申请。在实践中，由于听证人数受到一定限制，当人数不足时，环评听证组织者一般采用邀请或推荐的方式确定有关行政主管部门、街道和社区代表来参与听证。在引入公益型环评公众参与后，我们应充分发挥环保组织的优势，可以考虑在一定情况下将环保组织列为公益型环评公众参与代表，加强其在环保工作中的主导地位。环保组织作为以环境公益保护为目标的重要民间力量，因其使命和公益性质，更容易获得社会公众的信任。在信息获取方面，环保组织具备较高的环境敏感度，能够迅速了解项目的详细情况。在此基础上，他们可以及时提交有关的建设性意见，为环境保护出谋划策。此外，环保组织拥有众多成员，这使得他们能够在环评事务的宣传和推广上发挥优势。通过广泛传播环保知识和对环评项目的深入解读，公众可以对环保项目有更加深刻的理解，从而提高环保工作的社会认可度，为环保事业赢得更多支持。

第二，更强烈的环境公益保护热情。根据环境库兹涅茨曲线（Environmental Kuznets Curve），在以人均 GDP 为横坐标轴，环境退化率为纵坐标轴的象限内，环境质量与经济发展呈倒 U 型曲线。即当以环境为代价的粗放型经济发展达到一定程度之后，人均收入与环境质量呈负相关的关系。[②] 在这种情况下，人们的工资如果能够达到一定的水平，满足人们的基本生活需求，那么人们对环境保护的要求会更加强烈。[③] 因此，这一模

---

① 俞可平等：《中国公民社会的制度环境》，北京大学出版社 2006 年版，第 2—5 页。

② See Gene Grossman, Alan Krueger, "Economic Growth and the Environment", *The Quarterly Journal of Economics*, Vol. 110, No. 2, 1995, pp. 353-377.

③ 李志青：《环保公共开支、资本化程度与经济增长》，《复旦学报》（社会科学版）2014 年第 2 期。

型也能更好地解释不同区域以及不同群体对于项目开发和利用过程中的不同态度。例如，在 2003 年怒江水电项目开发过程中，虽然该项目最初未考虑到野生动植物的栖息地保护，但是处于怒江流域附近的原住居民因能够获得较多的拆迁补偿款或其他经济补偿，更多地赞成这一项目的开发。人们基于不同的生存压力在利益选择过程中会有不同的排序，当人们的物质生活水平相对较低时，在面临物质利益与环境利益的抉择时，往往会优先考虑满足基本生活需求的物质利益。而且，普通的常识型环评公众参与主体在参与有关项目的环评时往往局限于自身周边的相关项目，对其他区域的建设项目则表现出一定的参与不足。例如，一些地方工业园区周边并没有普通的商品房住宅，园区周边居民普通住宅也已拆迁，缺乏常住居民。在针对工业园区的有关项目的环评过程中，常常表现出普通的常识型环评公众参与主体的缺位。这恰恰证明了公众个体的参与热情是有限的。可见，公众个人在参与环评的过程中，易受到外界因素的干扰，并不一定会对环境公益保护起到很好的效果。与公众个人相比，环保组织的环境公益保护热情和意识更强。在环评公众参与中，公众个体关注的往往是自己工作或生活所在区域周边的环境状况，他们参与到该过程中来，更多的是担心该项目的建设会影响到自己的利益。对于其他区域中的环境污染，则关注较少。而且因地理区域相隔较远，受参与方式的限制，更多情况下只能在网上进行相关评论。这也是参与环评过程的公众个人，多数是该项目的利害关系人或处于该项目环评范围内的公众的原因。

第三，更充足的时间与精力。公众参与环境影响评价，需要公众事先对项目的选址、周围环境状况、可能产生的不良环境影响等其他后果等进行了解，以便在参与过程中更好地提出相关意见。但是，大部分公众每天都要面对复杂的工作和生活，由于在该事务中投入更多的时间则意味着在工作和生活上作出了更多的牺牲，因此难以花费更多的精力投入到与自身利益不直接相关的事务中。因此，在公益型环评公众参与过程中，普通公众个人受限于参与能力和精力，在环境影响评价过程中在信息获取、信息处理以及信息交流方面存在一定限制，难以保证全程性参与。而在环保组织中，其组成人员中除了一部分兼职人员之外，还有专职人员来进行环境公益保护工作。面对环评公众参与这一需要消耗大量的时间和精力的复杂程序时，环保组织在环境公益的保护中有更充足的精神力量支撑。

第四，更丰富的技术力量。个人自身能力有限、教育水平的限制以及专业领域的阻碍，都会使公众难以形成对项目环境影响的有效意见，或者与环评公众参与程序组织者进行合适的沟通与表达。公众在参与环境保护运动中，更多地参与到对专业性较低的活动中。例如，空调26度、人走灯灭、节约用水、垃圾分类、植树、爱护草坪等活动。相对来说，环保组织的参与能力更强。环保组织内部有专业的技术人才，拥有环评、环境检测的相关技术以及环评法规及标准等相关方面的知识，在这种专业知识背景之下，他们更容易提出一些有针对性和精确度较高的意见，及时发现环评过程中存在的问题，并结合环境影响提出有关建议。环保组织内部不乏智囊团，能够对环评检测方法、相关数据的运用、区域生态环境保护规划、生态红线，以及其他造成环境污染而不需要办理环评手续的有关项目进行分析，提炼总结后提出关键性意见。在一些环保组织中，内部数据库的建立与使用进一步增强了该组织的能力。

第五，更强大的合作力量。环保组织在参与环评的过程中，不仅包括本组织内部志愿者之间的互相配合，还包括与其他环保组织、专家等进行合作，借助网络媒体扩大宣传。同时，环保组织作为环境公益保护的特殊群体，能够较高程度地引起有关部门的重视。① 特别是在目前互联网及网络平台高速发展的背景下，通过对环评信息的发布及共享，能迅速让各界人士了解到有关项目的环评信息，建立环评公众参与的联系网。这样建设单位或者审批部门会有更大的压力，也更能够引起政府重视。

三　二元利益融合下环评公众参与主体的重塑

通过对公益型环评公众参与主体的判断标准和类型的分析，结合我国目前环评公众参与主体的法律实践，可进一步明确二元利益融合下环评公众参与主体的完善方向。

（一）二元利益融合下环评公众参与主体的困境

目前的环评公众参与过程缺乏对环评范围外公众意见听取的强制性规定。在环评过程中，仅征求环评范围内的公众意见是不够的。公众基于环境公益参与环评，往往针对该项目的不良环境影响对环境公益的损害提出有关诉求。环评范围内的区域受建设项目的不良环境影响最严重与直接，

---

① 吴湘玲、王志华：《我国环保 NGO 政策议程参与机制分析——基于多源流分析框架的视角》，《中南大学学报》（社会科学版）2011 年第 5 期。

对公众私人利益关系的影响也最为迫切。因此,实践中环评范围内公众更加倾向于从个人利益保护角度提出有关诉求。而环评范围外的公众则因为不存在直接的利害关系,更倾向于从环境公益保护角度提出有关问题。在公益型环评公众参与中,需要引入环评范围外公众的意见。只要公众基于环境公益保护的需要,即使其生活、学习和工作地点位于环境影响评价范围之外,也可凭借自身所具备的专业能力和享有的环境信息参与到环评过程之中。通过这样的方式,使得各领域的专家、对环评感兴趣的公众、组织和单位参与进来,提高环评决策的科学性。[①] 目前的法律规范已经明确规定环评范围内公众的意见应当依法被合理听取,可见私益型环评公众参与主体已经通过现有法律融入我国环评过程中。但关于环评范围外公众参与的倡导性法律规范并不能保证公益型环评公众的参与,使得目前环评公众参与主体范围过窄。

环保组织目前也存在发展的不完善。主要表现为以下几点:

其一,环保组织参与环评过程中对环境公益的保护能力参差不齐。环评作为环境保护的一个较为专业的领域,在公益型环评公众参与过程中,并不是所有的环保组织都有能力参与进来。首先,在专业能力方面。因环评这一过程比较复杂,涉及生态学、环境科学、物理、化学、生物、环境法学等多种交叉学科,关涉项目勘察、科学试验、调查研究等多种研究分析论证方法,以及大气、水、噪声、土壤、电磁波等多种环境因素检测。还需要掌握我国各类环境质量标准及污染物排放标准中对不同环境要素的控制要求、环评技术操作规范,以及不同行政区域及流域中的环境保护政策、规划与计划。因此,需要环保组织中具有多种专业知识背景的人员。但是,根据对环保组织人员配备情况的分析,并不是所有的环保组织都具备环境影响评价相关的专业人才。其次,在综合能力方面。参与环评的过程中,为了能够及时发现该项目对环境的不利影响,并提出相关的环境公益保护方式及措施,除了具备一定的专业能力,还需要具有一定的综合能力。一是及时发现建设项目将要对环境产生不良影响的观察能力。需要该环保组织关注规划网站、政府网站、环保部门网站等相关网站对于有关建设项目或规划环评的公示信息,并留意论坛、微博、微信等平台中对有关建设项目或规划环评的讨论信息。二是及时发现并获取该项目对环境产生

---

① 叶俊荣:《环境政策与法律》,元照出版有限公司 2010 年版,第 202 页。

不良环境影响的实践能力。需要及时获取该建设项目对环境产生不利影响、可能超过国家控制标准的证据。三是及时发现并获取项目对环境产生不良环境影响的思维能力。通过对大气、水、环境噪声、土壤等有关环境要素的检测，能够及时推断出相关环境影响。因为该过程需要对环评机构所编制的专业环评文件提出有关异议，需要该环保组织在进行相关结论推定时，考虑到更多的因素，以便形成影响环评文件中相关结论的有效意见。四是整合能力和交流能力。在提出相关意见的过程中，需要采取合适方式以及方法。

其二，环保组织经济实力差别很大。与一般的环境保护活动不同，环评本身就较为复杂，这一过程往往因需要消耗掉更多的资金。虽然环保组织通过会员募捐、基金会及机构资助、政府购买服务资金等形式能够获得一定的资金支持，[①] 但参与环评这一过程，还要额外支出相应的建设项目实地调研费、水文等生态调查费、环境因子检测费等。还包括专业人员的学习培训费用，邀请相关专家并支付专家费用。即使与公众个人相比，环保组织在基于环境公益参与环评过程中表现出更强的经济实力，也无法完全避免由于组织内部资金捉襟见肘而止步于环评公众参与程序的大门。

其三，部分环保组织出现不良发展。一部分环保组织因自己的业务能力及范围有限，同时该区域中又有其他环保组织，容易产生互相争抢项目及资源的现象。在加强环保组织之间互相合作的基础上，有些地方建立了交流合作平台。该平台需要日常事务的运作与管理，平台带头人及相关组织者的选择将会影响该交流平台的后续发展。在保护环境公益的过程中，不同组织之间彼此是一种合作关系，在互相尊重彼此意见的基础上开展有关活动，而非一种严格的领导与被领导关系。否则，将会演变成利益争夺的战场。[②] 如若不然，就使得环保组织基于环境公益参与环评的过程中带有较强的不良动机，并非纯粹基于环境公益保护。

（二）二元利益融合下环评公众参与主体的完善

通过上述分析，环评范围外公众意见对环评过程具有重要作用。在二元利益融合下的环评过程中，除了以环评范围内公众为主要主体之外，还

---

① 参见汪建沃、周贝娜、王嘉编著《守望家园——前行中的环保非政府组织》，中南大学出版社 2016 年版，第 29 页。

② 参见赵小平、王乐实《NGO 的生态关系研究——以自我提升型价值观为视角》，《社会学研究》2013 年第 1 期。

需要包括环评范围外公众意见，并发挥环保组织的作用。

一方面，确保一定比例的环评范围外公众的意见。在主体的选择上，首先根据现有规定，保证公众基于私人利益保护能有效进行环评公众参与。由于公益型公众参与的主体不受地理区域的限制，因此，实现二元利益融合下的环评公众参与，应当进一步扩大参与环评的公众范围。确保一定比例的环评范围外的公众的意见是实现环评公众参与二元利益融合的关键。

另一方面，完善环保组织在环评过程中的环境公益保护能力。具体包括：其一，加大对环保组织的资金扶持力度。环境质量的改善需要相关经济的投入。虽然与公众个人相比，环保组织参与环评活动时有一定的资金支持，但是，在有限的资金下，环保组织只能有针对性地选择参加某建设项目的环评过程。对于需要消耗较多资金的环评项目，因费用高昂，则难以进行持续性跟进。如果资金不足，环保组织中立性可能受到威胁。环保组织参与环境公益保护活动时的资金来源依赖于社会捐款和会费，当其受特定利益方资助而参与环评时，其可能是为了保护特定的主体的利益，从而难以确保其活动过程体现对环境公益的维护。与此同时，政府也应当进一步加大对环保组织的资金扶持力度，保障环保组织的健康发展。在政府资助之外，环保组织应做好核心服务与定位，利用一些环保活动来筹措资金，从而达到独立生存。

其二，加强对环保组织人员的环保教育培训。鉴于环评具有高度的专业性，为了解决这一过程中的技术难题，2003年我国颁布了《环境影响评价审查专家库管理办法》，对环评专家库人员及要求作出了细致规定。在环评公众参与中，也可以建立"第三方环评公众参与人员库"，专门对有能力和有兴趣参与环评的公众个人和有关组织进行规定。大型环保组织拥有丰富的专业人才，在环评公众参与中游刃有余。但是小型环保组织在环境治理方面的水平参差不齐，内部普遍缺乏全职的专业人士。为了提高环保组织参与环评的深度，需要加强对环保组织人才的培养。例如，定期对环保组织内部人员进行环评专业知识培训。包括环境保护相关政策，环境保护法律法规，环境保护方式、方法及技能等环境专业知识。

其三，加强对环保组织的引导与监管。为了积极引导企业的绿色发展，我国已经出现了企业与环保组织合作的现象。例如，每年在环评组织行业内的福特汽车环保奖的颁布，通过对环保组织或个人环保活动的评比，带动环境保护事业的发展。同时，也有一些企业与环保组织在高科技开发、考察与环保调研过程中展开合作。类似的还有环保资助平台，创绿家资助计划、劲草同行资助计划、卫蓝侠资助计划、任鸟飞、清源行动、成蹊计划、环保公益资助计划、爱佑公益 VC 支持计划、质兰公益基金会、全球环境基金小额赠款中国计划、蔚蓝星球基金、海草花计划、YGT 青年环保创新计划、融益水计划等。需要注意的是，在环保组织资金来源尚不充足的情况下，应当避免出现环保组织帮助企业进行绿洗（Green wash）① 的现象。为了防止这一现象的出现，应当完善环保组织的管理制度，对环保企业的发展目标和方向进行积极引导。即使环保组织基于其成立目的在环境公益保护方面具有优势，但环保组织在参与环评过程中可能也存在一定私人利益的考虑。例如，为了提高本组织的知名度及社会声望，或者为了完成一定的任务而获得相关奖励，从而对参与的内容具有一定的选择性。因为其参与的过程外在地表现为对环境公益的保护，所以在一般情况下，这种参与仍然有利于环境公益保护及社会建设。但如果该环保组织对个人利益出现了过度追求，则会对社会产生一定的负面效应。

第二节　二元利益融合下的环评公众参与方式

在实现环评公众参与过程的二元利益保护时，还应当对公益型环评公众参与的方式进行完善。具体来说，包括公益型环评的一般公众参与方式和公益型环评的深度公众参与方式。

一　二元利益融合下的一般公众参与方式

公益型环评的一般公众参与方式是指，建设单位或者审批部门进行信息公开后，公众基于环境公益保护，主动根据建设单位或者审批部门的要求，在规定的时间内针对建设项目的环境影响提出意见的方式。这种方式一般是通过邮寄信函、电子邮件、电话等途径提出意见。而且，这种方式一般对提出意见的公众范围并没有进行太多的限制。公众基于环境公益保护，可以行使自己的环境公益表达权。需要注意的是，在

① 绿洗，是指通过一些组织对该企业的环保虚假宣传，掩盖该企业的违法排污历史。参见汪建沃、周贝娜、王嘉编著《守望家园——前行中的环保非政府组织》，中南大学出版社 2016 年版，第 29 页。

2018 年《环评公众参与办法》修订之前，按照 2006 年《环评公众参与暂行办法》的规定，环评文件编制过程中，建设单位应当通过调查问卷的方式征求公众意见。调查问卷可以通过组织者提供一系列的信息来获得公众的反馈，即使公众不了解环评这一过程，也可以针对调查问卷内容作出一份完整的答卷。但长期以来这种方式所获得的公众意见的真实性一直遭到质疑，《环评公众参与办法》修订时取消了调查问卷这种方式。

在《环评公众参与办法》将调查问卷作为环评公众参与的非必要方式加以取消的同时，也将在网站或者有关场所进行公众参与的环评信息公开规定为环评公众参与组织者的一项义务。对环境公益保护有兴趣的公众可主动根据规定的意见提交时间和方式，向建设单位或审批部门提交环评意见。目前，根据《环评公众参与办法》规定，建设项目进行信息公布时，征求公众意见并没有对"公众"这一主体范围进行限制。因此，在公益型环评公众参与过程中，公众基于环境公益保护的需要，可以直接按照网站上公布的反馈渠道和方式，向建设单位或者审批部门提出有关意见。即使由公众主动提供意见这种方式，所收到的公众意见表现出更强的环境公益追求，或是公众环评意见的提出更加符合环评公众参与的程序要求，且通过这种方式获得的公众意见内容与主题更为贴切，这种方式的弊端也不能忽略。公众通过邮箱、邮件或电话提交有关意见时，需要对建设项目的环评信息积极主动地了解，并根据已公布的环评信息内容提出一定的建议或意见。在这一过程中，公众是否能够了解到该信息有赖于公众是否具有通过网络获取信息的主动性，以及获取有关信息的敏感性。由于这种方式需要公众具有更强的主动性以及参与能力，从而进一步提高了公众参与的门槛。导致在一些地区，一些公众由于不熟悉环评参与程序，尽管对当地环境较为了解也未能提出有效意见。同时，建设单位和审批部门仅仅通过网络平台、报纸或有关场所张贴信息公告的方式，缺少了公众与调查者之间的互动。单纯依靠公众自己的理解，将会造成一部分公众参与困难。在现阶段，公众通过网络参与公共事务的习惯尚未完全形成。因此，公益型环评公众参与需要通过网络、电话、邮件等方式为公众提供方便时，引入其他公众参与方式，增强公众参与过程中的互动空间。

二 二元利益融合下的深度公众参与方式

公众参与环评的方式有多种，调查问卷、电子邮箱、电话热线等都属于公众参与的形式范畴。而深度公众参与需要双方充分有效沟通，需要满足咨询、答疑、化解矛盾等一系列的复杂需求。环评深度公众参与，是公众参与制度在环评文件编制阶段的强化与升级。① 是指对于需要编制环境影响报告书的建设项目，建设单位在环评文件编制的过程中，当出现公众对建设项目环境影响方面质疑性意见较多的情形时，召开座谈会、听证会或专家论证会，对公众质疑性意见进行集中解答，并对合理的公众意见进行采纳的制度。②

（一）环评深度公众参与的必要性与可行性

首先，在公益型环评公众参与过程中引入深度公众参与具有必要性。自从我国 2002 年《环境影响评价法》确立了公众参与制度后，2006 年《环评公众参与暂行办法》的制定使得环评公众参与之主体、参与范围和参与方式等方面有了可操作的法律规范，这对于提高环评行为的科学性和民主性，都发挥了重要的积极作用。然而，经过十多年的法律实践，公众参与制度的实践出现了一些问题：

第一，公众参与形式化现象严重，难以真正实质性地参与到该过程中来。实践中，公众参与的方式种类繁多，比如信息公告、调查问卷、电子邮件或热线电话等方式。但若公众质疑性问题较多，这些方式则难以集中进行解决。第二，建设单位无从下手或表现出较大的任意性。《环境影响评价法》和之前的《环评公众参与暂行办法》对何时开展座谈会、听证会和论证会并没有进行具体规定，建设单位完全根据自己的意愿决定是否举行。③ 若建设单位为了节省时间不组织开展该程序，或是仅停留于形式表面，那么公众的私人利益和环境公益则难以获得保障。第三，公众参与耗时长，参与效率低。在过去的环评公众参与中，并没有对建设单位所要解决的问题进行严格区分，任何类型的大小问题一起解决严重消耗建设单位的精力，造成参与过程的回应质量下降和时间成本的增加。第四，公众

---

① 此处的环评深度公众参与，是从程序的特殊性来对公众参与进行的界定，并不同于一般意义上的公众积极参加环境保护。

② 《建设项目环评分类管理名录》中，根据建设单位可能对环境造成的影响，规定分别编制环境影响报告书、环境影响报告表或填报环境影响登记表。

③ 通过对国务院生态环境部门于 2018 年 1 月至 9 月收到提交审批的环评报告书进行整理，发现在包含公众参与内容的环评报告书中，100% 的项目公众参与形式包含公告、调查问卷，20.6% 的项目公众参与包含了座谈会形式，鲜少有听证会、专家论证会的参与方式。

参与能力不足，难以把握机会进行充分参与。① 主要表现为，对举行的座谈会、听证会和论证会的内容以及相关法律规范和专业知识不了解，表达意见过程毫无头绪，难以提供有效意见进而获得相关解答。② 正是基于对以上公众参与制度缺陷的考虑，同时兼顾行政审批改革的效率要求，结合公众关注程度及建设单位公众参与成本承担能力等，《环评公众参与办法》的修订，引入了深度公众参与制度，力图在程序上分类处置、逐步深入，提高环评文件编制与审批的效率。③

其次，在公益型环评公众参与过程中引入深度参与具有可行性。第一，深度公众参与程序的完善。2006 年《环评公众参与暂行办法》就已经规定了座谈会、听证会及论证会这些深度公众参与的方式和类型，但并未对每种参与方式所要解决的问题种类作出明确的区分。经过十多年的工作实践经验总结后，2019 年《环评公众参与办法》将公众参与的方式进行了划分，既明确了深度公众参与过程所要解决的问题种类，也具体规定了每种参与方式的流程，进一步提高了环评公众参与的效率。深度公众参与程序的完善，在满足更多公众需求的同时，进一步提高了公众参与程序的积极性和透明度，从而为公益型环评公众参与的引入与实施提供了程序基础。第二，公众参与能力及热情的提升。2015 年《中国城市居民环保意识调查》显示，愿意为环保组织捐款和做义工的比例分别为 57.1% 和 67.8%。④ 2017 年度《中国城市居民环保意识调查》显示，超过 75% 的公众希望在环保过程中贡献出自己的力量，90.3% 的公众支持垃圾分类工作的开展，愿意为环保捐款和做义工的比例分别为 71.1% 和 78.7%。⑤ 2017 年的这几组数据在 2019 年《中国城市居民环保意识调查》中进一步提升，分别上升为 80%、94.6%、73.2% 和 82.7%。⑥ 而在 2007 年《中国公

---

① 朱谦：《环境公共决策中个体参与之缺陷及其克服——以近年来环评公众参与个案为参照》，《法学》2009 年第 2 期。

② 朱谦：《公众环境行政参与的现实困境及其出路》，《上海交通大学学报》（哲学社会科学版）2012 年第 1 期。

③ 环境保护部：《〈建设项目环评公众参与办法（征求意见稿）〉修订说明》，http：//www.chinaeia.com/xwzx/22356.htm。

④ 姜澎：《上海交大发布〈2015 中国城市居民环保意识调查〉》，中国社会科学网，http：//www.cssn.cn/dybg/gqdy_sh/201507/t20150728_2097430.shtml。

⑤ 李玉：《上海交大发布 2017〈中国城市居民环保意识调查〉报告》，中国社会科学网，http：//ex.cssn.cn/gd/gd_rwhd/gd_zxjl_1650/201709/t20170921_3648038.shtml。

⑥ 唐奇云：《上海交大发布 2019〈中国城市居民环保意识调查〉报告——建议引导公众参与环境治理》，央广网，http：//www.cnr.cn/shanghai/tt/20191016/t20191016_524818027.shtml。

众环境意识调查》报告显示，对垃圾分类有所耳闻的公众占66.3%，愿意用行动支持垃圾减量和垃圾分类的比例更低。其中，愿意对废旧电池分类投放及注意减少使用塑料袋和一次性餐具的比例分别为38.6%、22.1%和32.8%。[①] 由此可以看出，2007—2019年，公众参与环境保护的比例大幅度提升。随着环境科学的发展和环境教育的普及，环境保护已经成为全社会的共同口号，公众环境保护意识、兴趣和能力显著提升。

（二）环评深度公众参与特性之体现

根据我国《环评公众参与办法》的规定，环评深度公众参与具有以下特征：

其一，项目类别及程序具有特定性。深度公众参与程序的启动条件和参与程序类型都具有明确的规定。在2006年的《环评公众参与暂行办法》中，并没有对开展座谈会、论证会和听证会的条件分别作出规定。根据《环境影响评价法》第16条和第21条，深度公众参与程序通常要满足该类项目属于"可能对环境造成重大污染，需要编制环境影响报告书"的情形。与此同时，《环评公众参与办法》第14条规定，深度公众参与程序的启动条件通常是公众的质疑性问题较多，且集中于环境影响方面。若公众质疑性意见较少且较为简单，通过对个别公众告知可以轻易地解决，就不需要进行深度公众参与。深度公众参与程序包括座谈会、听证会和论证会三种，且触发条件也各不相同。

其二，建设单位解答范围仅限于环境影响方面。根据《环评公众参与办法》第30条，若意见只是单纯涉及环评以外的问题，则不属于深度公众参与之列。与此相对应，该阶段的座谈会、听证会、论证会解答的范围也仅限于环境影响方面。制定深度公众参与程序，专门用于公众关于环境影响方面质疑性意见较多的情形，并不意味着对质疑性意见较少时的公众意见的不重视，或是对环评以外意见的忽视。相反，正是出于对公众意见的尊重，才能使意见较少时，公众通过其他途径快速获得问题的解决办法。而且，若公众质疑性意见较为重大，通过深入的互动交流，能够更全面地解答公众疑问。

其三，解决的问题更加明确和深入。深度公众参与，不是环评公众参

---

① 中国环境意识项目办：《2007年全国公众环境意识调查报告》，《世界环境》2008年第2期。

与中的必要选择，而是专门解决"疑难杂症"的程序。使公众与建设单位获得充分的交流，进而取得一定程度的社会认同。① 这种公众参与程度的加深，能够使公众对参与结果有着更强的掌控力，提高参与的有效性。② 在过去的公众参与中，虽有座谈会、听证会和论证会这些形式，但并没有对该程序中所要解决的内容进行明确。这次环评深度公众参与程序，专门对三者所要解决的问题进行了阐明。将争议问题分门别类进行解决的方式，不仅使建设单位对该问题的阐释更为系统和深入，也能够使公众获得与建设单位更加透彻的信息互动与交流。③

（三）肩负不同使命的深度公众参与方式

与以往相比，《环评公众参与办法》并没有针对深度公众参与设置新的参与方式。不过，其对深度公众参与程序的种类进行了限定，包括座谈会、听证会和论证会三种，并对其赋予了明确的含义。

环评座谈会是指在环境影响评价过程中，为了征求公众意见，建设单位或者环评审批单位通过组织召集会议，向公众解释建设项目有关信息及环评状况，接受公众质疑和疑问，以及向公众作出解答的过程。座谈会一般又称为"群众座谈"。这种方式下，组织者与公众之间进行沟通交流的氛围较为宽松、简单和随意。④ 环评座谈会根据建设项目环评开展的进程分为两类，分别是环评编制阶段由建设单位组织的环评座谈会和环评审批阶段由审批部门组织的环评座谈会。座谈会讨论的内容主要围绕环境影响预测结论、环境保护措施以及环境风险防范措施等方面。与编制阶段的座谈会相比，审批阶段的座谈会中会议的组织者、主持人及记录人等发生了变化，会议组成主体由"建设单位—公众"转变为"环评审批部门—公众—建设单位"。虽然《环评公众参与办法》在规定公众参与方式时，仅对环评编制阶段由建设单位组织的座谈会作出了具体规定，对审批阶段座谈会的开展未作明确，但是座谈会作为一种简单方便的公众参与方式，在环评审批阶段应当同样参照适用。而且，这种方式在实践中较为常见，操作简便，减少了组织者的程序负担，参与机会的普遍性降低了公众参与门槛。

① 王锡锌：《利益组织化、公众参与和个体权利保障》，《东方法学》2008年第4期。
② 龚文娟：《环境风险沟通中的公众参与和系统信任》，《社会学研究》2016年第3期。
③ 锡兵：《环评有问卷，民众"被投票"》，《人民日报》2014年4月30日第5版。
④ 王锡锌主编：《行政过程中公众参与的制度实践》，中国法制出版社2008年版，第9页。

　　环评听证会是由建设单位或环评审批部门在环境影响评价过程中组织的会议，目的在于针对评价特定事项进行陈述、辩论和提问，以解答公众质疑。听证制度是指在行政机关立法或作出重大决策前，为维护各方利益，听取相关方提出具有证据性质的意见的制度。环评听证会分为两类：一是建设单位组织的环评编制阶段听证会，二是审批部门组织的环评审批阶段听证会。虽然其解决的问题与环评座谈会类似，但听证会的程序更为严肃、复杂。这一制度源自英美国家，模拟司法审判过程，对主持人、记录人等有严格要求，并实施回避制度。会议流程稳定，发言主体、内容、时间受限，结束后形成完整发言记录。作为征求各方利益主体意见的方式，听证制度在行政机关立法和决策过程中发挥着重要作用，应用广泛。

　　环评论证会是指，建设单位或环评审批部门，通过邀请有关专家进行专业论证，对环评专业技术方法、导则、理论等专业问题进行解答的过程。"论证"包含断定一个或一些命题的真实性，通过推理确定另一命题真实性或虚假性的思维过程，或者针对某项工作进行论述并证明。①需要相关领域的权威专家、学者，利用丰富的专业知识和经验，对公众疑问进行解答，进而探讨问题的本质、共识和解决方案。环境影响评价过程中的论证会也可以分为两类，分别是环评编制阶段由建设单位组织的环评论证会和环评审批阶段由审批部门组织的环评论证会。与座谈会和听证会相比，论证会解决的问题涉及更专业的领域，对参与者的专业知识和背景要求更强。

　　通过以上分析，对环评深度公众参与方式作出以下归纳。一方面是疏解公众关于环境结论及建议性质疑的座谈会和听证会。根据《环评公众参与办法》规定，建设单位应当以开展座谈会或听证会的方式，对集中于"环境影响预测结论""环境保护措施"或者"环境风险防范措施"等方面的公众质疑性意见进行解答。从性质上来看，"环境影响预测结论""环境保护措施"和"环境风险防范措施"均属于环评过程所得出的结论以及建议。因此，当公众对环评结论与建议有较多争议的，则通过座谈会与听证会的方式进行。另一方面是消除公众专业性质疑的论证会。②《环评公众参与办法》规定，当公众意见集中于"环评相关专业技

---

① 夏征农、陈至立主编：《辞海》（第六版），上海辞书出版社2009年版，第1477页。
② 参见杨成虎编著《政策过程中的公民参与》，天津人民出版社2015年版，第128页。

术方法、导则、理论等方面的，建设单位应当组织召开专家论证会"。对于专业性较强、有必要邀请专家进行解答的情形，则需要通过论证会的方式。公众参与方式选择的流程如图 4-1 所示。

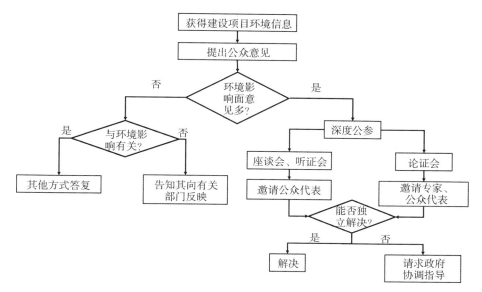

图 4-1　公众参与方式选择流程

《环评公众参与办法》通过列举的方式，阐明了各种深度公众参与方式下所要解决的问题。需要注意的是，若公众对除环境影响评价外的其他方面有较多的质疑性意见怎么办？解决这些问题需要进一步明确：深度公众参与程序本身就是为了解决公众关于环评的质疑性问题，并希望通过该程序的开展，化解公众与建设单位之间的纠纷。公众质疑性问题较多的，应仔细分析并及时进行深度沟通。与此同时，并不是说公众对于其他方面质疑性问题较多时就不再展开深度公众参与。《环评公众参与办法》虽然通过列举的方式分别对座谈会、听证会和论证会所要解决的内容进行了明确，但也留出了开放性的解释入口。《环评公众参与办法》第 14 条对座谈会、听证会和论证会所要解决的内容进行列举后，用"等"字对未列明的事项进行了概括。其中，既包含了与"环境影响预测结论""环境保护措施"和"环境风险防范措施"相并列的环境影响评价具体内容的其他事项，也包含了与"环评相关的专业技术方法、导则、理论"相并列的其他环评专业技术性问题。需要注意的是，深度公众参与方式所解决的内容是有限的。不论是通过哪种方式进行深度公众参与，其争议的焦点都会围绕该建设项目所带来的"环境影响"展开讨论,对于"环境影响"以外的其他问题,并不属于环评深度公众参与程序的主要任务,可能需要通过其他途径进行解决。《环评公众参与办法》通过区分深度公众参与和普通公众参与为深度公众参与设计了详细的流程和方法,旨在简化并优化公众参与的过程。但在实际操作中,由于问题的复杂性、利益相关方的多样性以及公众意见的差异性等因素,深度公众参与的实施过程的复杂性也不容忽视。

（四）深度公众参与的实践分析

深度公众参与程序开展过程中,普遍存在公益型环评公众参与不足的现象。主要体现为以下几个方面:一是规范化后公众参与方式和解决问题的范围较为有限。长期以来,环评公众座谈会和听证会是为了让公众就环保项目或政策表达意见和提问,但过程中常出现公众问题重复、水平不一或无关现象。这导致实际工作中,解答问题所需时间和精力增加,且回答往往不够深入,部分问题也难以得到满意解答,公益型环评公众参与难以获得保障。为进一步提高会议效率,可尝试提前发布会议议程,引导公众提问,并对参会公众进行提问培训。会议组织者应更加注重问题筛选和分类,确保问题与主题相关,提高解答质量。同时,程序开始前,对公众环境影响方面的质疑性意见进行判断,若不涉及环境专业技术方面,则需要座谈会或听证会;否则,则开展论证会。尽管座谈会和听证会在环评公众参与中所要解决的问题内容一致,但座谈会更注重意见的交流与协商,而听证会则更侧重于意见的听取和审查,二者存在明显的区别:第一,程序的复杂性不同。与听证会相比,座谈会没有严格的程序性要求,对参会人员数量也没有特别的限制,是建设单位在宽松氛围下完成对公众的答疑解惑。而听证会则程序性较强,听证会有专门的听证主持人、严格的步骤要求、相关人员的回避制度、人员数量要求等。第二,会议记录的作用不同。在听证会中,需要有专门人员进行会议记录,由各方进行确认并签名。该记录还可作为建设单位对公众意见是否采纳的依据。而座谈会的会议记录只是一种过程性要求,以留作档案备份。

二是参与成本进一步提高。通过对公众意见进行分门别类,采用不同类别的公众参与方式,使公众问题能够得到更具有针对性和更专业的解答,但不一定会降低参与成本。按照之前的程序规定,由于针对公众问题未作明显划分,围绕公众所提出的问题,解答可能来自多方主体。目前将专业问题和非专业问题的解决程序分开之后，由于采用深度公众参与的建设项目，通常公众与建设单位之间矛盾比较大，公众若要获得对该事件的全面理解，可能需要分别参加不同程序。即使各种程序之间并不是互相排斥的，但为了解决公众各种类型的问题，需要建设单位在举行座谈会、听证会的同时开展专家论证会。这不仅意味着对公众的参与素质和专业素养提出了更高的要求，也意味着参与程序的复杂性提高。因开展深度公众参与需要建设单位投入一定的人力和物力，因此该程序的开展受到建设单位自身经济实力的影响。特别是公益型环评公众参与的开展，提高公众参与透明度的同时，参与成本方面也面临一定的挑战。

三是公众参与过程的刻板印象导致建设单位或审批部门对公益型环评公众参与的排斥。在过去的环评公众参与实践中，公众对环境影响评价内容和参与程序等相关领域缺乏了解，导致沟通困难和不畅通现象。公众普遍缺乏环境影响方面的专业知识，即使建设单位加大信息公开并提供相关帮助，但是在专业方面公众仍然处于劣势。[1] 在一些情况下，公众还被贴上"参与能力和素质低"和"添乱""搅和"的标签。[2] 而公益型环评公众参与程序的开展需要引入更多的公众参与到该过程中，见证并影响公众参与的进度，容易导致建设单位和审批部门的排斥。有必要说明的是，环评过程中，可通过论证会的开展解答公众对专业性问题的疑惑。包括专家对晦涩的专业术语和原理的解释，对项目的科学性的证明等。《环评公众参与办法》明确公众代表在论证会中的参与方式是"列席"。这种"列席"的规定，不同于座谈会和听证会中的"参加"。意味着在该程序中，由论证会组织者和专家进行主导，法律保障了公众代表能够"出现"在论证会中，但其"表达"并不一定能够保证。为了保证技术运用的科学性，对于技术方法、环评标准及理论方面的专业知识与专业技术问题，需要建设单位邀请相关领域的专家进行解答。将科学技术术语转换为通俗语言，为公众所熟知，可以防止公众参与被技术垄断。[3] 否则，技术论证将可能会成为阻碍公众参与的一座大山。[4] 其实，之所以在论证会中只规定了公众列席，是考虑到论证会不同于座谈会和听证会解决公众与企业之间

①　姜明安：《公众参与与行政法治》，《中国法学》2004 年第 2 期。
②　孙秀艳：《公众深度参与正当其时》，《人民日报》2015 年 4 月 25 日第 10 版。
③　张丽娟、吴致远：《技术的公众参与问题研究》，《广西民族大学学报》（哲学社会科学版）2016 年第 2 期。
④　蔡定剑：《公众参与及其在中国的发展》，《团结》2009 年第 4 期。

矛盾的目的。论证会是在科学方式的指引下，作出正确的决策，并不包括对各种利益的协调。但是，随着社会公众素质的普遍提高，特别是公益型环评公众参与的引入，公众对环评提出专业性意见不足为奇。例如，在项目环评过程中，公众往往能够提出一些针对性建议。[①] 但是，专家的参与往往是受一方的邀请，该科学结论的背后也可能代表某一方的利益。如果不允许公众在一定条件下进行互动，专家意见的中立性也难以保证。

（五）批判与改进：深度公众参与方式达标的检验标准及完善

在二元利益融合下的深度公众参与过程中，"深度"二字的强调，就是为了提供公众良好的参与渠道，避免公众参与不充分现象的出现。为了使程序满足公众的深度需求，该程序应当满足以下标准。

1. 标准一：激励引导——增强深度公众参与程序中公众的积极性

环境的公共物品属性，是公众参与积极性不足的原因之一。除此之外，由于公众对能否参加到该程序中，以及自身能否对该建设项目造成影响处于一种未知的状态，也会降低公众积极性。[②] 加之虚假公众参与的大量存在，公众并不认为自己的参与行为能够对环评带来实质性的影响，参与热情也逐渐减弱。为了应对公众环评参与积极性的不足，需要环评公众参与制度在以下几个方面作出进一步的努力：

首先，引导公众积极参与环评程序。政府环保部门和建设单位可以做好公众参与宣传工作。加大环境信息公布，可以使公众参与有充分的行使空间，并吸引更多潜在的公众参与到该过程中来。[③] 深度公众参与和一般的公众参与程序相比，需要公众消耗更多的时间和精力。这就意味着与一般的参与程序相比，深度公众参与需要公众支出更多的参与成本。一部分公众出于成本考虑，就会怠于参加到该过程中。此时，在公布环评信息的同时，还需要对公众参与进行动员。大部分公众对参与的过程与技巧并不了解，环评公众参与程序组织者为公众提供相关信息时，可附随性提供相关专业帮助。[④] 这就需要环保部门和建设单位对该过程所要解决的主要问

---

① 龚岸：《环保部拟审查七项工程环评，赣深高铁曾收到 7 个团体反对意见》，https://www.thepaper.cn/newsDetail_forward_1547376。

② See Adam N. Bram, "Public Participation Provisions Need Not Contribute to Environmental Injustice", *Temple Political & Civil Rights Law Review*, Vol. 5, No. 2, 1996, pp. 157-159.

③ See Ernest Gellhorn, "Public Participation in Administrative Proceedings", *Yale Law Journal*, Vol. 81, No. 3, 1972, p. 399.

④ 章志远：《价格听证困境的解决之道》，《法商研究》2005 年第 2 期。

题进行说明，并详细介绍公众在该过程中可以行使的权利。使公众能够更加直观地预判参与该过程可能对自身利益和环境公共利益所带来的影响，以便增强参加过程的主动性。

其次，增强参与形式的灵活性。参与方式过于僵化会限制公众的意见表达，也会缩小公众与建设单位自由讨论的空间。若自身表达的内容和观点被组织者预设，则有效参与性将会降低。也无法使公众获得平等的地位，从而参与该过程的互动。① 在深度公众参与程序中，虽然已有会议议程对程序内容作出说明，但是，并不意味着公众不可提出其他相关意见。建设单位应当为公众提供可以自由提出与主题相关问题的时间，并针对所提出的问题予以解答。

最后，吸收环保团体的力量。其实，公众在参与过程中的作用是不容小觑的。例如，在深圳西部通道案例中，公众参与意识强烈，并通过自测的方式提出科学性意见。② 但这样的情形实属少例，因环评的专业技术性，大部分公众难以发现环评报告书中的问题。专业技术问题往往有庞大的数据支撑，这是公众个体难以做到的。即使可以，也会消耗大量的时间和精力，其自测的信息也未必可以直接作为数据支撑依据，仅代表个人意见。③ 而环保团体可以凝聚各类环保爱好者的力量，为环境保护提供更多的资金和技术支持。环保组织在环保知识、理念宣传和环保教育工作上具有重要意义。④ 在选择公众代表时，建设单位也应当重视环保组织的作用。⑤

2. 标准二：及时回应——民主与法治的当代需求

及时回应是对公众权利的尊重与保障，也是协商式民主的要求。⑥ 在深度公众参与中，公众作为积极参加者，与旁观者不同。在该过程中，公众可以切实行使自己的权利，从而对该进程和结果产生一定的影响。提出

---

① 邓佑文：《行政参与的权利化：内涵、困境及其突破》，《政治与法律》2014 年第 11 期。

② 曹筠武：《流产的第三方环境测评》，《南方周末》2004 年 11 月 25 日第 B13 版。

③ 金自宁：《跨越专业门槛的风险交流与公众参与透视深圳西部通道环评事件》，《中外法学》2014 年第 1 期。

④ 李永杰：《论民间环保组织的环境教育功能——以"自然之友"为例》，《福建行政学院学报》2017 年第 6 期。

⑤ 鉴于环保组织的重要作用，法律已经允许符合一定条件的环境组织提起环境民事公益诉讼。

⑥ 王锡锌：《公众参与：参与式民主的理论想象及制度实践》，《政治与法律》2008 年第 6 期。

意见后获得回应或采纳，也是参与权的内容之一。[①] 与此相对应，建设单位进行公告时，还应注意对公众意见予以回应的公开性，在建设单位与公众之间形成有效互动。

为了保证疑有所答，《环评公众参与办法》已经作出了规定。《环评公众参与暂行办法》第 17 条规定了建设单位应当对公众意见进行考虑。但是，建设单位考虑哪些因素，采纳公众意见的种类，以及采纳之后是否对之前的环境影响报告作出实质性的变动仍不清楚。《环评公众参与办法》对建设单位应当考量的因素和作出的反馈予以了明确。《环评公众参与办法》第 18 条第 2 款规定，建设单位采纳合理意见时考虑的因素包括"建设项目情况、环境影响报告书编制单位或者其他有能力的单位的建议、技术经济可行性等因素"。而且，在采纳该意见之后，建设单位还应当"组织环境影响报告书编制单位根据采纳的意见修改完善环境影响报告书"。该规定表明，公众提出的与建设项目环境影响有关的合理意见，会对环境影响报告书的编制产生实质性的影响。不论该意见是否被采纳，建设单位都应当给予回复，并对采纳情况予以详细说明。《环评公众参与办法》在以前对采纳情况公告说明的基础上，增加了建设单位的主动告知义务。对意见未被采纳的公众，若其提交意见时提供了联系方式，建设单位应当主动进行联系并告知理由，从而体现建设单位对公民权利行使的尊重与保障。[②] 按照 Arnstein 教授的公众参与阶梯理论，对结论的作出具有实质性影响的公众参与才是具有意义的。[③] 在形成的环评文件中，应当明确说明结论作出过程中所考虑到的公众意见内容。

3. 标准三：强化监管——畅通深度公众参与的监督渠道

因深度公众参与过程发生在环评文件编制阶段，环保部门一般在该过程中不会提前介入。不过，环保部门可以在审批阶段加强对建设单位的监管。根据环境法律规范，建设单位在开展深度公众参与程序过程中，应做到公平、公正，保障公众的权利得到实现。在该项目被报批之前，建设单位应当通过网络平台公开环评报告书全文和公众参与说明，保障公众知情权。若公众知情权和参与权受到侵犯，可向环保部门举报。环保部门接到

---

① 邓佑文：《行政参与的权利化：内涵、困境及其突破》，《政治与法律》2014 年第 11 期。

② 叶俊荣：《环境政策与法律》，元照出版有限公司 2010 年版，第 217 页。

③ See Sherry R. Arnstein, "A Ladder of Citizen Participation", *Journal of the American Institute of planners*, Vol. 35, No. 4, 1969, pp. 216-224.

举报之后，应当立即审查建设单位弄虚作假和侵犯公众参与权的情形，对公众举报内容进行核实。发现举报情况属实的，根据建设单位的违法情节作出相应的处罚。若建设单位未充分征求公众意见，还会面临被退回环境影响报告书的风险。公众提供具体联系方式的，环保部门必要时应主动联系并告知公众该案的处理结果。发现公众参与有严重失实的，该建设单位的法定代表人和主要负责人会被记入环境信用记录，并向社会公开。

虽然根据我国法律规定，公众目前并没有作为环境行政公益诉讼的原告资格，但并不意味着在未来公众不可以提起环境行政公益诉讼。根据《环评公众参与办法》，环保部门对公众参与程序具有监督的义务。当审批部门发现建设单位未充分征求公众意见时，责成建设单位重新征求公众意见，退回环境影响报告书。优化公众司法监督渠道后，若环保部门不积极进行审查，接受公众举报后仍然对该项目进行审批，那么，公众应当具有直接向法院提起诉讼的权利。

此外，环评深度公众参与过程中所要解决的问题是有限的，即仅局限于环境影响方面。根据《环评公众参与办法》对于公众质疑性内容的规定，环评工作的初始阶段并不会形成相关结论，所以深度公众参与程序开展时需要部分或全部完成环评文件的初次编制工作。为了畅通环评深度公众参与的开展，对于 PX 项目、垃圾焚烧厂等敏感类建设项目，还需要有与该程序相衔接的其他矛盾纠纷解决渠道。

三　公益型环评公众参与方式的多样化

座谈会、听证会和论证会这些深度公众参与方式虽然能够集中解决公众质疑性问题或疑问，但会消耗大量时间和精力，影响公益型环评公众参与的积极性。为了降低环评公众参与门槛，可采取更为便捷的参与方式。例如，通过网络平台的优化实行公众信息沟通与交流以及多方互动，促进公众对环评的理解，从而在不同思想火花碰撞下快速集思广益并增强环境公益保护。①

《环评公众参与办法》规定，环评公众参与应采取便利性原则。便利性原则即要求环评公众参与的方式及程序应当采取有利于公众的方式进行。具体包括环评信息公开方式有利于公众获取、环评公众参与程序有利

① 参见蔡欧晨《网络信息技术应用于环评公众参与的可行性研究》，《中国人口·资源与环境》2014 年第 S2 期。

于公众发表意见等。因此，不论是通过网络发布信息公开征求公众意见，通过座谈会、论证会和听证会的召开进行深度公众参与，还是进行全过程的环境监督，环评公众参与组织者应当注意信息发布是否符合公众信息获取习惯，以便公众获取到相关信息，并进一步作出有关反馈。根据 2019 年 CNNIC 发布的第 44 次《中国互联网络发展状况统计报告》，截至 2019 年 6 月，使用手机、电视、台式电脑、笔记本电脑、平板电脑上网的比例分别为 99.1%、33.1%、46.2%、36.1% 和 28.3%。与此同时，根据工信部的数据，在 2019 年上半年，移动互联网接入流量同比增长 107.3%。① 由此可见，在进行互联网的普及上，用手机上网的方式越来越普遍。从截至 2019 年 6 月份统计到的数据来看，互联网用户使用网络新闻的规模为 6.86 亿，手机互联网用户使用网络新闻的用户规模为 6.6 亿。因此，在进行信息发布及沟通时，除采用传统的电脑网页版本进行信息发布与意见采集之外，还应当采用手机客户端信息推送的方式，以便公众按照生活习惯在浏览信息时，及时获取建设项目环评信息，以及填报相关意见。但是，网络征集公众意见也有其局限性。数据显示，10 岁以下、20—29 岁、30—39 岁和 40—49 岁、50—59 岁、60 岁及以上的网民比例分别为 4.0%、24.6%、23.6% 和 17.3%、6.7% 和 6.9%。虽然中青年群体为网络用户的主力军，但对于一个区域中的环境状况变化来说，老年人基于其丰富的经历和阅历，对一个区域中的环境状况可能有着更深刻的了解。而该项数据显示，老年用户的网络使用率仅为 6.9%。② 其实，随着医疗事业的发展和生活水平的提升，世界卫生组织（WHO）对老年人年龄的判断标准逐渐提高，在公共事务处理过程中，老年人发挥的作用不可小觑。因此，根据中国目前发展状况，为了使信息发布与交流更符合公众信息获取习惯，除了以电脑网页版本方式发布之外，还应当通过手机信息予以推送。此外，还应当对以传统的信息公告栏进行公布的这种方式予以保留。

　　实践中，为了提高环评公众参与的便利性，一些地方强化了环境保护的公众参与的方式。深圳市法制办举行《深圳经济特区环境保护条例（修订征求意见稿）》立法听证会时，采用网上听证方式，近百名网友通

---

① 具体可参见 2019 年 8 月《第 44 次中国互联网络发展状况统计报告》。
② 本书对于老年人年龄的起算标准是采用的我国《老年人权益保障法》中规定的 60 周岁。此外，世界卫生组织将老年人界定为 75 岁以上，而 60—74 岁的为年轻老年人。

过市法制办微信公众号参与听证。为了加强对公众环境利益的重视，生态环境部进行了"漠视侵害群众利益问题"的专项整治活动。在活动期间，生态环境部增加了在周六、周日的人工电话接听服务，并且在官网上开设专栏。不仅使公众在有环境方面的问题和质疑时及时获得解答，而且这种全透明的信息公开制度，在增强有关单位和部门环境压力的同时，有利于提高执法效率和执法水平。[①] 通过司法改革，我国目前建立了庭审直播制度。通过专门的"中国庭审直播公开网"，通过点击自己想要了解的法院直播链接，就可以实时观看到庭审过程网络直播。这不仅有利于公众及时了解案情进展，还有利于公众学习诉讼审判流程。在环评公众参与过程中，对于涉及垃圾焚烧站、PX项目等公众较为敏感的建设项目，在开展座谈会、听证会或者论证会的过程中，也可借鉴这一方式，实现环评公众参与实时公开。[②] 那么，组织座谈会、听证会或论证会的建设单位需要事先获得当地政府的审核批准，并统一在当地政府官网进行视频直播。组织座谈会、听证会或论证会的环评审批部门则需要获得上级生态环境主管部门的审核批准，在审批部门官网进行视频直播。通过对环评公众参与程序进行视频直播这种方式，可以防止公众参与弄虚作假现象的发生，确保在会议举行过程中公众质疑能够获得及时解答，公众所提出的意见能够获得仔细考量与平等对待，增强公权力机关的公信力。不过，在网络视频直播过程中，为了保证视频直播的效果，也需要技术人员进行操作。建设单位实力存在参差不齐的情况，在环评编制阶段的公众参与进行网络视频直播，建设单位未必都有这种实力。环评审批部门作为公权力机关，在处理公共事务过程中经验更加丰富，还能够请求有关部门的帮助。因此，环评审批部门针对公众有较大争议的建设项目，应主动申请进行网络视频公开。因此，对环评公众参与会议过程进行网络视频直播，可以作为一种倡导性义务进行规定。建设单位和环评审批部门根据自己的实力，以及公众对该建设项目意见的大小和多少来灵活选择网络视频直播或其他公众参与方式。

---

① 参见生态环境部网站，http://www.mee.gov.cn/home/ztbd/rdzl/msqhqzlywtzxzz/。

② 在2007年厦门PX项目座谈会中已经有现场转播的经验。该座谈会的参会人员高达200余人，有市民代表、人大代表和政协委员。除本地媒体外，还有来自中央和外地的媒体记者。由于场地的限制，在开展座谈会过程中，外地记者被安排在会议隔壁看即时转播。参见朱红军《"我誓死捍卫你说话的权利"——厦门PX项目区域环评公众座谈会全记录》，《南方周末》2007年12月20日第A02版。

除此之外，在引入公益型环评公众参与的过程中，在对建设项目环评信息进行公开时，为了更好地接受来自环保组织、有关单位和其他公众个人的意见，可适当拓宽建设项目环评信息公布平台。第一，拓宽信息公布的方式及网站类别。目前《环评公众参与办法》规定了建设单位的三次信息公开，环评审批部门的两次信息公开。不过，在这几次环评信息公开中，《环评公众参与办法》对每次信息公开所要求的环评信息公开的方式并不相同。不同的信息公开方式及渠道则对公众的影响力有所区别。为了让公众更早地注意到环评信息，拥有更多的准备时间，应当尽早地扩大环评信息的传播范围。建议在第一次公布有关信息时，除了《环评公众参与办法》中规定的几种网站平台之外，同时将环评信息一同公布专门的环评信息交流平台，并在环保组织交流平台中一同公布。① 根据公众目前获取信息的方式，建议将《环评公众参与办法》第 11 条第 2 款中规定的通过"广播、电视、微信、微博"等新媒体公开方式进行信息公开这种选择性适用条款，改为强制性适用条款。② 第二，建立统一且向公众开放的建设项目环评信息公布平台。随着 2016 年 11 月《建设项目环境影响登记表备案管理办法》（环保部令第 41 号）的通过，目前我国已经建立了统一的建设项目环境影响登记表备案系统。在该系统中，公众可查看各省份登记的建设项目环境影响登记表的有关信息。与此同时，建议建立一个专门统一的平台，专门公布环境影响报告书和报告表的相关内容，并包含公众互动沟通的窗口。需要注意的是，与填报登记表不同，编制的环境影响报告表和报告书需要经环评审批机关进行审核。因此，其信息公布程序将更为烦琐。目前对于环境影响报告书和报告表的公开情况较为全面的平台是各级生态环境主管部门的官方网站。且由于各级环保部门网站页面布局存在差异，其查询方式也有所不同。建立统一的环境影响报告书和报告表公开平台，则可降低公众信息查询难度，更有利于环评信息的传递。第三，建议将较为敏感或者易引起公众参与兴趣的建设项目环评信息向其他环境保护爱好者和与环评相关的各领域有关单位、专家和有关群体进行发送，提高项目的关注度。

---

① 《环评公众参与办法》第 9 条规定的信息公开的三种网络平台为："建设单位网站""建设项目所在地公共媒体网站"和"建设项目所在地相关政府网站"。

② 《环评公众参与办法》第 11 条第 2 款："鼓励建设单位通过广播、电视、微信、微博及其他新媒体等多种形式发布本办法第 10 条规定的信息。"

第三节　二元利益融合下的环评公众参与程序

确定了二元利益融合下的环评公众参与主体及方式之后，应当进一步明确环评公众参与的程序。目前的参与体制已经对私益型环评公众参与程序作出规定，缺乏公益型环评公众参与的具体规定。本部分从以下几个方面建议完善环评公众参与程序，以便公益型环评公众参与程序的展开。

一　信息公开方式凸显公益型环评公众参与

公益型环评公众参与的主体往往处于环评范围外，是否有机会参与到环评过程中来较大程度地依赖于对建设项目环评信息的获取。环评信息的公开性越强、范围越广、内容越具体，越有利于公益型环评公众参与的开展。

根据公众现有的信息获取习惯，《环评公众参与办法》强化了网络平台这种环评信息公开方式。网络平台是公益型环评公众参与主体获取建设项目有关信息最方便、最快捷的一种方式。利用网络对建设项目环评信息进行公开，能够使更多的人注意到该项目的有关信息。这种环评信息公开方式既是法定的，也是必不可少的。同时，在环评深度公众参与中，企业的环境信息披露义务也逐渐完善。[①] 建设单位和审批部门在组织环评公众参与过程中，不能以任何理由作为不进行网络信息公开的借口。例如，在"耿宏旭、陈照辉、胡洪军与洛阳市环境保护局环境行政管理纠纷"案件的二审过程中，河南省洛阳市中级人民法院认为，被上诉人洛阳市环境保护局在受理环评报告后，未能在其政府网站或者采用其他便于公众知悉的方式，公告环境影响报告书受理的有关信息，并确保公开的有关信息在整个审批期限均处于公开状态。所以，其程序上存在瑕疵。虽然被上诉人以成立时间较短尚未建立官方网站为由，采用了张贴信息公示的方式进行信息公布。但由于这种方式不能证明信息告知的充分性，撤销了河南省洛阳市老城区人民法院作出的〔2014〕洛行初字第 4 号行政判决。[②] 因此，公

---

① 相关数据可参照公众环境研究中心（IPE）的研究报告：《蓝天路线图 5 期—秋冬季污染反弹考验"差别化"管理》，报告内容显示出企业逐渐积极配合信息披露工作。

② 《耿某某、陈某某、胡某某与洛阳市环境保护局环境行政管理纠纷二审判决书》（〔2014〕洛行终字第 121 号）。

益型环评公众参与网络交流方式应当注意以下几点：

首先，建设项目环评公众意见征集的标题应当醒目。在登录相关网站后，公众能够在网站上及时发现相关项目环评信息，或是专门的环评信息公示栏目。该网站的界面设计及排版应当能够给予公众直观的阅读享受，导航设计方式方便公众对建设项目环评信息的查找，突出对公众意见的征集及回复。为了增强信息的直观性，便于公众进一步理解，可将专业知识进行转化。灵活运用图片、动漫、视频等方式形成环评公众参与教育宣传手册或短片，并利用网络渠道形成广泛传播，使得环评公众参与能够有序、健康地发展。

其次，给予公众充分交流和互动的空间。《环评公众参与办法》中规定，对于公众意见较多的建设项目，将会组织座谈会、听证会和论证会的方式组织环评公众参与。该过程中应当对公众疑问进行充分的解答，形成"公众提问—组织者予以答复"的良性互动空间。我国目前环评公众参与过程中，虽然公众参与能力已有显著提升，但公众参与能力仍然存在一定不足，特别是涉及专业技术方面的一些问题。在实践中，经常会出现公众所提出的意见与环评公众参与要解决的问题无关的现象，意见内容并不涉及建设项目的环境影响方面。对于一些环境敏感类项目的建设，即使该项目的环评报告符合标准，也会因为邻避冲突的作用遭到公众的普遍反对。甚至在一些情况下，环评公众参与环节成为公众抒发不满情绪的窗口。因此，在环评互动与交流过程中，为了确保公众参与过程的顺利进行，还应当做好公众情绪的疏导工作。

最后，利用现有环评公众参与平台，实现公益型环评公众参与良好发展。近年来，在推动过程中，各地已普遍开通政务微博、微信平台、头条、抖音等，应当在此基础上充分发挥该平台的应有作用。在环评公众参与过程中，应当积极利用官方微博账号、微信公众号或头条号、抖音号，及时更新该建设项目的环评进展信息，并将相关的回应性意见及时进行推送。为方便公众意见的获取，还可以建立针对该建设项目的环评公众参与讨论微信群。在该微信群中，公众个人、有关单位或组织均可根据要求，直接在群内反映自己的意见，形成公众发言记录。特别是对于公众所提出的问题，在总结后形成回复意见，及时将该回复内容连同公众问题和意见一同予以全文公开。需要注意的是，在公开过程中，除了需要注意公众意见数量和态度外，还应当突出该过程公众意见内容，比如该意见主要集中的领域、内容的真实度和准确度、内容是否属于该建设项目所带来的环境影响所引发的问题等。在回复方式上，应当做到详略得当和避免答非所问。采用多种方式，向公众进行详细解答。对于与该项目环境影响无关的问题，需要明确告知该问题的解决途径。在回复内容上，避免含糊其词及避重就轻，防止重要公众意见被遗漏和回复含糊不清等现象发生。

二　深度公众参与代表之选择

在公益型环评公众参与过程中，公众都有参加环境保护的权利，但并不意味着都能够真正参加到环评深度公众参与程序中来。在深度环境影响评价中，需要建设单位或生态环境主管部门根据公众的申请，选出符合条件的公众代表。公众参与代表的选择将会影响到参与的效果，严格遵守公众参与代表的选择条件和程序，保证公众的参与权。具体来说，包括以下环节。

（一）公众申请参加深度公众参与

《环评公众参与办法》第 15 条第 1 款规定，决定召开深度公众参与程序的建设单位，需要提前发布信息公告。公告的内容中就包括可以申请作为深度公众参与代表的范围和条件，以及会议召开的基本内容和时间。如图 4-2 所示。

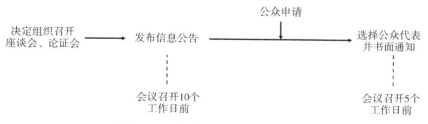

图 4-2　公众申请参加深度公众参与

公众需要关注建设项目动态，留意公告中深度公众参与的相关信息，查看建设单位的要求。若符合报名条件，则按照建设单位规定的报名方式填写深度公众参与报名表后予以提交。公众应当确保所填信息的真实性和有效性，方便后续建设单位向公众作出通知。同时，对于公众填写的信息，建设单位应当做到保密，防止因信息泄露对公众隐私权造成侵犯。

（二）建设单位选出公众代表

座谈会、论证会和听证会这三种公众参与方式，需要选择会议场所和会议日期，并受到会议经费的制约，因此对通过这三种方式开展环评公众参与时，会对其参与主体进行限制。选出公众代表，可避免人数过多影响程序的开展和交易成本过高。① 公众提交申请后，建设单位应当对提交成功的报名表仔细审核，谨慎筛选出合适的公众代表。② 不同生活环境、教育背景以及经济条件的公众代表着不同群体的利益。建设单位应当综合考虑，在各利益群体中选出具有代表性的公众。参考《环评公众参与办法》对公众代表选择的规定，应主要从以下几个方面进行选择：③

第一，根据区域选择公众代表。一方面，该区域表现为"环境影响评价范围"。环评范围内的公众，受建设项目环境影响最为直接，他们的意见至关重要。而且，与其他区域公众相比，以他们对该区域的熟悉程度，更了解双方矛盾所在，从而提供问题解决之策。④《环评公众参与办法》第5条规定了建设单位对不同区域公众意见的态度。对环评范围内的公众意见，应当依法听取；对环评范围外的，可自己决定是否听取。该规定表明，我国是更强调对环评范围内公众的保护的。与之相比，环评范围外的公众，因受环境影响程度的不同，所关注的问题也有所区别。⑤ 其视角更具有宏观性，该区域的环保主义者更可能会基于环境公益的保护而参与进来。⑥ 另一方面，根据不同的"功能区"进行选择。该内容虽然在《环评公众参与办法》中未作规定，但实践中医院、学校、住宅区和商业区等不同区域对环境有不同的需求，也有不同的环评标准。⑦ 在选择公众

① 吕忠梅：《环境权力与权利的重构——论民法与环境法的沟通和协调》，《法律科学》（西北政法大学学报）2000年第5期。

② 叶俊荣：《环境政策与法律》，元照出版有限公司2010年版，第222页。

③《环评公众参与办法》第15条第2款规定：根据"地域、职业、受教育水平、受建设项目环境影响程度等因素"进行确定。

④ See Adam N. Bram, "Public Participation Provisions Need Not Contribute to Environmental Injustice", *Temple Political & Civil Rights Law Review*, Vol. 5, No. 2, 1996, p. 158.

⑤ See Nancy Perkins Spyke, "Public Participation in Environmental Decisionmaking at the New Millenium: Structuring New Spheres of Public Influence", *Boston College Environmental Affairs Law Review*, Vol. 26, 1999, p. 294.

⑥ 朱谦、楚晨：《环境影响评价过程中应突出公众对环境公益之维护》，《江淮论坛》2019年第2期。

⑦《环境影响评价技术导则——总纲》中规定，根据环境功能区来确定环境质量标准及污染物排放标准。

代表时，建设单位应注意公众代表对不同功能区利益的代表性。

第二，根据公众能力进行选择。精英们的意见对公众参与能够产生实质性影响，并推动公众参与程序的开展。[①] 他们或是掌握参与该过程的方法，或是有一定的专业知识背景，能一针见血地指出建设项目环境影响编制阶段的一些疏漏。[②] 其表达方式的精准有利于提高双方的互动性交流质量。其实，普通公众的意见不容忽视。虽然其缺乏对专业知识的了解，易出现失语现象。[③] 但是普通公众代表的意见更容易反映一个地方公众对环境保护的需求，也较能反映大多数群众的公众参与态度。

第三，考虑公众民意基础以及建设单位自身实力。除了区域和能力之外，公众的民意基础对公众代表的选择也至关重要。[④] 民意基础的累积是一个长久的过程，是一定范围内公众意志的集中反映。若选择民意基础较好的公众代表，能够增加公众的信赖程度。其他方面也有类似规定，例如在《政府制定价格听证办法》第 10 条所规定的价格听证中，就吸收了组织和部门推荐的方式。同时，建设单位组织公众参与也需要根据自身的实力来进行。[⑤] 例如，考虑自身经济实力来选择所需引入的公众规模，从而对环评范围外公众代表数量及比例进行确定。公众代表数量和类型的选择，需要建设单位对该区域城市建设规划和居民类型有所了解后斟酌确定。[⑥] 并寻求政府的帮助，进一步增强建设单位对当地情况的全面掌握。此外，在选择公众代表时，应当避免公众代表的单一性。

第四，根据公众参与方式进行选择。例如，不同类型的参与方式对公众的要求是不同的。由于环评座谈会旨在对建设项目所带来影响进行沟通，因此，对公众的专业性要求较低。在选择环评座谈会中的公益型环评公众参与代表时，应当从责任感、代表性等角度并进行选择。在论证会中，由于解答的内容具有较强的专业性，为增强交流过程的信息传递，选

---

① 王锡锌主编：《行政过程中公众参与的制度实践》，中国法制出版社 2008 年版，第 93 页。

② See Adam N. Bram, "Public Participation Provisions Need Not Contribute to Environmental Injustice", *Temple Political & Civil Rights Law Review*, Vol. 5, No. 2, 1996, p. 159.

③ 许玉镇：《论公众参与政府决策的代表遴选机制》，《哈尔滨工业大学学报》（社会科学版）2013 年第 6 期。

④ 章志远：《价格听证困境的解决之道》，《法商研究》2005 年第 2 期。

⑤ See Keith Davis, "Can Business Afford to Ignore Social Responsibilities?", *California Management Review*, Vol. 2, No. 3, 1960, p. 71.

⑥ 叶俊荣：《环境政策与法律》，元照出版有限公司 2010 年版，第 221 页。

择公众参与代表时对公众的专业性要求也较高。

需要注意的是，即使在环评中引入公益型公众参与的类型，也并不能忽视环评过程中对私益型公众参与的保障。在环评公众参与过程中，应当以私益型公众参与为主，以公益型公众参与为辅。环评深度公众参与程序开展过程中，在选择公众参与代表时，为了对公众私益进行保护，仍然要以环评范围内的公众为主要参与对象。同时，为了确保该过程中对环境公益的维护，应确保在公众参与代表中，不少于一定比例的环评范围外的公众。其实，域外也有类似的规定。例如，美国在规划阶段征求公众意见时，就着重征求受影响及感兴趣的人或组织的意见。①

（三）公众代表选择之再构造

2019 年实施的《环评公众参与办法》确立了深度公众参与制度，并明确了程序的开展。但碍于法律文本的简洁性仍有一些问题未直接规定，为避免公众代表的选择被架空和资源的浪费，需要对以下内容进行明确。

第一，选出的公众代表是否需要进行社会公告？《环评公众参与办法》目前只规定了建设单位有义务对公众代表作出通知，并没有规定其选择公众代表的公示程序。建设单位选出的公众代表，应当是公众利益的代表。为了保证公众代表对公众负责，应当将选出的公众代表名单进行公示，以方便其他公众了解自身利益的代表者。对公众代表名单进行公示，也是对公众申请参加环评深度公众参与程序这一内容的程序性回复，增加了程序透明度，方便公众监督权的行使。为了防止建设单位对某一部分利益过于倾斜，建设单位也应在通知公众参与之前，公布选出的公众代表名单。这种全过程公布，可以防止公众"被代表"现象的出现。②

第二，公众代表应如何参与该程序？《环评公众参与办法》的规定并非面面俱到。不过，在会议开始前，建设单位通知公众代表参加会议之时，应当一并告知会议议程，以便公众代表作好充足准备。公众代表在提出自己问题的同时，还应当做好上传下达的工作。例如，主动收集其他公众的质疑性问题，在会议中向建设单位提出疑问，以确保利益表达的有效性。建设单位还应当将信息予以充分公布，以便公众代表在充分知情的情

---

① 40 C.F.R. § 1503.1.（a）（4）.
② 例如，广州番禺垃圾焚烧发电项目、浙江垃圾焚烧厂项目、金堂垃圾发电厂项目、宁德鼎信公司项目、安徽华地置业有限公司华地新街项目。

况下进行平等表达。① 不论是建设单位对公众质疑性问题的解答，还是专家进行论证，都要保证程序的互动性，充分挖掘并解答公众疑问，以便提高公众对该项目的可接受程度。会议结束之后，建设单位应当将该会议的详细会议记录予以公布，确保程序公正并方便公众监督。

　　第三，未被选中的公众能否参加深度公众参与程序？虽然《环境保护法》规定了公众享有环境保护权，但并不意味着每个人都有权利参加到深度公众参与程序中。《环评公众参与办法》规定，由选中的公众代表进行深度参与。这些公众代表是建设单位通过取舍判断，选出的各方利益较强的代表者。② 而且，公众代表本身就已经代表了公众的利益，如果其他未被选中的公众仍然可以参加该程序，那么公众代表的选择就没有意义。《环评公众参与暂行办法》曾经规定了在申请参加正式的程序之外，公众还可申请进行旁听，且人数不少于 15 人。而《环评公众参与办法》却没有关于"旁听"的规定。为了加强对建设单位的监督，增加该程序的透明度，建设单位可以在经济实力允许的情况下准许其他公众旁听。这样也能够使人的尊严在程序中获得认同，从而有助于提高行政过程的合法性。③ 此外，为了防止选中的公众代表因个人因素无法参加，应当选出公众代表的预备人选。

三　公益型环评公众参与制度的完善

　　如上所述，公众参与的主体过窄、信息获取不畅和缺乏环境公益表达渠道等，使得实践中环境公益的保护被边缘化。公众环境保护的权利在环评文件编制阶段，并没有发挥很好的作用。为此，在环评公众参与保障私人利益的同时，在环评文件编制阶段，还应建立保障环境公益的参与制度，实现环评公众参与从被操纵到自由参与的转变。④

　　（一）引导公众利益诉求以环境公益为核心

　　公益型环评公众参与制度的开展，应当确保积极听取公益型环评公众

　　① 王锡锌：《公众参与：参与式民主的理论想象及制度实践》，《政治与法律》2008 年第6 期。
　　② 骆梅英、赵高旭：《公众参与在行政决策生成中的角色重考》，《行政法学研究》2016 年第 1 期。
　　③ 陈振宇：《城市规划中的公众参与程序研究》，法律出版社 2009 年版，第 66—67 页。
　　④ 田良：《论环境影响评价中公众参与的主体、内容和方法》，《兰州大学学报》（社会科学版）2005 年第 5 期。

的参与意见。根据实践情况以及公众权利保护的需要，在听取公众意见时
往往以人身权和财产权可能受到侵害的公众的意见为主。不过，也不应
当排斥基于环境公益参与到环评过程中的公众的意见。在环评座谈会、
听证会和论证会中，应当保证一定比例的基于环境公益而参与进来的
公众。

　　首先，应当注意各类公众代表的名额分配。公益型环评公众参与在参
与目的、公众诉求方面与私益型环评公众参与有所区别，所以对两种不同
种类的公众参与应当给予一定的独立空间。不过，这并不意味着引入公益
型的环评公众参与，就忽略了环评公众参与过程中对个人利益的保护。引
入公益型公众参与后，在选择公众代表时，仍然要以环评范围内的公众代
表选择为主。其次，在公众参与不积极时应当主动推荐或邀请有关代表。
在实践中，对于一般的建设项目的环评座谈会、听证会和论证会，有时会
出现公众报名人数过少的情况。为了保证环评公众参与程序的进展，环评
组织者会选择邀请或推荐的方式，来吸收其他公众的意见。这些公众的
类型包括有关专家、项目所在地的街道和社区代表、项目所在地的人大
代表和政协委员、有关行政主管部门等。这些公众的特征是拥有较好的
民意基础，在公众之间的影响力较大。在选择公益型环评公众参与代表
时，可在以上范围内予以考虑。此外，还可向有关的环保组织发出
邀请。

　　目前，《环评公众参与办法》对环评文件编制阶段公众参与所讨论的
内容作出了规定，建设单位应做好宣传和指导工作。建设单位与公众之间
的关系主要表现如图 4-3 所示。

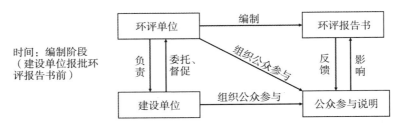

图 4-3　建设单位与公众之间的关系

　　以环境公益为中心进行环评公众参与，能够在提高环境保护水平的基
础上，加固公众身体健康的保护屏障，并促进该阶段环评任务的完成。人

是理性的动物，亚里士多德在《政治学》中提到"理性实为人类所独有"。[①] 从人性的角度上来说，"自利"是人的本质，亚当·斯密的《国富论》在论及分工原理时提出，自利的特点可以帮助自己达到目的。[②] 在理性经济人的背景下，人在进行各种活动时会作出对自己最有利的选择。虽在地理位置上有部分公众处于地理优势，但在面对环境这个公共物品时，若基于"搭便车"的心理或是纯粹个人利益的需求会使人们怠于参与到环评中来，不利于环境公益保护。[③] 而且，其他区域的公众参与到该程序中来，因地理区位劣势，乘坐交通工具到本地区进行实地参与将会加大其各种经济成本。

在实践中，由于环境的公共物品属性，公众参与环评的积极性往往不高。因此，应当给予基于环境公益参与环评的公众一定的经济激励和行政奖励，使环保组织能够有更多的资金展开自己的业务。《环境保护法》第11条规定了对于参与环境保护有显著贡献的公众，由政府给予一定的奖励。例如，在广州汕头、河南驻马店、重庆忠县等多个地方，在环境保护公众举报方面，规定了专门的奖励办法。在政府环保督察"回头看"工作中，也针对公众举报情况属实的情况予以奖励。此外，对于自然人公众，应加深其对于环境保护的责任意识。例如，加强基层政府及环保部门的宣传工作，分发宣传手册或定期开设公益讲座，提高公众对环评专业知识以及公众参与程序的了解。除此之外，还可以采用一定的激励机制鼓励企业做好环评公众参与。例如，颁发公众参与友好表彰、给予一定的税收优惠、帮助企业获得绿色贷款、对企业颁发奖励或科研补助等。

（二）畅通公众与环评机构之间的信息交流反馈机制

虽然编制阶段公众参与的责任主体为建设单位，但是环评报告书却是委托给具有相应资质的环评机构来完成的，其作出的环评结论尽可能地满足环评审批的要求。[④] 若建设单位将公众参与的工作一并交给环评机构，建设单位作为委托人，在承担公众参与的主体责任时，还应当为公众提供了解环评机构相关工作的桥梁。该过程公众参与的相关工作如图4-4

---

① ［古希腊］亚里士多德：《政治学》，吴寿彭译，商务印书馆1965年版，第391页。
② ［英］亚当·斯密：《国富论》，郭大力、王亚南译，译林出版社2011年版，第10页。
③ ［美］曼瑟尔·奥尔森：《集体行动的逻辑》，陈郁、郭宇峰、李崇新译，上海人民出版社1995年版，第29页。
④ ［日］黑川哲志：《环境行政的法理与方法》，肖军译，中国法制出版社2008年版，第108页。

所示。

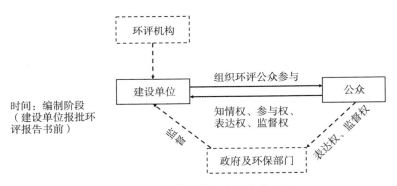

图 4-4　环评公众参与中各主体关系

基于环境公益保护时，建设单位或审批部门应当满足以下要求：

一方面，应进一步完善信息公开及交流反馈机制。在保证基于私益保护的公众参与时，确保公众能够基于环境公益保护参与进来。信息公开范围和方式的选择，可使环境信息获得更多的受众，企业也可以更好地通过内部控制机制。① 在目前的深度公众参与程序中，也引入公众基于环境公益参与的机制，进行充分的信息沟通与交流。② 避免公众"盲参"和错误参与，防止建设单位或环评机构违规违法现象的发生。由于参与方式的限制，基于环境公益参与到环评的方式则以网站、邮件、电话等线上方式为主，以参加调查、环评座谈会、听证会和论证会等线下方式为辅。在通过以上方式收集公众意见后，不论公众是出于私益保护还是环境公益目的，都应当根据公众意见内容分门别类，分别作出回应并予以公示。

另一方面，提高对公众意见的回应标准。环评公众参与过程中的回应表现为两点：一是公众通过建设单位或者审批机关公布的时间和方式提交意见之后，能够及时获得自身所提出问题的答复。二是公众在参与环评座谈会、听证会和论证会过程中发表意见或者提出问题之后，能够获得有关机关和单位的积极互动。这种回应既包括书面方式，也包括口头方式。并不是说只要作出回复就可以算作对公众作出回应。这种回应有一定的内在要求：第一，该回应能够直接并清晰地解答公众疑问，而非单纯为了作出回复所使用的权宜之计。含糊其辞或者答非所问的做法并不能算作对公众

① 陈慈阳：《环境法总论》（修订三版），元照出版有限公司 2011 年版，第 522 页。
② 李向东：《行政立法前评估制度研究》，中国法制出版社 2016 年版，第 178 页。

作出了回应。第二，该回应应当及时。在环评公众参与过程中，公众会按照建设单位或审批部门规定的时间和方式提出意见。同理，建设单位和审批部门对于公众所提出的意见也应当在一定时间内积极作出回应。该回应是否及时会影响公众参与环评过程中的行为选择和判断，进而影响参与结果。第三，回应内容应当避免使用专业术语。回应的态度和速度不仅仅是对环评公众参与的要求，也是法治政府建设过程中政府及行政机关行政能力的表现。

需要注意的是，还应当保证环评机构编制环评报告的独立性。引入公益型环评公众参与后，该程序组织者将会收到更多的针对环评报告的意见。环评机构需要严格按照科学标准编制环境影响报告书（表）并对环评文件的技术性问题负责。当公众对于技术性问题出现疑问举行听证会时，环评机构对公众的答疑应当保证其独立性，建设单位不得作出过多干涉。[1] 同时确保不同公众基于环境公益参与环评的平等性，保证公众对结果具有相同的影响力是非常重要的。[2]

（三）确保全过程的信息公开

由于基于环境公益参与到环评过程中的公众在地域上较为分散，因此其在获取建设项目环评的有关信息上处于地理劣势，并较大程度地依赖环评信息的公开。首先，环评信息的公开应当及时。在对建设项目所造成的环境公共利益的侵害进行分析时，公众需要更多的时间对其进行科学论证。同时，由于地理区域上的劣势，在参与环评座谈会、听证会和论证会时，基于环境公益参与进来的公众需要花费更多的时间和精力来对其往返日程、日常工作、家庭生活等进行安排。而且，环评信息公布是否及时也影响到公众下一步的行为判断。环评信息的及时公布，也会为公益型环评公众主体提供了更多的准备时间。其次，进一步扩大环评信息公开范围。《环评公众参与办法》规定了环评编制阶段建设单位在征求公众意见时的三次信息公示，环评审批阶段环评审批部门的两次信息公示。这几次信息公示中只包含了对建设项目、环评单位、环评报告等内容的公开。除此之外，环评信息公开还应当包括以下内容：（1）汇总后的公众质疑性

---

① 周珂、史一舒：《论环境影响评价机构的独立性》，《法治研究》2015 年第 6 期。

② ［美］谢里尔·西姆瑞尔·金、凯瑟琳·M. 菲尔蒂、布丽奇特·奥尼尔·苏赛尔：《参与问题：通向公共行政中真正的公民参与》，载王巍、牛美丽编译《公民参与》，中国人民大学出版社 2009 年版，第 58 页。

意见，以及对公众质疑性意见的回复。（2）对公众代表选择的公开。公开内容包括选择的公众代表的标准，报名参加座谈会、听证会和论证会的公众名单，最终确定参与进来的公众名单等。（3）环评座谈会、听证会、论证会的会议记录。（4）对公众意见采纳状况的公开。例如，吸收了公众的哪些意见、对环评报告作出了哪些变动、未被采纳的公众意见类型及原因等。

　　需要说明的是，私益型环评公众参与和公益型环评公众参与之间并非绝对的对立关系。二者除了在环评公众参与的主体范围、方式、程序上存在一定的差异，在流程上存在较多的相同之处。例如，两种类型的公众参与均需要进行环评信息公开，通过网络、邮件、电话或者座谈会、论证会和听证会征求公众意见，以及对公众意见作出回应等。由于私益型公众参与的主体范围明确，且建设项目对该部分公众利益影响较大，在我国目前的环评公众参与制度下，实现环评公众参与过程二元利益的融合过程中，仍然要以私益型环评公众参与为主。在一般情况下，公众的生命、健康等人身利益与环境公益是同向的，私益型环评公众参与和公益型环评公众参与不存在利益冲突，而且，公益型环评公众参与过程中对环境公益的保护还会促进公众的私人利益保护。[1] 但是，公众在追求财产利益的过程中，也会出现公众私人利益与环境公益冲突的情形。[2] 例如，建设项目涉及征地拆迁和补偿时，参与到环评过程中的公众基于环境公益所提出的利益主张与公众基于私人利益所提出的利益主张可能存在冲突。在对不同利益进行协调的过程中，应当以公众的人身利益为核心内容，并综合环境利益和经济利益后作出进一步决定。引入公益型环评公众参与类型，需要进一步完善公益型环评公众参与的主体、方式和程序。在环评公众参与主体中，加强对环评范围外公众意见的获取，并进一步突出环保组织的环境公益保护作用。在环评公众参与的方式中，除一般公众参与方式之外，引入基于环境公益的环评深度公众参与方式，并强调新型公众参与方式的重要性。在环评公众参与的程序中，应进一步强化环评信息公布的规范化渠道、深度公众参与代表的选择以及互动交流平台的构建。

---

① 余俊、宿健慧主编：《环境司法判解研究》，中国政法大学出版社 2016 年版，第85—86 页。
② 吴应甲：《中国环境公益诉讼主体多元化研究》，中国检察出版社 2017 年版，第 194 页。

第五章

公益型环评公众参与的法律保障

公众要想基于环境公益参与环评过程，以及公众在环评公众参与过程中获得尊重和认可，除了通过法律规范对环评公众参与过程中公众主体、方式和程序内容予以明晰，还需要具备明确的救济方式来对公益型环评公众参与过程予以保障。目前不论是法律规范还是法律实践，对环评公众参与过程的法律保障均比较薄弱。而对于公益型环评公众参与，与私益型环评公众参与相比，由于法律规范和法律实践的忽视，在法律救济与保障方面有着更强烈的需求。因此，公益型环评公众参与制度的开展能否获得保障，将对环境公益的保护效果有着重要影响。有鉴于此，本书将首先对环评公众参与过程中的有关责任进行明确，然后从行政救济和司法救济两个方面探讨环评过程中公众的权利保障。

第一节　公益型环评公众参与保障的必要性

此处的法律保障是指，当公益型环评公众参与进展不顺利时，对相关责任主体的处罚，以及公众权利的救济方式。公益型环评公众参与程序要想顺利开展，除了对参与开展过程中的主体、方式及程序等制度本身进行建构之外，还应当有其他的法律程序与此相配套。根据程序的开展进程，主要包括环评编制阶段的保障和环评审批阶段的保障。具体来说，对公益型环评公众参与进行保障的必要性包括如下几个方面。

一　弥补公众参与的固有缺陷

环境影响评价制度提高了政府、建设单位及其他主体对环境公益的重视程度，并非仅仅包含技术评估。① 不过，环评公众参与制度存在一些固有缺陷。

（一）环评公众参与过程的有限性

一方面，人类认知的局限性会导致公众参与能力受到一定程度的限制。在一些情况下，由于公众缺乏环境公益保护意识或者对环评信息获取的敏感度较低，导致其在环评审批通过后，或是直到该项目已经开始建设或运行才意识到该项目对自身利益的不良影响。在多数情况下，公众通过环评信息的获取，以及对建设项目环境影响进行初步判断，发现该建设项目会影响自身利益才会选择参与到该过程中来，并且可能因为就业、拆迁补偿款或补助金等放弃对环境公益的追求。②

另一方面，环评公众参与制度功能具有有限性。环评审批过程中虽然会对公众参与结果进行审查，但是当发现存在公众对建设项目所提出的反对意见时，并不必然因此作出不予通过的审批决定。审批决定的作出，主要依据生态环境部所发布的各类建设项目的环评审批细则进行判断。③《环评公众参与办法》第 18 条规定，建设单位对于环评公众参与过程中公众所提出的合理意见，与建设项目环境影响有关的可以采纳。因此，建设单位对公众意见是否听取并非影响环评审批决定是否通过的必要因素。

公益型环评公众参与的引入，不仅强化了环评过程中对环境公益的保护，还拓宽了公众的关注视野，使其超越个人利益，关注项目对生态和社会的影响，从而提出更为长远和综合的建议。在公众基于环境公益保护参与环评的过程中，能够进一步增加相互间的合作与协调，促进形成集体行动，扩大社会影响力，对政府和企业施加压力，推动其采取更为积极的环境保护措施。

（二）环评过程中公众的弱势地位

在环评公众参与过程中，公众需要面对该程序的组织者——建设单位

① 肖湘：《让公众参与环评》，《环境》2002 年第 12 期。
② 例如，某陕西煤化工建设项目的推进，具体可参见 https://www.chengluelawyer.com/36027.html。
③ 2018 年 1 月 5 日原环境保护部发布《关于印发机场、港口、水利（河湖整治与防洪除涝工程）三个行业建设项目环境影响评价文件审批原则的通知》（环办环评〔2018〕2 号），2016 年《关于印发水泥制造等七个行业建设项目环境影响评价文件审批原则的通知》（环办环评〔2016〕114 号），2015 年《关于规范火电等七个行业建设项目环境影响评价文件审批的通知》（环办〔2015〕112 号）。

或审批部门。建设单位往往是以追求经济利益为主要任务的企业，而公众所追求的利益一般与建设单位经济利益相悖。社会公众对于建设项目的信息了解渠道少，掌握不足。即使获取到有关信息，也无法对该建设项目所带来的环境影响作出合理的判断。而审批部门则属于行政主体。行政权具有天然的扩张趋势，在环评公众参与的各个环节处于主导地位。可以说，政府相对公民而言具有天然的强势地位。

公益型环评公众参与机制补足了弱势群体的参与能力，提升了弱势群体利益表达的途径。伴随着公众参与程序的深入推进，企业和政府行为的透明度和可审查性随之增强，受到来自多方主体的监督。这种机制的实施促进了环境信息的公开与获取，使得各类公众意见被充分且及时地获得回应。通过这种方式，环境决策能够全面考虑不同群体的需求和环境影响的广泛性，进而有助于解决环境污染与资源分配不均等问题。

（三）公众保护环境公益的积极性不足

由于环境的公共物品属性，公众保护环境公益的积极性并不高，特别是需要消耗大量的时间和精力时。而环评本身作为一项技术性较强的环境保护措施，在公益型环评公众参与中，若参与成本较高则会大幅度降低公众参与的积极性。与此相对比，私益型环评公众参与中，即使会消耗大量的时间和精力，公众也会表现出较高的兴趣。例如，当邻避冲突发生时。凡是大型垃圾焚烧厂的建设大都容易引起公众反对，其选址的合理性与管理的疏漏使得公众对该类项目较为排斥。

公益型环评公众参与的引入，不仅促进了生态环境教育和信息的广泛传播，激发公众对环境公益的保护意识和热情，还显著增强了公众对环境公益保护的责任感。在这一机制中，无论是公众内在的参与动机从个人利益向环境公益的转变，还是公众外在的参与表现为对环境公益的追求，均会促使公众更加积极地关注并参与环境公益保护活动，从而提升了对环境公益保护的积极性。

二　强化对环境公益的保护力度与信心

目前的环评公众参与机制在确保公益型环评公众参与的畅通性方面存在不足，这一缺陷削弱了该机制在维护环境公益方面的效能，从而影响了公众对环境公益保护的信心。具体而言，主要包括以下两个方面。

（一）环评公众参与虚假案件广泛存在

公众参与虚假主要分为以下两种原因。

一方面，环评报告的科学性和实用性存在问题。由于建设单位对环评速度的追求，导致环评报告质量存在一定的问题。环评报告中包括各种环境要素的检测、实地调研、预测分析，若过度控制环评报告的完成时间，由于时间上的紧迫性，环评文件数据的真实性将值得怀疑。在这种情况下形成的环评文件由于质量问题的存在，害怕接受来自公众和社会各界的监督，建设单位将通过一些方式避免公布环评报告，这就使得环评文件中的公众参与部分往往是虚构的。

另一方面，敏感项目中环评报告的真实性存在问题。建设单位所提交环保部门进行审批的环评报告中，大多数只提到"未曾收到公众意见"，或者"公众意见满意度较高"的有关内容。为了避免获得公众反对意见，公众参与也不乏流于形式的现象。①

（二）环境公益保护过程的监督不足

现有的环境公益保护领域缺乏广泛和多元化的监督渠道，导致环境公益保护未能得到有效保障。例如，2016 年蓟县垃圾焚烧发电厂项目运行中，由于过度侵犯到周围公众的人身利益和环境公益，从而获得社会的广泛关注。在该项目的调查过程中却发现，公众对于意见表上的内容并不知情。为了防止该项目对环境公益的持续侵害，自然之友环保组织对该项目的环评过程展开了调查，发现该项目不仅捏造了公众意见信息，而且环评信息公示的内容和时间均不符合规范，仅仅是通过短暂且片面的信息公示拍摄照片，使得该项目具有环评公众参与环节的外观。② 通过对比分析发现，这些被曝光环评公众参与造假的案例大多涉及敏感类项目的建设。垃圾焚烧厂、PX 项目等项目更容易被关注，通过实地调查之后从而发现了其存在一定程度的造假行为，并通过媒体的传播形成强大的社会压力督促项目整改。

建设项目并非均具备敏感性，同样，并非所有被识别为敏感的建设项

① 由于环评公众参与流于形式，15 个项目被点名，具体可参见 2015 年 11 月 20 日环境保护部办公厅下发的《关于建设项目环境影响评价公众参与专项整治工作的通报》（环办函〔2015〕1899 号）。

② 关于自然之友在该案中的具体贡献，可参见 https://www.sohu.com/a/111578222_131990。

目都能吸引公众的广泛监督，从而揭示公众参与过程中可能存在的疏漏或问题。公益型环评公众参与的引入，无疑为建设项目带来了更为密集的审视。提醒参与过程中的公众、建设单位和审批部门保持高度的审慎性，确保整个参与流程在程序上严谨规范，实质上体现公平公正，进而有效保障环境公益目标的实现。

三　完善公益型环评公众参与的法律责任

在引入公益型环评公众参与之后，应对建设单位和审批机关环境公益保护的法律责任作出完善。由于建设单位是环评行政许可的申请者，公众参与过程存在的问题可以通过审批过程加以保障，因此，本部分关于法律责任的展开，将以审批机关为中心。

目前，不论是根据《行政许可法》中关于行政许可听证的启动办法，还是根据环境领域中《环境保护行政许可听证暂行办法》中环境行政许可听证的开展条件，审批机关是否开展听证主要包括三种情况。第一，法律、法规和规章等法律规范中明确要求审批机关作出环评批复过程中应当进行听证。所以，只要相关法律规范中对该类建设项目环评审批过程作出了需要进行环评听证的规定，环评审批机关应当在法定职责内组织环评听证。第二，申请环评审批的建设项目涉及重大公共利益，且审批部门认为需要听证。当建设项目关涉的公共利益较为重大时，审批部门根据实际情况进行审查后，认为需要开展环评听证的，可主动选择开展环评听证。这种情形下，不仅要求该项目的环评审批行为涉及公共利益，还要求审批部门对这种情况进行判断后认为需要进行听证，两个条件同时满足。第三，与环评事项具有直接利害关系的人，依照审批机关所公布的时间及方式要求，向审批部门提出听证申请。①

通过以上关于审批过程中环评听证启动情况的分析，可以将环评审批听证的类型分为两种。第一种是审批机关"应当"进行听证。结合情况一和情况三，如果法律、法规或规章中明确规定要求环评审批部门进行听证，或者有直接利害关系人提出申请且符合要求的，环评审批部门就有组织环评听证的义务。这种义务是强制性的，组织环评听证是环评审批机关的法定义务，若满足条件后审批机关不组织听证将会涉及行政程序违法。

---

① 《行政许可法》第 46 条和第 47 条，《环境保护行政许可听证暂行办法》第 5 条。

第二种是审批机关"可以"进行听证。根据情况二，如果该类项目涉及重大公共利益，即使没有法律、法规或者规章的要求，也没有直接利害关系人在规定时间内提出听证申请，环评审批部门也可以根据自身的认定，来决定是否开展环评听证。情况二中环评审批部门组织听证是非强制性的，环评审批部门可以自由选择是否组织环评听证。因此，行政机关在审批阶段开展环评听证，除了自己主动开展，还包括利害关系人在规定的时间内提出听证申请。需要该申请人与审批行为存在法律上的直接利害关系。若申请人没有证据证明其存在直接的利害关系，仅仅基于环境公益保护申请行政机关开展环评听证，行政机关可以予以拒绝。

在引入公益型环评公众参与后，审批过程中的环评听证程序也将进一步放开。由于环境具有公共物品属性，环评听证过程也具有一定的特殊性。环评本身作为环境污染防治的一种源头控制程序，建设项目可能对环境公益造成的影响应当作为环评审批的重点审查内容。公益型环评公众参与主体，以环境公益代言人的身份出现，其要求开展环评听证的申请以及基于环境公益保护所提出的意见，也应当受到审批机关的关注。因此在环评审批中，无论是听证的启动还是听证的开展，公益型环评公众参与主体都应当受到法律程序的尊重。例如，可以在《环境保护行政许可听证暂行办法》第5条的基础上，增加1项内容，作为第四项，将开展环评审批听证的条件规定为"（四）当公众基于环境公益保护要求听证的，环评审批部门应当认真对其意见进行审查。公众基于环境公益申请听证的理由依据较多或者环评审批部门认为需要听证的，应当引入公益型环评公众听证"。除了通过增加有关条款之外，还可以对《环境保护行政许可听证暂行办法》第5条第3项进行修改，将"重大利益关系"的内涵作出进一步说明，修改为"环境保护行政许可直接涉及申请人与他人之间私人利益，或者涉及环境公共利益的，申请人、利害关系人依法要求听证，或者基于环境公益申请听证的公众达到一定数量的"。

第二节　环评编制阶段公众参与的法律保障

目前，针对环评编制过程中的公众参与，主要是由审批部门在环评审批阶段对建设单位组织的公众参与情况进行审查的方式加以保障。当审批部门发现建设单位所组织的环评公众参与不足时，会退回环境影响报告书、自行再次组织环评或是责成建设单位组织环评等。

一　退回环境影响报告书

　　现有的法律规范明确了建设单位组织公众参与的法律责任，该法律责任的有关内容对公益型环评公众参与过程应当同样适用。根据《环评公众参与办法》第 25 条第 2 款，对于建设单位未充分征求公众意见的，在责成建设单位重新征求意见时，应当对该环评报告书予以退回。① 具体来说，退回意味着公众参与存在重大问题。例如，未充分征求公众意见，在环评过程中存在弄虚作假，环评报告和相关信息不对外公开或公开不充分等。

　　由于环评编制阶段尚未进入正式的行政程序，对环评编制阶段的公众参与权利进行救济主要是在建设单位将环评文件提交至环评审批部门后。同时，由于缺乏对建设单位的一般过程性责任的规定，审批部门关注的是造成严重后果的环评公众参与，而对一般的环评公众参与不足则缺乏行政处罚规定。建设单位组织的环评公众参与虽然不属于严格意义上的行政程序，但是，其讨论的内容属于公共事务，仍然要遵循一定的公共管理程序，并对违反该程序的行为表现作出责任性规定。例如，建设单位是否按照规定的时间和内容公开环评信息，召开环评座谈会、论证会和听证会过程是否公平、公正，是否充分考虑到公众所提出的意见等。另外，应当加强生态环境主管部门对建设单位环评公众参与的过程性审查。若在审批过程中发现建设单位出现轻度程序问题，应当及时予以警告，在退回环评审批文件的同时，责令其对环评公众参与程序瑕疵进行补正。若在审批过程中发现建设单位出现较大程序问题，应当予以警告或罚款，退回环评审批文件的同时，责令其对环评公众参与程序瑕疵进行补正，并提交一份关于补正的说明。若审批部门发现建设单位出现重大程序问题，除了对建设单位予以上述处罚外，还应当将建设单位的违法情形向社会公布。

　　需要注意的是，目前对环评编制阶段建设单位组织的公众参与采用的是结果审查方式，由审批部门对建设单位所提交的公众参与书面文件（环评公众参与说明）进行审查，但是对建设单位组织环评公众参与缺少

---

　　① 《环评公众参与办法》第 25 条第 2 款：“经综合考虑收到的公众意见、相关举报及处理情况、公众参与审查结论等，生态环境主管部门发现建设项目未充分征求公众意见的，应当责成建设单位重新征求公众意见，退回环境影响报告书。”

全过程性的监督。在规定环评公众参与的法律责任时,《环评公众参与办法》仅规定当环评公众参与有重大问题时,建设单位及其相关人员的法律责任。① 若建设单位未充分征求公众意见,可能导致环评报告被审批部门退回。对于建设单位未按照规定时间和内容公开环评信息,召开环评座谈会、论证会和听证会过程中存在程序问题,未充分考虑公众所提出的意见等其他导致环评公众参与不足的情形并没有作出明确的法律责任规定。如果建设单位只有在违反环评公众参与程序导致严重后果后才会承担相应的责任,不仅会导致环评公众参与程序规定的虚置,也会增加建设单位违规进行环评公众参与的可能。

二　环评过程中的公众监督

在公益型环评公众参与的过程中,公众所保护的环境公益与建设单位的经济利益通常会出现相悖的情形。而且,由于该程序是由建设单位主导的,容易造成公众无法充分对环境公益进行保护的局面。引入公益型环评公众参与,则可以增强对环评过程的监督,避免建设单位因懒惰和对商业利益的过度追求而忽视环保工作。

一方面,公众基于环境公益对环评过程进行监督有法可依。根据《环境保护法》规定,每个人都有权利对环境公益保护过程进行监督。因此,向审批部门提出环境举报的公众并非必须与该建设项目具有直接利害关系。环评范围外的公众,基于环境公益保护,也可以直接对环评编制阶段建设单位的违法行为向审批部门进行举报。为了强化公众对环境违法行为的监督,2010年环保部审议通过了《环保举报热线工作管理办法》。公众可直接针对环境公益受损的事项,通过12369环保热线,向各级环保主管部门举报。目前,已经有地方性规章或规范性文件对环境违法举报作出了规定。多地对于举报的环境违法行为根据事项的难易程度、危害程度和情节轻重等规定了一定的金钱奖励。特别是对于涉及按日处罚、查封扣押、限产停产、行政拘留和刑事拘留的事项,给予了高额的奖励金,较大地调动了公众监督环境违法行为的积极性。例如,《北京市生态环境局对

---

① 《环评公众参与办法》第29条:"建设单位违反本办法规定,在组织环境影响报告书编制过程中的公众参与时弄虚作假,致使公众参与说明内容严重失实的,由负责审批环境影响报告书的生态环境主管部门将该建设单位及其法定代表人或主要负责人失信信息记入环境信用记录,向社会公开。"

举报生态环境违法行为实施奖励的有关规定》（2023）、《上海市生态环境违法行为举报奖励办法》（2021）、《山东省生态环境违法行为举报奖励暂行规定》（2021）、《江苏省保护和奖励生态环境违法行为举报人的若干规定》（2021）、《河北省生态环境厅生态环境违法行为举报奖励办法（试行）》（2020）、《安徽省生态环境违法行为有奖举报办法》（2020）、《广州市生态环境违法行为有奖举报办法》（2023）、《深圳市生态环境违法行为举报奖励办法》（2023）等。

另一方面，公众基于环境公益对环评公众参与过程进行监督的程序明确。在环评文件编制阶段，建设单位在该过程中起主导作用，生态环境主管部门一般较少介入，除非涉及重大公共利益。公众应督促建设单位做好环评信息公开工作，以便及时获取有效信息，并积极配合建设单位的环评信息调查工作，积极参与环评座谈会、论证会、听证会。在环评文件审批阶段，公众可以针对所发现的公众参与过程弄虚作假、参与程序中缺乏信息的及时公开及告知，以及未对公众合理诉求予以反馈等情形向有关地方政府或生态环境主管部门报告，由生态环境主管部门根据情节对建设单位作出处罚。在此过程中，公众还需要对举报事项提供相应的证据。环境举报是指公众针对他人的环境违法行为向有关机关进行说明、反馈的过程。该行为本身没有对公众主体进行限制，任何一位公民都有向生态环境主管部门进行举报的权利，包括公益型环评公众参与主体。公益型环评公众参与主体举报的事项主要围绕的是环评过程中建设单位或其他主体的违法行为，所针对的违法行为事项既包括环境公益受损，也包括其他私人主体利益受损。

此外，当生态环境主管部门收到建设单位所提交的环境影响报告书和公众参与说明时，应当对公益型环评公众参与的内容进行审查，例如公益型环评公众参与内容的真实性、准确性等。

三　其他法律保障路径

2019年1月1日实施的《环评公众参与办法》第29条规定，建设单位在环评公众参与过程中弄虚作假并使公众参与说明严重失实的，负责审批环境影响报告书的生态环境主管部门应当将该建设单位及其法定代表人或主要负责人的失信信息记入环境信用记录，并向社会公开。该规定是通过声誉罚的处罚方式来保障建设单位组织公众参与环评的真实性。

声誉是在长期的博弈过程中形成的，能够有效制约机会主义。企业积极树立环境公益保护的良好声誉，对于其构建和维持正面的社会形象具有显著的正向作用。声誉罚通过对企业不良信息的公布，引发消费者的抵触情绪，并借助于商业信誉和贷款业务限制的方式对建设单位产生威慑效果。① 通过声誉罚这种处罚方式对建设单位组织环评公众参与失实行为进行处罚，能够引导建设单位重视环境公益和私人利益保护，并为公众提供良好畅通的权利行使空间。不过，相较于罚款、没收违法所得、查封扣押等实质性行政处罚方式，声誉罚这种处罚方式本身具有一定局限性，例如适用范围有限、惩戒效果不一、执行难度较大，并受到文化信仰、风俗习惯、社会舆论和人际关系等多方面的影响。若仅仅通过声誉罚这一种外部监督机制对建设单位的消极义务履行状态进行处罚，并不一定能在短时间内达到明显效果。因此，声誉罚应当和其他处罚方式一同适用。

第三节　环评审批阶段公众参与的法律保障

一　环评审批阶段公众参与的法律保障类型

在环评审批过程中，对公众参与的法律保障体现在《行政许可法》《环境影响评价法》和《环境保护行政许可听证暂行办法》中，《环评公众参与办法》中缺少审批部门环评公众参与的责任规定。

（一）行政机关违反公众参与义务的法律责任

根据现有法律规范，审批部门的责任规定较为局限。② 主要包括以下两个方面：一类是未造成严重后果的，由上级机关或监察机关责令改正；另一类是造成严重后果的，对直接负责的主管人员和其他责任人员依法给予行政处分。根据行政法上的规定，行政处分包括警告、记过、记大过、降级、撤职和开除六种。环评公众参与过程中的行政人员主要包括主要负责人、其他负责人、听证主持人、听证记录人。法律规范上对于主要负责人和其他负责人，目前仅规定了行政处分的内部处罚。对于听证主持人和

---

① 吴元元：《信息基础、声誉机制与执法优化——食品安全治理的新视野》，《中国社会科学》2012 年第 6 期。

② 王灿发、于文轩：《"圆明园铺膜事件"对环境影响评价法的拷问》，《中州学刊》2005年第 5 期。

记录人，则既包括行政处分这一内部处罚，也包括刑事责任这一外部处罚。有学者认为，对行政人员处罚方式应当作出灵活性规定，处罚方式不能仅仅局限于警告、记过、记大过、降级、撤职和开除六种内部处分。其中，对听证主持人、记录人等人员的责任规定也应当作出进一步划分。

（二）环评公众参与受阻的救济方式

环评过程中公众的权利救济往往发生在环评审批决定作出之后。根据目前法律规定，针对环评过程中的公众参与，当生态环境主管部门作出予以批准或不予以批准的决定之后，基于不同利益类型参与环境影响评价的救济方式也有所不同。[①] 如表5-1所示。

表5-1　　　　　　　　环保部门针对不同利益保护的救济方式

	私益				公益	
	不予批准决定		批准决定		审批决定	
主体	生态环境主管部门	公众	生态环境主管部门	公众	生态环境主管部门	检察机关
义务或权利	1. 告知建设单位申请行政复议及提起行政诉讼权利 2. 告知公众提起行政复议和行政诉讼的权利和期限	1. 提起行政复议 2. 提起行政诉讼	告知公众提起行政复议和行政诉讼的权利和期限	1. 提起行政复议 2. 提起行政诉讼	告知公众提起行政复议和行政诉讼的权利和期限	提起行政诉讼
法律规范依据	《行政许可法》第38条；《环评公众参与办法》第27条	《行政复议法》第11条；《行政诉讼法》第12条	《环评公众参与办法》第27条	《行政复议法》第11条；《行政诉讼法》第12条	《环评公众参与办法》第27条	《行政诉讼法》第25条第4款

目前对于公众参与的救济主要保护的是具有私人利益关系的主体。[②] 针对公益型环评公众参与，有行政复议和行政诉讼这两种救济方式。由于我国法律目前并未明确规范公益型环评公众参与的救济方式，在

----

① 楚晨：《逻辑与进路：环评审批中如何引入基于环境公益的公众参与》，《中国人口·资源与环境》2019年第12期。

② 参见黄学贤《行政诉讼中法院应当通知其参加诉讼的第三人》，《辽宁大学学报》（哲学社会科学版）2020年第1期。

环境公益保护目标实现的过程中，还需要从行政复议和行政诉讼两个方面
对公益型环评公众参与作出进一步规定。①

二　公益型环评公众参与的行政保障

目前，我国行政复议制度保障了环评公众参与过程中的私人利益，特
别是有权申请行政复议的直接利害关系人和在行政复议中提出自己意见和
主张的第三人。引入公益型环评公众参与制度，通过行政复议的方式对公
益型环评公众参与主体的权利进行保障，应从以下两个方面着手：

一方面，进一步扩大行政复议案件的受案范围。《行政复议法》规定
了公众申请复议的条件，即"认为具体行政行为侵犯其合法权益"的情
形，这种规定实质是从公众的私人利益是否受到侵犯来考虑的，因此，
《行政复议法》所保障的内容主要是公众的私人利益，并未包含公益保障
的规定。当公众参与环境影响评价程序遇阻时，通过《行政复议法》也
主要局限于对私益型环评公众参与的保障。其实，行政主体作为公权力主
体，在执行国家政策、法律法规和维护公共秩序过程中，本身就具有保障
公共利益的职责。但为了突出对环境公益的保障，可在环保领域作出进一
步规定。例如，可以在《行政复议法》中规定，在一定条件下允许公众
因环境公益受损而提起行政复议。从 1999 年《行政复议法》出台至 2024
年新修订的《行政复议法》实施，该法所规定的公众可申请行政复议的
范围与环境有关的仅限定在"自然资源所有权和使用权"方面，当对行
政机关作出确认自然资源的所有权或者使用权的决定不服时可以申请行政
复议，对行政复议决定不服的，可以再依法向人民法院提起行政诉讼。这
些内容针对的是自然资源的确权行为，并不是严格意义上的环境保护行
为。在我国尚未确立政府信息公开制度之时，由于环评相关的信息掌握在
建设单位和行政机关手中，与建设项目相隔较远的其他区域中的公众因无
法获得相关信息而无法参与到环境影响评价过程中来。随着 2008 年《政
府信息公开条例》的颁布，我国信息公开制度逐渐完善。引入公益型环
评公众参与后，意味着当公众基于环境公益参与环评遇阻时，应当有相应
的救济方式。《行政复议法》修订对公众提出行政复议的申请条件作出了
修改，但遗憾的是并未针对环境公益保护作出规定，建议在未来能够有所

① 刘芙：《我国环境影响评价制度的不足与完善——以司法介入为救济途径的考察》，《当
代法学》2007 年第 2 期。

体现。例如，将《行政复议法》第 2 条公众提出复议申请的条件规定为"公民、法人或者其他组织认为行政行为的行政行为侵犯其合法权益或者环境公益的，向行政复议机关提出行政复议申请，行政复议机关办理行政复议，适用本法"。或者进一步扩大对该条款中的"合法权益"所包含的范围，该范围除了包含公众的私人合法权益外，还应当包括环境公益。同时，在确定可提起复议范围的案件上，除 2024 年《行政复议法》第 11 条规定的 15 项情形外，再增加一项规定，例如："除前款规定外，复议机关应当受理关于环境公益保护的行政案件。"或者同前款规定，将《行政复议法》第 11 条中的第 15 项"认为行政机关的其他行政行为侵犯其合法权益"中的合法权益解释为除公众的私人合法权益外，还包括环境公益。

另一方面，在公益型环评公众参与过程中，赋予公众针对环评公众参与过程提起行政复议的权利。如果审批机关对建设单位所组织的环评公众参与进行审查过程中未及时发现有关问题，那么，公众则有权利基于环境公益提起行政复议。不过，目前我国法律规范中并没有作出这样的规定，而是对环评公众参与主体有较强的限制。我国《行政复议法》对可以作为行政复议申请人的范围进行了规定。利害关系人参与环评，往往是基于私人利益，而基于环境公益参与进来的主体并非全部都是《行政复议法》中所规定的直接利害关系人。由于公益型环评公众参与过程要引入更多的环评范围外的公众，他们在参与环评事务过程中的权利也应当受到保障。因此，针对公益型环评公众参与，应当放开环评公众参与行政复议的主体限制，以便基于环境公益参与环评的公众在权利行使的过程中受到法律保护。可以进一步规定有环保组织或较多公众基于环境公益保护提起行政复议时，在满足一定条件下复议机关应当受理。

需要注意的是，在环评编制过程中和环评审批过程中都引入了公益型环评公众参与，意味着不论是建设单位还是环评审批部门，在环评公众参与过程中，均有对公益型环评公众参与主体的环境保护权利进行保障的义务。而且，复议主体往往是作出原行政行为的上一级机关，对下一级机关具有监督的义务。增加环境公益的复议内容，并不会超出其审查的能力范围。

三　公益型环评公众参与的司法保障

虽然通过行政方式对环评过程中公众权利以及环境公益进行保障更加

直接和快捷，但是司法救济作为保障公众权利的最后一道防线对公众权益保护至关重要。环评公众参与也是环评审批过程中需要进行审查的内容。在通过司法方式进行救济时，主要表现为行政诉讼，较少涉及刑事诉讼和民事诉讼。陈新民教授认为，公权利需要有获得行政诉讼的救济途径，才能够保证该权利的完整性。[①] 我国已经确立了环境行政司法救济，检察机关可针对环保部门的违法情形提起环境公益诉讼。从应然角度上来看，公众也享有对环保部门积极履行职责的监督权。[②] 下文通过对环评公众参与司法案例的分析，来探讨实践中法院对公众参与环评过程的保护程度，以及完善公益型环评公众参与的司法保障路径。

（一）司法实践中法院对公众参与环评过程的审查

通过在"中国裁判文书网"中以"环评公众参与"为关键词进行案例检索发现，在我国司法实践中，其实已经开始出现公众参与环境影响评价的司法保护。例如，上海市杨浦区正文花园（二期）业主委员会等与上海市环境保护局具体行政行为案例中，确定了环评审批中的公众参与是司法审查的要素之一。[③] 同时，环评公众参与案件的焦点往往包含对参与公众主体资格的判断。

目前，在对公益型环评公众参与进行司法救济时，对原告资格是有一定限制的，并不是说建设项目周围受到不利环境影响的人都能提起诉讼。如果不是行政法上认定的第三人，其他人若要提起行政诉讼需要具有"重大利害关系"。"重大利害关系"要以该事项是否对人身权益造成侵害来判断。目前在司法实践中，是否对人身权益造成侵害的判断标准包括该项目造成的污染是否有超过国家环境质量标准。例如，"谢某等诉苏州工业园区国土环保局环评行政许可纠纷案"。在该案中，原告（谢某等人）因为不服被告（苏州工业园区国土环保局）针对第三人（江苏省电力公司苏州供电公司）所作出的环评批复而向法院提起诉讼。原告除了对环评报告本身适用标准以及环评作出及审查程序进行质疑，还包括对环评审批中被告未告知原告等人听证权利的异议。不过，法院查明案情后，

①　陈新民：《中国行政法学原理》，中国政法大学出版社 2002 年版，第 59 页。

②　张梓太：《公众参与与环境保护法》，《郑州大学学报》（哲学社会科学版）2002 年第 2 期。

③　马浩芳：《环评审批行为中的公众参与是司法审查的重要环节》，《人民司法》2015 年第 6 期。

因该项目将要产生的电场、磁场、无线电干扰以及噪声排放等都符合相关标准，不会严重影响轨道周围居民生活，且该项目属于编制环境影响报告表这一类具有轻度环境影响的建设项目，又因《环境影响评价法》第 21条中规定的公众参与程序针对的是建设单位编制环评文件这一过程，因而在该案件中并未适用这则条款。在〔2016〕苏 05 行终 285 号判决书中，二审法院支持了一审法院在认定原告是否在环境权益方面与该案有重大利益关系时，因该项目的电场、磁场、噪声强度都没有违反相关的国家标准，认为原告不存在重大环境权益利害关系，从而认定被告未告知原告的行为并不违反环评行政许可程序。

公众作为原告提起涉及环评公众参与的行政诉讼时，既有可能专门以环评公众参与过程违法提起行政诉讼，也有可能是在对其他利益进行保护的过程中同时提出环评审批主体等行政机关的行为违法。同时，公众作为原告所提起的行政诉讼案件中，诉求请求往往包含环评公众参与过程虚假或违法。针对公众提出的诉讼请求，环境行政机关（被告）对公众（原告）诉求进行答辩时，除对自身履行法定职责进行举证外，将会以原告不具有"直接利害关系人"的主体资格来予以反驳。法院在对行政诉讼中环评公众参与问题进行审查时，焦点也在于对原告主体资格的判断。[①] 该判断主要分为两个方面：一是原告是否有资格作为该案的诉讼主体；二是原告是否属于原环境行政审批行为的利害关系人。[②]

我国《行政诉讼法》第 25 条第 4 款明确了对于生态保护事项有提出环境行政公益诉讼的权利，却仅将该主体限定为检察机关，除此之外并不包含其他主体类型。根据《行政诉讼法》第 25 条第 1 款，提起行政公益诉讼的原告应当是行政行为的利害关系人。关于公众是否可以作为行政诉讼主体资格，《最高人民法院关于适用〈行政诉讼法〉的解释》（法释〔2018〕1 号）第 12 条对此处的"利害关系"作出了进一步的解释，将对行政行为有利害关系分为六类，分别是行政行为涉及其相邻权或公平竞争权、行政复议中被追加为第三人、要求行政机关依法追究加害人法律责任、撤销或变更行政行为涉及其合法权益、涉及行政投诉的或其他。但

① 董正爱、向乐：《我国环评审批司法审查的实践检视与重构进路——基于五十份裁判文书的实证分析》，《河南财经政法大学学报》2019 年第 4 期。
② 李静婉：《风险社会背景下涉及环评行政许可的司法审查研究——以中国裁判文书网 59份裁判文书为分析样本》，载《深化司法改革与行政审判实践研究（下）——全国法院第 28 届学术研讨会获奖论文集》，第 1185 页。

是，针对环评过程中的公众参与内容提起诉讼时，对原告资格是有一定限制的。若法律上没有赋予公众基于环境公益提起复议或诉讼的权利，该部分主体往往因不具有起诉资格而被驳回诉讼请求。综上，从司法实践来看，若法律上没有赋予公众基于环境公益提起诉讼的权利，那么公众将会因不具有起诉资格而被法院驳回诉讼请求。例如，关某某等人曾基于环境利益保护起诉城乡规划部门的选址行为，因关某某等人不符合法定起诉条件而被一审法院驳回起诉，二审法院维持原判。再审过程中，最高人民法院〔2017〕最高法行申 4361 号行政裁定书中明确，公众所主张的环境权益由环评审批部门予以考量。由此可以看出，目前公众基于环境公益保护针对环评审批行为提起诉讼，尚无法获得司法保护。

（二）公益型环评公众参与的司法救济主体范围扩大

环境行政公益诉讼是指公民、法人或者有关国家机关，认为行政机关侵犯环境公共利益时，依法向人民法院提起诉讼，请求确认违法并予以纠正的诉讼。在这种诉讼类型中，法院以被诉行政行为的合法性为审查对象，不要求原告与被诉的行政行为之间有直接利害关系，保护的利益内容为环境公共利益。[①] 但是，为了进一步保障环境公益，可以尝试将环境公益诉讼的原告资格范围进一步扩大。在此方面，已经有其他国家或地区的立法例。

美国曾在 1970 年《清洁空气法》（Clean Air Act，CAA）中确立了公民诉讼制度（Citizen suits）。在该法中明确，任何人（Any person）均有权利作为原告，针对各类环境违法行为，向包括国家在内的各级政府及政府机关、行政官员或者任何有违法行为的建设单位提起诉讼。[②] 根据被告主体的不同，美国的公民诉讼包括环境民事公益诉讼、环境行政公益诉讼和环境刑事公益诉讼。而且，美国《清洁空气法》中对提起公民诉讼的原告并没有进行限制。对于公民的理解应当采取广义解释，即包括公民个人及有关环保组织。在公民诉讼的发展过程中，美国国会认识到该制度可能引发滥诉现象，加重行政机关负担并干扰司法审判。因此后来在《清洁水法》和其他法律规范中，又对原告主体资格进行了限制，要求原告提供一定证据证明自身或组织成员遭受实际损害，否则就不能成为原告主

---

① 参见曹和平、尚永昕《中国构建环境行政公益诉讼制度的障碍与对策》，《南京社会科学》2009 年第 7 期。

② 42 U. S. C. § 7604 CAA § 304 （a）.

体。因此，如今的公民诉讼是要求受到实际损害的公民、法人、相关组织及机关，以公共利益为目标，发起公民诉讼程序，敦促环境法律法规得以遵守和执行。

需要注意的是，不论是《清洁空气法》，还是《清洁水法》，其中都包括60天的事先告知义务，具有较强的司法督促性质。提起公民诉讼之后，要求被告在60天的时间内积极对违法行为进行补救，该期间的存在就是为了督促环境保护法律法规的执行，避免环境公益受损。[①] 如果在60天之内，违反环境法律规范的企业、行政机关或有关政府没有对其违法行为进行改正，那么就将会卷入公民诉讼的司法程序之中。在一般情况下，环境违法者会在60天内积极履行相关义务和职责，从而免除公民诉讼。为了避免公民诉讼过多地将行政机关置于司法程序之中，行政机关只要在60天内执行了勤勉执法义务，就可以对抗公民诉讼。[②] 也就是说，有关行政机关针对环境违法行为履行了勤勉义务，那么针对该行政机关的公民诉讼将不会被受理。在行政机关的勤勉义务中，除了需要达到及时执法、高效执法且不超过必要的限度之外，还要求该过程中包含公众参与。虽然在《清洁空气法》之后的《清洁水法》和其他一系列环境法律规范对公民诉讼主体资格进行了限制，但是，环境行政机关是否在勤勉义务履行过程中保证公众参与的充分性，仍然是法院对环境行政机关进行司法审查的重要评判标准之一。由此可以看出，该程序的目的是督促有关单位履行环境保护职责和修正环境违法行为。原告在此担任的是监督人的角色，间接推动对环境法律法规的遵守与执行。从这个角度上来说，为了督促环境法律法规的遵守与执行，应当引入更广范围的监督，进行督促的公民没有必要限定为利害关系人。

我国台湾地区也已出现公众基于环境公益保护提起的诉讼类型。虽然公权力主体本身具有维护环境公益的职责和义务，但是，考虑到环境问题的严峻性，我国台湾地区在相关规定中加大了对环境公益的保护程度。[③] 其中，我国台湾地区"行政诉讼法"第9条规定，在特殊情况下，公民可以直接基于公益保护针对行政机关违法行为提起诉讼，并未要求该

[①] 42 U. S. C. §7604 CAA §304（b）.

[②] 33 U. S. C. A. §1365（b）.

[③] 杨海坤、陈迎、何薇、顾远：《大陆和台湾地区的行政诉讼法初步比较》，《政法论坛》2000年第4期。

事项与公民存在利害关系。根据我国台湾地区"行政诉讼法"第 35 条，符合一定条件的社会法人，可以提起公益诉讼。此外，我国台湾地区"环境影响评价法"中规定了针对环评主管机关的违法行为的行政诉讼。不过，公民个人和公益团体提起诉讼的原告资格规定并不相同。公民个人提起诉讼的，需要以传统的行政法诉权理论来判断是否存在利害关系，从而进行传统的诉讼。而且，环境法律对于哪些是存在利害关系的公民进行了一定规定，依照该规定可以进行判断。公益团体提起的诉讼并非都是公益诉讼，而在环境公益诉讼领域，则要求公益团体提起公益诉讼的目的是保护环境公益。

目前我国已经在法律中明确了可以提起环境公益诉讼的原告主体类别，但总体上看对环境行政公益诉讼的主体资格存在较强的限制。《民事诉讼法》规定，可以提起环境民事公益诉讼的主体包括符合一定条件的环保组织和检察机关。但《行政诉讼法》并未将环保组织或公众个人作为提起环境行政公益诉讼的主体，仅将提起环境行政公益诉讼的主体限定为检察机关。① 根据《行政诉讼法》规定，只有检察机关可以作为环境行政公益诉讼的原告。而其他公民、法人或者国家机关没有作为环境行政公益诉讼的原告资格。尽管《环境保护法》第 58 条中规定了符合一定条件的社会组织针对环境公益受损的情形有向法院提起诉讼的权利，但由于《行政诉讼法》对原告资格的限制，社会组织作为原告提起环境公益诉讼目前只限于民事诉讼类型，公众并不能直接依据环境公益受损而提起诉讼。② 而且，《行政诉讼法》明确，检察机关向有违法行为的行政机关提出检察建议是提起环境行政公益诉讼的前提条件。可见，目前对环境行政公益诉讼采取了较为谨慎的态度。不过，针对行政机关的违法行为仅由检察机关来提起环境行政公益诉讼，可能将无法满足环境公益保护需求。下一步应考虑进一步扩大环境行政公益诉讼主体资格。

2014 年修订《环境保护法》时，第 58 条明确了社会组织可以针对损害环境公益的行为提起诉讼。该项规定意味着我国已经在法律层面将环境公益的司法救济权赋予了符合一定条件的社会组织。但是，《行政诉讼

---

① 《行政诉讼法》第 25 条第 4 款："人民检察院在履行职责中发现生态环境和资源保护、食品药品安全、国有财产保护、国有土地使用权出让等领域负有监督管理职责的行政机关违法行使职权或者不作为，致使国家利益或者社会公共利益受到侵害的，应当向行政机关提出检察建议，督促其依法履行职责。行政机关不依法履行职责的，人民检察院依法向人民法院提起诉讼。"

② 陈亮：《环境公益诉讼研究》，法律出版社 2015 年版，第 176 页。

法》并未对环保组织的诉讼权予以规定，仅对检察机关的诉讼权予以了认可。在这种规定下，公众并无法直接依据环境公益受损而提起行政诉讼。其实，《行政诉讼法》中对环保组织诉讼资格的保留，是与目前中国的诉讼体制和环保组织的现状相关联的。在《行政诉讼法》中，公众面对政府这一公权力主体，始终处于弱势地位。社会组织的非营利性使社会组织并没有作为环境公益诉讼原告的经济实力。例如，在"中华环保联合会状告山东德州晶华集团振华有限公司"一案中，虽然环保组织赢得了该案，但是高达 40 万元的律师费也判由原告负担。① 公众若想针对环评过程中环境公益保护行为提起诉讼，需要进一步扩大行政诉讼原告资格范围。在完善对公益型环评公众参与的法律救济后，原告资格不应当受到利害关系、地理位置或行政区域的限制。而且在行政公益诉讼过程中，原告中除符合一定条件的法人或团体外，还应当将个体形式的公众包括进来。虽然《行政诉讼法》第 25 条第 1 款规定提起诉讼的公众需要是"行政相对人"或者与行政行为"存在利害关系"，不过，2017 年修改《行政诉讼法》，专门在第 25 条增加了一款，规定了检察机关针对环境公益保护提出检察建议后的诉讼权。因此，可认为 2015 年实施的《环境保护法》第 58 条规定赋予了符合一定条件的社会组织的司法救济权。针对环评公众参与的法律救济，我国目前已经有了一定的行政和司法土壤。我国在法律上规定了公众的环境保护权利，其中就包括环境保护知情权、参与权和监督权。而在公众参与环境影响评价过程中，就涉及对建设项目环评信息的获取、环评公众参与意见的表达、参与特定的环评公众参与会议并对环评公众参与过程进行监督。可以说，环评公众参与过程中公众的权利已经得到了法律的认可。

综上所述，下一步应从以下几个方面对原告主体资格进行完善。

首先，确定环保组织提起环境行政公益诉讼的主体资格。我国环境法已经明确了在环境民事公益诉讼领域，符合一定条件的环保组织有提起环境公益诉讼的权利，这说明通过环境公益诉讼救济环境公益是合理的。而且，《民事诉讼法》也已经对环保组织提起环境民事公益诉讼的能力予以了承认。《行政诉讼法》对环保组织诉讼资格的保留，是与目前的诉讼体制和环保组织的现状相关联的。随着环保组织的发展与壮大，承认环保组

① 　闫艳：《政府与环保社会组织走向合作》，《中国环境报》2014 年 6 月 17 日第 8 版。

织的环境公益行政诉讼的主体资格只是时间上的问题。虽然检察机关作为监督机关，提起公益诉讼时具有一定的局限性，但相对于有关公民个人及环保组织，检察机关提起环境行政公益诉讼确实存在诸多便利。① 检察机关作为公权力主体，在证据的获取上有着先天的优势。但是，并不能因此而禁止公民个人及环保组织提起环境行政公益诉讼。从公众参与环境行政执法可以看出，公众意见的提出不仅能够提高有关部门的执法能力和执法水平，还能够防止权力异化现象的发生。2015 年的《环境保护法》实施之后，不仅将公众参与作为环境保护过程中的一项原则，而且对公众参与过程中的具体权利予以了法定化。我们应当充分认识公民和环保组织在环境公益保护过程中的贡献，在时机成熟之时，应当尽快赋予公民和环保组织提起环境公益诉讼的资格，以强化环境公益的保护。

其次，环保组织在提起环境行政公益诉讼时，检察机关可以予以支持。一方面表现为检察建议的诉前程序。2017 年修改《行政诉讼法》，专门在第 25 条增加了一款，规定了检察机关针对环境公益保护提出检察建议后的诉讼权。这一程序的加入，能够对有关环境行政机关起到威慑和督促的作用。不过，目前检察建议这一诉前程序存在一系列问题，例如刚性不足、期限不明、起诉时间不确定等，需要对该制度作出进一步完善。② 环保组织成为行政公益诉讼的主体后，仍应当继续保留检察建议的诉前程序。即环保组织作为原告提起环境行政公益诉讼时，应当首先诉诸检察机关，由检察机关向环境行政机关提出检察建议。这样不仅可以对公民诉讼的有关内容进行了筛选，防止基于环境公益保护的公民滥诉情况的发生，而且，与环保组织的意见相比，检察建议更具有权威性，可对环保机关形成更强的压力。另一方面，借鉴我国《民事诉讼法》中对环保机关提起环境民事公益诉讼时检察机关支持起诉的制度，也可在引入环保组织提起环境行政公益诉讼时，对检察机关支持环保组织起诉的制度予以保留。③

---

① 吴良志、熊靖等：《环境侵权受害者司法保护》，中国法制出版社 2017 年版，第 78 页。

② 黄学贤：《行政公益诉讼回顾与展望——基于"一决定三解释"及试点期间相关案例和〈行政诉讼法〉修正案的分析》，《苏州大学学报》（哲学社会科学版）2018 年第 2 期。

③ 《民事诉讼法》第 55 条："对污染环境、侵害众多消费者合法权益等损害社会公共利益的行为，法律规定的机关和有关组织可以向人民法院提起诉讼。人民检察院在履行职责中发现破坏生态环境和资源保护、食品药品安全领域侵害众多消费者合法权益等损害社会公共利益的行为，在没有前款规定的机关和组织或者前款规定的机关和组织不提起诉讼的情况下，可以向人民法院提起诉讼。前款规定的机关或者组织提起诉讼的，人民检察院可以支持起诉。"

　　最后，强化对环保组织的诉讼激励机制。根据官方统计数据，截至2014 年秋季末，民政部门登记在册的社会组织、其中环保类社会组织以及符合环境公益诉讼原告条件的社会组织数量分别为 56.9 万家、7 千家、7 百家。[①] 但是，从 2015—2018 年的实践数据来看，共有 22 家社会组织提起环境公益诉讼案件，案件数量共计 205 件，法院审结 98 件。[②] 可见，实践中由社会组织所提起的环境公益诉讼案件并不多。例如，在上述所提到的"中华环保联合会状告山东德州晶华集团振华有限公司"一案中，虽然环保组织赢得了该案，但是高达 40 万元的律师费也判由原告负担。[③] 环保组织随着人们对环境问题的关注和觉醒逐渐发展起来，其资金可能来自相关基金会和其他环保组织，也可能来自会费或者社会、企业捐款。[④] 如果需要作为环境公益诉讼原告的环保组织来支付这部分资金，该组织为了生存可能受某些企业资助，从而影响其行动利益指向。[⑤] 因此，在环保组织作为原告提起环境公益诉讼时，应当予以一定的资金支持。

　　此外，目前法院在进行环评公众参与审查时以程序性审查为主，审查时涉及公众参与实体性方面的内容较少，即使个别案例的审查过程有涉及环评公众参与的实体性问题，对公众意见的审查也并不占主导空间。而且，技术机构出具的专业环评意见更能获得法院的信任。[⑥] 相比之下，公众提出的意见并没有获得足够的重视。在对法院的审查方式进行完善时，有学者建议在进行程序性审查时，将该程序违法进行类型化处理。[⑦] 同时，法院的审查不应当仅局限于程序性审查，而是应当包括实质性审查。虽然在环评技术方面，法院可能缺乏相应的专业知识，但是法院有能力对审批机关的审批决定的依据、方式等进行判断，从而判定有关主体是否充分收集和考量了公众意见等。

---

①　邢世伟、金煜：《700 社会组织可提环境公益诉讼》，《新京报》2015 年 1 月 7 日第 A06 版。

②　江必新：《中国环境公益诉讼的实践发展及制度完善》，《法律适用》2019 年第 1 期。

③　闫艳：《政府与环保社会组织走向合作》，《中国环境报》2014 年 6 月 17 日第 8 版。

④　汪永晨、王爱军主编：《守望——中国环保 NGO 媒体调查》，中国环境科学出版社 2012 年版，第 430 页。

⑤　See Michael P. Vandenbergh, "Private Environmental Governance", *Cornell Law Review*, Vol. 99, No. 1, 2013, p.197.

⑥　阮丽娟：《环评审批的司法审查之困境与克服》，《政治与法律》2017 年第 10 期。

⑦　庄汉：《环评公众参与的程序瑕疵及其司法审查》，《法治论坛》2018 年第 4 期。

结　语

　　公众参与环境影响评价，作为公众参与原则在环评过程中的体现，已被世界大部分国家所认可。在我国环评公众参与制度实施过程中，仍然存在一系列的问题阻碍着环评公众参与制度的开展。利益是一切行为的起点，为了从根本上解决环境影响评价过程中的公众参与难题，本书从利益角度对我国长久以来环评公众参与的实施现状，以及我国目前存在的公众参与程序类型进行检视。通过检视可以发现，在法律规范中，环评公众参与主体规定、环境影响评价信息的获取、公众参与渠道的设置以及公众参与权利的保障等使得环评公众参与过程注重私人利益纠纷的解决。在实践中，是否属于环境影响评价范围内的深度环评公众参与程序主体和是否具有重大利害关系作为环评听证参与人的判断标准，以及围绕不同主体间利益冲突衡量为中心的环评公众参与内容，使得环境影响评价过程中缺乏环境公益保护。因此，单纯包括公众对私人利益追求的环评公众参与程序，由于公众参与的主体范围受到了较大的限制，以及常常表现出公众参与能力不足和公众参与积极性不高的现象都使得公益型环评公众参与的引入愈加重要和必要。

　　通过前文研究可知，公益型环评公众参与是指公众基于环境公益保护，参与建设项目环评的过程。这种类型的环评公众参与，是相较于私益型环评公众参与而言的，在环评公众参与的主体类型上表现出较大的不同。引入公益型环评公众参与，则需要破除环评公众参与主体范围的限制，在建设项目的环评范围之外引入基于环境公益保护的公众主体类型。这种参与要求公众的诉求围绕环境公益展开，即建设项目的环境影响对环境公益所造成的破坏。公益型环评公众参与就是要在目前的以"环境影响评价范围内"和"利害关系人"为主的环评公众参与主体类型中，引

入其他公众主体类型。由于我国目前的环评公众参与法律规范和环评公众
参与法律实践都是以私人利益保护为中心的。因此，为保证公益型环评公
众参与制度的稳定开展，需要对我国公益型环评公众参与制度进行落实，
在完善公益型环评公众参与法律规定和效力等级的基础上，从环评公众参
与的主体、方式、程序和权利救济方面进行保障。

　　需要说明的是，公益型环评公众参与是我国环评公众参与制度的一种
类型，是相较于私益型环评公众参与而言的。本书对公益型环评公众参与
进行探讨，并不是意味着传统的以公众私人利益保护为主要内容的环评公
众参与制度不重要或是通过牺牲个人利益来强调环境公益。恰恰相反，本
书对公益型环评公众参与制度的研究，是根据生态系统的整体性特点，通
过对环评过程中环境公益内容的追求，来达到对私人利益的长久保护。一
方面，环评过程的专业性较强，针对建设项目的环境影响提出有关建议需
要更多的专业知识和参与经验，一般公众往往难以提出有针对性的意见。
而引入的公益型环评公众参与主体，其利益诉求是基于环境公益保
护，① 且具备丰富的环评知识和参与技巧，因此能够弥补环评范围内公众
参与能力的不足。另一方面，本书提出需要构建公益型环评公众参与制
度，并不是要取代现有的环评公众参与制度，或是将公益型环评公众参与
作为环评公众参与的主要内容，而是通过公益型环评公众参与的引入，督
促环评过程中对环境公益的保护，防止公众参与能力不足或对环境公益的
忽视。因此，公益型环评公众参与的主体并不占大多数，而是需要保证建
设单位和审批部门对该部分主体的认同，当环评范围外公众针对建设项目
环境影响事项提出意见或者申请参加深度公众参与时，应当对其予以相应
的尊重。对公益型环评公众参与的引入，也并非仅仅关注环评公众参与的
主体，而是包括公益型环评公众参与制度的全过程，包括法律规范的完
善、环评范围外公众主体的引入，以及公益型环评公众参与方式、程序和
权利救济的保障等。

① 参见杨建顺《〈行政诉讼法〉的修改与行政公益诉讼》，《法律适用》2012 年第 11 期。

参考文献

一 中文著作

［美］埃莉诺·奥斯特罗姆：《公共事物的治理之道——集体行动制度的演进》，余逊达、陈旭东译，上海译文出版社 2012 年版。

［美］奥斯特罗姆、帕克斯和惠特克：《公共服务的制度建构》，毛寿龙译，上海三联书店 2000 年版。

［美］曼瑟尔·奥尔森：《集体行动的逻辑》，陈郁、郭宇峰、李崇新译，上海人民出版社 1995 年版。

［英］边沁：《道德与立法原理导论》，时殷弘译，商务印书馆 2000 年版。

［美］杜威：《新旧个人主义——杜威文选》，孙有中、蓝克林、裴雯译，上海社会科学院出版社 1997 年版。

［英］恩靳·伊辛、［英］布雷恩·特纳主编：《公民权研究手册》，王小章译，浙江人民出版社 2007 年版。

［荷］法兰克·范克莱、［荷］安娜·玛丽亚·艾斯特维丝编：《社会影响评价新趋势》，谢燕、杨云帆译，中国环境出版社 2015 年版。

［澳］菲利普·安东尼·奥哈拉主编：《政治经济学百科全书》（全二卷），郭庆旺、刘晓路、彭月兰、张德勇等译，中国人民大学出版社 2009 年版。

［德］菲利普·黑克：《利益法学》，傅广宇译，商务印书馆 2016 年版。

［美］汉斯·摩根索：《国家间政治——权力斗争与和平》（第七版），徐昕、郝望、李保平译，北京大学出版社 2006 年版。

［日］黑川哲志：《环境行政的法理与方法》，肖军译，中国法制出版

社 2008 年版。

［英］霍布斯：《利维坦》，黎思复、黎廷弼译，商务印书馆 1985 年版。

［法］卢梭：《社会契约论》，李平沤译，商务印书馆 2011 年版。

［德］耶林：《为权利而斗争》，郑永流译，商务印书馆 2016 年版。

［美］罗伯特·A. 达尔：《论民主》，季风华译，中国人民大学出版社 2012 年版。

［美］罗斯科·庞德：《通过法律的社会控制》，沈宗灵译，商务印书馆 2010 年版。

［美］迈克尔·麦金尼斯主编：《多中心体制与地方公共经济》，毛寿龙译，上海三联书店 2000 年版。

［英］亚当·斯密：《国富论》，郭大力、王亚南译，译林出版社 2011 年版。

［古希腊］亚里士多德：《政治学》，吴寿彭译，商务印书馆 1965 年版。

［美］约翰·克莱顿·托马斯：《公共决策中的公民参与：公共管理者的新技能与新策略》，孙柏瑛等译，中国人民大学出版社 2005 年版。

［美］约翰·罗尔斯：《正义论》（修订版），何怀宏、何包钢、廖申白译，中国社会科学出版社 2009 年版。

［美］詹姆斯·博曼、［美］威廉·雷吉主编：《协商民主：论理性与政治》，陈家刚等译，中央编译出版社 2006 年版。

［美］詹姆斯·博曼：《公共协商：多元主义、复杂性与民主》，黄相怀译，中央编译出版社 2006 年版。

白贵秀：《环境行政许可制度研究》，知识产权出版社 2012 年版。

蔡定剑主编：《公众参与——风险社会的制度建设》，法律出版社 2009 年版。

陈慈阳：《环境法总论》（修订三版），元照出版有限公司 2011 年版。

陈亮：《环境公益诉讼研究》，法律出版社 2015 年版。

陈新民：《中国行政法学原理》，中国政法大学出版社 2002 年版。

陈振宇：《城市规划中的公众参与程序研究》，法律出版社 2009 年版。

崔浩等：《环境保护公众参与研究》，光明日报出版社 2013 年版。

崔浩：《行政立法公众参与制度研究》，光明日报出版社 2015 年版。

戴佳、曾繁旭：《环境传播——议题、风险与行动》，清华大学出版社 2016 年版。

丁勇、张德善主编：《经济学基础》，苏州大学出版社 2013 年版。

符启林主编，司徒志梁、王树清副主编：《征收法律制度研究》，知识产权出版社 2012 年版。

高鸿钧等：《法治：理念与制度》，中国政法大学出版社 2002 年版。

公丕祥主编：《法理学》（第三版），复旦大学出版社 2016 年版。

韩福国：《我们如何具体操作协商民主——复式协商民主决策程序手册》，复旦大学出版社 2017 年版。

胡建淼主编：《公权力研究——立法权、行政权、司法权》，浙江大学出版社 2005 年版。

环境保护法律法规解读委员会编：《中华人民共和国环境保护法律法规解读：事故防范·典型案例》（2016 年最新版），中国言实出版社 2016 年版。

黄锦堂：《台湾地区环境法之研究》，月旦出版社股份有限公司 1994 年版。

江必新主编：《强制执行法理论与实务》，中国法制出版社 2014 年版。

江利红：《行政法学》，中国政法大学出版社 2014 年版。

蒋润婷：《行政法视阈下的参与权解析》，南开大学出版社 2017 年版。

金彭年：《社会公共利益保护法律制度研究》，浙江大学出版社 2015 年版。

李洪远主编，孟伟庆、单春艳、鞠美庭、文科军副主编：《环境生态学》（第二版），化学工业出版社 2011 年版。

李卫华：《公众参与对行政法的挑战和影响》，上海人民出版社 2014 年版。

李向东：《行政立法前评估制度研究》，中国法制出版社 2016 年版。

李艳芳：《公众参与环境影响评价制度研究》，中国人民大学出版社 2004 年版。

廖振良编著：《碳排放交易理论与实践》，同济大学出版社 2016

年版。

刘义祥主编：《火灾痕迹》，中国人民公安大学出版社 2014 年版。

缪文升：《自由与平等动态平衡的法理研究》，中国人民公安大学出版社 2013 年版。

戚建刚、易君：《群体性事件治理中公众有序参与的行政法制度研究》，华中科技大学出版社 2014 年版。

秦前红主编：《新宪法学》（第二版），武汉大学出版社 2009 年版。

上官丕亮、陆永胜、朱中一：《宪法原理》，苏州大学出版社 2013 年版。

汤剑波：《重建经济学的伦理之维——论阿马蒂亚·森的经济伦理思想》，浙江大学出版社 2008 年版。

汪建沃、周贝娜、王嘉编著：《守望家园——前行中的环保非政府组织》，中南大学出版社 2016 年版。

汪永晨、王爱军主编：《守望——中国环保 NGO 媒体调查》，中国环境科学出版社 2012 年版。

王春雷：《基于有效管理模型的重大活动公众参与研究——以 2010 年上海世博会为例》，同济大学出版社 2010 年版。

王巍、牛美丽编译：《公民参与》，中国人民大学出版社 2009 年版。

王文革：《环境知情权保护立法研究》，中国法制出版社 2012 年版。

王锡锌主编：《行政过程中公众参与的制度实践》，中国法制出版社 2008 年版。

翁岳生编：《行政法》，中国法制出版社 2009 年版。

吴高盛主编：《〈中华人民共和国行政复议法〉释义及实用指南》，中国民主法制出版社 2015 年版。

吴高盛主编：《公共利益的界定与法律规制研究》，中国民主法制出版社 2009 年版。

夏征农、陈至立主编：《辞海》（第六版），上海辞书出版社 2009 年版。

许崇德主编，舒国滢、韩大元副主编：《法学基础理论·宪法学》（修订本），法律出版社 1998 年版。

杨建顺：《日本行政法通论》，中国法制出版社 1998 年版。

杨志峰、刘静玲等编著：《环境科学概论》，高等教育出版社 2004

年版。

姚文胜：《论利益均衡的法律调控》，中国社会科学出版社 2017
年版。

叶俊荣：《环境行政的正当法律程序》，翰芦图书出版有限公司 2001
年版。

叶俊荣：《环境理性与制度抉择》，翰芦图书出版有限公司 2001
年版。

叶俊荣：《环境政策与法律》，元照出版有限公司 2010 年版。

余军主编，张艺耀、陈红副主编：《宪法学》，厦门大学出版社 2007
年版。

俞可平等：《中国公民社会的制度环境》，北京大学出版社 2006
年版。

张文显、李步云主编：《法理学论丛》（第一卷），法律出版社 1999
年版。

张晓杰：《中国公众参与政府环境决策的政治机会结构研究》，东北
大学出版社 2014 年版。

郑贤君：《中国梦实现的根本法保障》，江苏人民出版社 2014 年版。

钟其主编：《2018 年浙江发展报告（生态卷）》，浙江人民出版社
2018 年版。

周珂主编，别涛、竺效副主编：《环境保护行政许可听证实例与解
析》，中国环境科学出版社 2005 年版。

周永坤：《法理学——全球视野》（第四版），法律出版社 2016 年版。

朱谦：《公众环境保护的权利构造》，知识产权出版社 2008 年版。

二　中文论文

白贵秀：《环境影响评价的正当性解析——以公众参与机制为例》，
《政法论丛》2011 年第 3 期。

蔡定剑：《公众参与及其在中国的发展》，《团结》2009 年第 4 期。

蔡恒松：《论公共利益的主体归属》，《前沿》2010 年第 15 期。

蔡守秋、张毅：《绿色原则之文义解释与体系解读》，《甘肃政法学院
学报》2018 年第 5 期。

蔡守秋：《环境公平与环境民主——三论环境资源法学的基本理念》，

《河海大学学报》（哲学社会科学版）2005 年第 3 期。

曹和平、尚永昕：《中国构建环境行政公益诉讼制度的障碍与对策》，《南京社会科学》2009 年第 7 期。

陈真亮：《论环境法的社会化与社会化的环境法》，《清华法治论衡》2013 年第 3 期。

成洁、赵晖：《我国公共听证制度的困境与突围》，《江海学刊》2014 年第 2 期。

程样国、陈洋庚：《理性与激情的平衡——论公共政策制定中的公民适度参与》，《政法论坛》2009 年第 1 期。

楚晨：《逻辑与进路：环评审批中如何引入基于环境公益的公众参与》，《中国人口·资源与环境》2019 年第 6 期。

邓佑文：《行政参与的权利化：内涵、困境及其突破》，《政治与法律》2014 年第 11 期。

方超、王程昊：《环境影响评价公众参与制度比较法研究》，《环境科学与管理》2014 年第 11 期。

付子堂：《对利益问题的法律解释》，《法学家》2001 年第 2 期。

龚文娟：《环境风险沟通中的公众参与和系统信任》，《社会学研究》2016 年第 3 期。

郭道晖：《公民权与公民社会》，《法学研究》2006 年第 1 期。

郭道晖：《知情权与信息公开制度》，《江海学刊》2003 年第 1 期。

何香柏：《风险社会背景下环境影响评价制度的反思与变革——以常州外国语学校"毒地"事件为切入点》，《法学评论》2017 年第 1 期。

侯永刚、王跃先：《我国环保 NGO 的发展困境与法律对策》，《北方经贸》2014 年第 1 期。

胡玉鸿：《和谐社会与利益平衡——法律上公共利益与个人利益关系之论证》，《学习与探索》2007 年第 6 期。

黄学贤：《行政公益诉讼回顾与展望——基于"一决定三解释"及试点期间相关案例和〈行政诉讼法〉修正案的分析》，《苏州大学学报》（哲学社会科学版）2018 年第 2 期。

黄学贤：《行政诉讼中法院应当通知其参加诉讼的第三人》，《辽宁大学学报》（哲学社会科学版）2020 年第 1 期。

江必新、李春燕：《公众参与趋势对行政法和行政法学的挑战》，《中国法学》2005 年第 6 期。

　　姜明安：《公众参与与行政法治》，《中国法学》2004 年第 2 期。

　　金自宁：《跨越专业门槛的风险交流与公众参与透视深圳西部通道环评事件》，《中外法学》2014 年第 1 期。

　　李春成：《公共利益的概念建构评析——行政伦理学的视角》，《复旦学报》（社会科学版）2003 年第 1 期。

　　李宁、陈利根、龙开胜：《农村宅基地产权制度研究——不完全产权与主体行为关系的分析视角》，《公共管理学报》2014 年第 1 期。

　　李艳芳：《论我国环境影响评价制度及其完善》，《法学家》2000 年第 5 期。

　　李永杰：《论民间环保组织的环境教育功能——以"自然之友"为例》，《福建行政学院学报》2017 年第 6 期。

　　李志青：《环保公共开支、资本化程度与经济增长》，《复旦学报》（社会科学版）2014 年第 2 期。

　　梁学功、刘娟：《中国实施规划环评可能出现的问题及其解决方法》，《环境科学》2004 年第 6 期。

　　刘呈庆、田建国：《建设项目环境影响评价中的利益相关者博弈框架分析》，《辽宁师范大学学报》（自然科学版）2009 年第 2 期。

　　刘立涛、刘晓洁、伦飞、吴良、鲁春霞：《全球气候变化下的中国粮食安全问题研究》，《自然资源学报》2018 年第 6 期。

　　刘连泰：《"公共利益"的解释困境及其突围》，《文史哲》2006 年第 2 期。

　　罗文燕：《论公众参与建设项目环境影响评价的有效性及其考量》，《法治研究》2019 年第 2 期。

　　骆梅英、赵高旭：《公众参与在行政决策生成中的角色重考》，《行政法学研究》2016 年第 1 期。

　　吕忠梅：《环境权力与权利的重构——论民法与环境法的沟通和协调》，《法律科学》（西北政法大学学报）2000 年第 5 期。

　　马浩芳：《环评审批行为中的公众参与是司法审查的重要环节》，《人民司法》2015 年第 6 期。

　　马怀德：《论听证程序的适用范围》，《中外法学》1998 年第 2 期。

　　莫于川：《公众参与潮流和参与式行政法制模式——从中国行政法民

主化发展趋势的视角分析》，《国家检察官学院学报》2011 年第 4 期。

潘婧：《环保社会组织在生态规划中的作用——以防城港市山心岛生态岛礁项目为例》，《环境与可持续发展》2018 年第 3 期。

阮丽娟：《环评审批的司法审查之困境与克服》，《政治与法律》2017 年第 10 期。

上官丕亮：《"公共利益"的宪法解读》，《国家行政学院学报》2009 年第 4 期。

沈岿：《行政机关如何回应公众意见？——美国行政规则制定的经验》，《环境法律评论》2018 年第 3 期。

史玉成：《环境保护公众参与的现实基础与制度生成要素——对完善我国环境保护公众参与法律制度的思考》，《兰州大学学报》（社会科学版）2008 年第 1 期。

孙笑侠、郭春镇：《法律父爱主义在中国的适用》，《中国社会科学》2006 年第 1 期。

唐继云、黄真平、杜羽佳：《环保 NGO 的经费困境与出路》，《社团管理研究》2009 年第 7 期。

唐明良：《公众参与的方式及其效力光谱——以环境影响评价的公众参与为例》，《法治研究》2012 年第 11 期。

田良：《论环境影响评价中公众参与的主体、内容和方法》，《兰州大学学报》（社会科学版）2005 年第 5 期。

田千山：《完善公共政策制定中的公民参与机制——基于 SWOT 分析的路径选择》，《行政与法》2011 年第 9 期。

万靖、胡俊辉：《行政许可中重大利益关系的认定》，《人民司法》2013 年第 24 期。

汪劲：《对提高环评有效性问题的法律思考——以环评报告书审批过程为中心》，《环境保护》2005 年第 3 期。

汪劲：《环境法学的中国现象：由来与前程——源自环境法和法学学科发展史的考察》，《清华法学》2018 年第 5 期。

汪劲：《环境影响评价程序之公众参与问题研究——兼论我国〈环境影响评价法〉相关规定的施行》，《法学评论》2004 年第 2 期。

王灿发、于文轩：《"圆明园铺膜事件"对环境影响评价法的拷问》，《中州学刊》2005 年第 5 期。

王春磊：《法律视野下环境利益的澄清及界定》，《中州学刊》2013
年第 4 期。

王春磊：《我国环境法对环境利益消极保护及其反思》，《暨南学报》
（哲学社会科学版）2013 年第 6 期。

王明远：《论我国环境公共利益诉讼的发展方向：基于行政权与司法
权关系理论的分析》，《中国法学》2016 年第 1 期。

王锡锌：《公众参与：参与式民主的理论想象及制度实践》，《政治与
法律》2008 年第 6 期。

王锡锌：《利益组织化、公众参与和个体权利保障》，《东方法学》
2008 年第 4 期。

王小钢：《从行政权力本位到公共利益理念——中国环境法律制度的
理念更新》，《中国地质大学学报》（社会科学版）2010 年第 5 期。

王晓楠：《"公"与"私"：中国城市居民环境行为逻辑》，《福建论
坛》（人文社会科学版）2018 年第 6 期。

王秀哲：《我国环境保护公众参与立法保护研究》，《北方法学》2018
年第 2 期。

王旭：《论自然资源国家所有权的宪法规制功能》，《中国法学》2013
年第 6 期。

王雪梅：《中欧环评公众参与机制的比较与立法启示》，《中国地质大
学学报》（社会科学版）2014 年第 4 期。

王泽琳、张如良、吴欢：《跨流域调水的公正问题——基于环境正义
的分析视角》，《中国环境管理》2019 年第 2 期。

吴满昌：《公众参与与环境影响评价机制研究——对典型环境群体性事
件的反思》，《昆明理工大学学报》（社会科学版）2013 年第 4 期。

吴湘玲、王志华：《我国环保 NGO 政策议程参与机制分析——基于
多源流分析框架的视角》，《中南大学学报》（社会科学版）2011 年第
5 期。

吴宇：《建设项目环境影响评价公众参与有效性的法律保障》，《法商
研究》2018 年第 2 期。

吴元元：《信息基础、声誉机制与执法优化——食品安全治理的新视
野》，《中国社会科学》2012 年第 6 期。

肖建国：《利益交错中的环境公益诉讼原理》，《中国人民大学学报》

2016 年第 2 期。

徐以祥：《公众参与权利的二元性区分——以环境行政公众参与法律规范为分析对象》，《中南大学学报》（社会科学版）2018 年第 2 期。

徐忠麟：《我国环境法律制度的失灵与矫正——基于社会资本理论的分析》，《法商研究》2018 年第 5 期。

许玉镇：《论公众参与政府决策的代表遴选机制》，《哈尔滨工业大学学报》（社会科学版）2013 年第 6 期。

杨朝霞：《论环境公益诉讼的权利基础和起诉顺位——兼谈自然资源物权和环境权的理论要点》，《法学论坛》2013 年第 3 期。

杨解君：《绿色技术发展的立法回应：问题与破解》，《法商研究》2017 年第 6 期。

杨炼：《论现代立法中的利益结构》，《理论月刊》2011 年第 11 期。

于文轩：《环境司法专门化视阈下环境法庭之检视与完善》，《中国人口·资源与环境》2017 年第 8 期。

郁乐：《环境正义的分配、矫正与承认及其内在逻辑》，《吉首大学学报》（社会科学版）2017 年第 2 期。

张继平、潘颖、徐纬光：《中国海洋环保 NGO 的发展困境及对策研究》，《上海海洋大学学报》2017 年第 6 期。

张丽娟、吴致远：《技术的公众参与问题研究》，《广西民族大学学报》（哲学社会科学版）2016 年第 2 期。

张晓云：《环境影响评价参与主体"公众"的法律界定》，《华侨大学学报》（哲学社会科学版）2018 年第 6 期。

张梓太：《公众参与与环境保护法》，《郑州大学学报》（哲学社会科学版）2002 年第 2 期。

章志远：《价格听证困境的解决之道》，《法商研究》2005 年第 2 期。

赵小平、王乐实：《NGO 的生态关系研究——以自我提升型价值观为视角》，《社会学研究》2013 年第 1 期。

郑少华、王慧：《中国环境法治四十年：法律文本、法律实施与未来走向》，《法学》2018 年第 11 期。

周杰：《环境影响评价制度中公共利益与个人利益的冲突及衡量》，《南京大学法律评论》2011 年第 1 期。

周珂、史一舒：《论环境影响评价机构的独立性》，《法治研究》2015

年第 6 期。

朱谦、楚晨：《环境影响评价过程中应突出公众对环境公益之维护》，《江淮论坛》2019 年第 2 期。

朱谦：《公众环境行政参与的现实困境及其出路》，《上海交通大学学报》（哲学社会科学版）2012 年第 1 期。

朱谦：《环境公共决策中个体参与之缺陷及其克服——以近年来环境影响评价公众参与个案为参照》，《法学》2009 年第 2 期。

朱谦：《环境公共利益的宪法确认及其保护路径选择》，《中州学刊》2019 年第 8 期。

朱谦：《环境民主权利构造的价值分析》，《社会科学战线》2007 年第 5 期。

朱谦：《抗争中的环境信息应该及时公开——评厦门 PX 项目与城市总体规划环评》，《法学》2008 年第 1 期。

竺效：《环境保护行政许可听证制度初探》，《甘肃社会科学》2005 年第 5 期。

竺效：《论环境行政许可听证利害关系人代表的选择机制》，《法商研究》2005 年第 5 期。

庄汉：《环评公众参与的程序瑕疵及其司法审查》，《法治论坛》2018 年第 4 期。

三　外文文献

Adam N. Bram，"Public Participation Provisions Need not Contribute to Environmental Injustice"，*Temple Political & Civil Rights Law Review*，Vol. 5，No. 2，1996.

Christian Hunold. "Corporatism, Pluralism and Democracy: toward a Deliberative Theory of Bureaucratic Accountability"，*Governance*，Vol. 24，No. 2，2001.

Ernest Gellhorn，"Public Participation in Administrative Proceedings"，*Yale Law Journal*，Vol. 81，No. 3，1972.

Gene M. Grossman，Alan B. Krueger，"Economic Growth and the Environment"，*The Quarterly Journalof Economics*，Vol. 110，No. 2，1995.

Gene Rowe，Lynn J. Frewer，"Public Participation Methods: a

Framework for Evaluation", *Science*, *Technology*, *& Human Values* Vol. 25, No. 1, 2000.

Glen Staszewski. "Political Reasons, Deliberative Democracy, and Administrative Law", *Iowa Law Review*, Vol. 97, No. 3, 2012.

James J. Glass, "Citizen Participation in Planning: the Relationship between Objectives and Techniques", *Journal of the American Planning Association*, Vol. 45, No. 2, 1979.

Jennigfer Cassel, "Enforcing Environmental Human Rights: Selected Strategies of US NGOs", *Northwestern Journal of International Human Rights*, Vol. 6, No. 1, 2007.

Jeffrey M. Berry, Kent Portney, Ken Thomson, *The Rebirth of Urban Democracy*, Washington, DC: The Brookings Institution, 2002.

Judy B. Rosener, "Citizen Participation: Can We Measure Its Effectiveness?", *Public Administration Review*, 1978.

Keith Davis, "Can Business Afford to Ignore Social Responsibilities?", *California Management Review*, Vol. 2, No. 3, 1960.

Kevin L. Gericke, Jay Sullivan, "Public Participation and Appeals of Forest Service Plans—an Empirical Examination", *Society & Natural Resources*, Vol. 7, No. 2, 1994.

Lester W. Milbrath, Madan Lal Goel, *Political Participation: How and Why Do People Get Involved in Politics?* Rand McNally College Publishing Company, 1977.

Marcus B. Lane, Tiffany H. Morrison, "Public Interest or Private Agenda: a Meditation on the Role of NGOs in Environmental Policy and Management in Australia", *Journal of Rural Studies*, Vol. 22, No. 2, 2006.

Marcus E. Ethridge, *Procedures for Citizen Involvement in Environmental Policy: an Assessment of Policy Effects*, Citizen participation in public decision making, 1987.

Md Manjur Morshed, Yasushi Asami, "The Role of NGOs in Public and Private Land Development: the Case of Dhaka City", *Geoforum*, Vol. 60, 2015.

Michael O'Hare, "Not on my block you don't: Facility siting and the strategic importance of compensation", *Public policy*, Vol. 25, No. 4, 1977.

Michael P. Vandenbergh, "Private Environmental Governance", *Cornell law Review*, Vol. 99, No. 1, 2013.

Nancy Perkins Spyke, "Public Participation in Environmental Decision-making at the New Millenium: Structuring New Spheres of Public Influence", *Boston College Environmental Affairs Law Review*, Vol. 26, 1999.

Nicola Banks, David Hulme, Michael Edwards, "NGOs, States, and Donors Revisited: Still Too Close for Comfort?", *World Development*, Vol. 66, 2015.

Renee A. Irvin, John Stansbury, "Citizen Participation in Decision Making: Is It Worth the Effort?", *Public Administration Review*, Vol. 64, No. 1, 2004.

Renee Sieber, "Public Participation Geographic Information Systems: a Literature Review and Framework", *Annals of the Association of American Geographers*, Vol. 96, No. 3, 2006.

Sherry R. Arnstein, "A Ladder of Citizen Participation", *Journal of the American Institute of Planners*, Vol. 35, No. 4, 1969.

Sidney Verba, Norman H. Nie, *Participation in America: Political Democracy and Social Equality*, University of Chicago Press, 1987.

Susan L. Senecah, "Impetus, Mission, and Future of the Environmental Communication Commission/Division: Are We Still on Track? Were We Ever?", *Environmental Communication*1, Vol. 1, 2007.

Toddi A. Steelman, William Ascher, "Public Involvement Methods in Natural Resource Policy Making: Advantages, Disadvantages and Trade – offs", *Policy Sciences*, Vol. 30, No. 2, 1997.

Vivien Lowndes, Lawrence Pratchett, Gerry Stoker, "Trends in Public Participation: Part 2 – Citizens' Perspectives", *Public Administration*, Vol. 79, No. 2, 2001.

附　录

公益型环评公众参与的立法修改建议

附录一　《环境影响评价法》修改建议

一　结构

修改前	修改后
第一章 总则	第一章 总则
第二章 规划的环境影响评价	第二章 规划的环境影响评价
第三章 建设项目的环境影响评价	第三章 建设项目的环境影响评价
第四章 法律责任	第四章 环境影响评价公众参与
第五章 附则	第五章 法律责任
	第六章 附则

二　新增第四章节修改建议内容

第 1 条	专项规划的编制机关对可能造成不良环境影响并直接涉及公众环境权益的规划，应当在该规划草案报送审批前，举行论证会、听证会，或者采取其他形式，征求有关单位、专家和公众对环境影响报告书草案的意见。但是，国家规定需要保密的情形除外。 编制机关应当认真考虑有关单位、专家和公众对环境影响报告书草案的意见，并应当在报送审查的环境影响报告书中附具对意见采纳或者不采纳的说明。（2018《环境影响评价法》第 11 条）
第 2 条	除国家规定需要保密的情形外，对环境可能造成重大影响、应当编制环境影响报告书的建设项目，建设单位应当在报批建设项目环境影响报告书前，举行论证会、听证会，或者采取其他形式，征求有关单位、专家和公众的意见。 建设单位报批的环境影响报告书应当附具对有关单位、专家和公众的意见采纳或者不采纳的说明。（2018《环境影响评价法》第 21 条）
第 3 条	环境影响评价公众参与应当确保全过程信息公开。

续表

第 4 条	环境影响评价公众参与应当围绕项目所产生的环境影响展开，不涉及征地拆迁、财产、就业等意见或诉求。
第 5 条	环境影响评价公众参与过程中，应当认真听取环境影响评价范围内的公众意见以及环境影响评价范围外的公众合理意见。对于公众的质疑或疑问，应当及时回应。
第 6 条	决定开展深度公众参与程序的，对于公众代表的选择，应当以环境影响评价范围内的公众为主。当有环境影响评价范围外的公众申请参加深度公众参与的，应当保证公众代表中包含一定比例的环境影响评价范围外的公众。在确定参与深度公众参与的公众代表和专家名单后，应及时向社会公布。
第 7 条	生态环境主管部门进行审查时，对于不遵守环评公众参与程序性规定的建设项目，应当责成建设单位重新征求公众意见，退回环境影响报告书。建设单位再次征求公众意见仍不充分的，应当延期审批。

附录二 《环境影响评价公众参与办法》立法修改建议

	修改前	修改后
1	第 5 条："建设单位应当依法听取环境影响评价范围内的公民、法人和其他组织的意见，鼓励建设单位听取环境影响评价范围之外的公民、法人和其他组织的意见。"	第 5 条："建设单位应当听取公众、法人和其他组织所提出的与建设项目的环境影响有关的意见。进行意见收集和采纳时，应当以环境影响评价范围内的公众意见为主，但当有环境影响评价范围外的公众提出意见时，也应当认真听取。"
2	第 11 条："依照本办法第 10 条规定应当公开的信息，建设单位应当通过下列三种方式同步公开： （一）通过网络平台公开，且持续公开期限不得少于 10 个工作日； （二）通过建设项目所在地公众易于接触的报纸公开，且在征求意见的 10 个工作日内公开信息不得少于 2 次； （三）通过在建设项目所在地公众易于知悉的场所张贴公告的方式公开，且持续公开期限不得少于 10 个工作日。 鼓励建设单位通过广播、电视、微信、微博及其他新媒体等多种形式发布本办法第 10 条规定的信息。"	第 11 条："依照本办法第 9 条和第 10 条规定应当公开的信息，建设单位应当通过下列三种方式同步公开： （一）通过网络平台公开，且持续公开期限不得少于 10 个工作日； （二）通过建设项目所在地公众易于接触的报纸公开，且在征求意见的 10 个工作日内公开信息不得少于 2 次； （三）通过在建设项目所在地公众易于知悉的场所张贴公告的方式公开，且持续公开期限不得少于 10 个工作日。 鼓励建设单位通过广播、电视、微信、微博及其他新媒体等多种形式发布本办法第 9 条和第 10 条规定的信息。"

续表

	修改前	修改后
3	第15条："建设单位决定组织召开公众座谈会、专家论证会的，应当在会议召开的10个工作日前，将会议的时间、地点、主题和可以报名的公众范围、报名办法，通过网络平台和在建设项目所在地公众易于知悉的场所张贴公告等方式向社会公告。建设单位应当综合考虑地域、职业、受教育水平、受建设项目环境影响程度等因素，从报名的公众中选择参加会议或者列席会议的公众代表，并在会议召开的5个工作日前通知拟邀请的相关专家，并书面通知被选定的代表。"	第15条："建设单位决定组织召开公众座谈会、专家论证会的，应当在会议召开的10个工作日前，将会议的时间、地点、主题和可以报名的公众范围、报名办法，通过网络平台和在建设项目所在地公众易于知悉的场所张贴公告等方式向社会公告。建设单位应当综合考虑地域、职业、受教育水平、受建设项目环境影响程度等因素，从报名的公众中选择参加会议或者列席会议的公众代表，并在会议召开的5个工作日前通知拟邀请的相关专家，并书面通知被选定的代表。选择的公众代表应以环境影响评价范围内的公众为主。当有环境影响评价范围外公众申请参加时，应当保证公众代表中包含一定比例的环境影响评价范围外的公众。在确定参与深度公众参与的公众代表和专家名单后，应及时向社会公布。"
4	第18条："建设单位应当对收到的公众意见进行整理，组织环境影响报告书编制单位或者其他有能力的单位进行专业分析后提出采纳或者不采纳的建议。建设单位应当综合考虑建设项目情况、环境影响报告书编制单位或者其他有能力的单位的建议、技术经济可行性等因素，采纳与建设项目环境影响有关的合理意见，并组织环境影响报告书编制单位根据采纳的意见修改完善环境影响报告书。对未采纳的意见，建设单位应当说明理由。未采纳的意见由提供有效联系方式的公众提出的，建设单位应当通过该联系方式，向其说明未采纳的理由。"	第18条："建设单位应当对收到的公众意见进行整理，组织环境影响报告书编制单位或者其他有能力的单位进行专业分析后提出采纳或者不采纳的建议。建设单位应当综合考虑建设项目情况、环境影响报告书编制单位或者其他有能力的单位的建议、技术经济可行性等因素，采纳与建设项目环境影响有关的合理意见，并组织环境影响报告书编制单位根据采纳的意见修改完善环境影响报告书。对未采纳的意见，建设单位应当说明理由。未采纳的意见由提供有效联系方式的公众提出的，建设单位应当通过该联系方式，向其说明未采纳的理由。建设单位应当将公众意见分门别类进行整理，并将其对各种意见的回应反映在所提交的'公众参与说明'之中，除涉密事项外，应当向社会进行全文公布。"
5	第19条："建设单位向生态环境主管部门报批环境影响报告书前，应当组织编写建设项目环境影响评价公众参与说明。公众参与说明应当包括下列主要内容：（一）公众参与的过程、范围和内容；（二）公众意见收集整理和归纳分析情况；（三）公众意见采纳情况，或者未采纳情况、理由及向公众反馈的情况等。公众参与说明的内容和格式，由生态环境部制定。"	第19条："建设单位向生态环境主管部门报批环境影响报告书前，应当组织编写建设项目环境影响评价公众参与说明。公众参与说明应当包括下列主要内容：（一）公众参与的过程、范围和内容；（二）公众意见收集整理和归纳分析情况；（三）公众意见采纳情况，或者未采纳情况、理由及向公众反馈的情况等。公众参与说明的内容和格式，由生态环境部制定。公众意见应当包含从建设单位第一次信息公示，至最后提交生态环境主管部门审批期间的所有环节中的内容。"

	修改前	修改后
6	第23条："生态环境主管部门对环境影响报告书作出审批决定前，应当通过其网站或者其他方式向社会公开下列信息： （一）建设项目名称、建设地点； （二）建设单位名称； （三）环境影响报告书编制单位名称； （四）建设项目概况、主要环境影响和环境保护对策与措施； （五）建设单位开展的公众参与情况； （六）公众提出意见的方式和途径。 公开期限不得少于5个工作日。 生态环境主管部门依照第一款规定公开信息时，应当通过其网站或者其他方式同步告知建设单位和利害关系人享有要求听证的权利。 生态环境主管部门召开听证会的，依照环境保护行政许可听证的有关规定执行。"	第23条："生态环境主管部门对环境影响报告书作出审批决定前，应当通过其网站或者其他方式向社会公开下列信息： （一）建设项目名称、建设地点； （二）建设单位名称； （三）环境影响报告书编制单位名称； （四）建设项目概况、主要环境影响和环境保护对策与措施； （五）建设单位开展的公众参与情况； （六）公众提出意见的方式和途径。 公开期限不得少于5个工作日。 生态环境主管部门依照第一款规定公开信息时，应当通过其网站或者其他方式同步告知建设单位和利害关系人享有要求听证的权利。 生态环境主管部门召开听证会的，除依照环境保护行政许可听证的有关规定执行外，应当合理考虑环境影响评价范围外的公众意见。 生态环境主管部门应当对收到的公众意见和予以的回应全文公开。"

后　记

　　绿水青山，就是金山银山。面对日益加剧的气候变化，我国生态环境立法、执法及司法部门面临迫切需要解决的现实问题，即如何科学、合理且有效地应对生态环境保护。这也是环境法、行政法、民法及刑法等领域的学者们共同关注并深入研究的重要议题。自改革开放以来，我国持续探索预防和控制环境污染、改善生态环境的有效途径。环评作为重要的预防性法律措施，受到众多学者的高度评价。随着公众的法律意识和环保意识显著提升，环评公众参与机制相关研究也亟须进一步深化。

　　《公益型环评公众参与研究》一书探讨了将公众基于环境公共利益的保护纳入环评过程中的必要性和方法。这不仅是对个体私益保护的升级，还是试图通过环境公共利益的保护实现经济社会发展与环境保护的共赢，从而达到可持续发展的目的。正如伟大的哲学家柏拉图所言："法律是国家的公器，是维护公共利益的重要手段"，作为一位法学思想工作者，有必要从法律角度重新审视环评公众参与这一过程，探索公益型环评公众参与进而实现环境公共利益的最大化。

　　以往的实践经验表明，公众在参与环评的过程中，普遍面临参与能力不足的问题。具体表现为，公众往往不清楚如何有效地参与到环评过程中，不知如何提出有效且合理的建议，以及参与权利难以获得保障等。久而久之，公众有时会被直接贴上"胡搅蛮缠"的负面标签。此外，经常有新闻报道指出，由于公众舆论的压力，一些在科学技术和条件上均符合要求的项目的环评文件无法获批通过。甚至有人认为，公众参与是项目顺利开展的重大阻碍。其实，公众参与环评的效果，并非以公众对项目的阻碍程度作为判断标准，而是综合考虑信息的透明度和公开性，公众的参与程度、认知水平和能力及对项目的积极影响等诸多方面，是否有助于推动项目的可持续发展。

尽管公众在参与环评方面已经取得了一定的成就，但这并不意味着所有公众均具有较强的参与能力。在追求行政效率的当下，公众参与的范围往往仅限于环评范围内的公众以及具有法律上利害关系的公众，这种筛选方式存在一定的弊端，并不排除该部分公众恰恰欠缺一定的参与知识和能力，需要获得更多的帮助和支持。而且，在当代社会，环评公众参与已经超越了简单的宣传和认知提升，有了更高层次的要求。广泛和多元的公众参与能够帮助项目在前期更深入地了解相关公众的利益诉求，以及可能发生的争议。正如著名的法学家罗尔斯所言，"法律应当注重平衡各方利益，以实现社会的和谐与稳定"。因此，本书主要从公益型环评公众参与的引入、方式、程序和救济途径几个方面进行深入研究，旨在在不同类型主体之间进行利益平衡，改善目前环评参与过程中环境公共利益保护被忽视的局面。

《公益型环评公众参与研究》的顺利出版，离不开广大师友的热情支持与关爱，借此机会由衷地向一直以来支持我的前辈和同事们表达内心的感恩之情。

首先要感谢我的恩师朱谦教授和上官丕亮教授。博士三年，在导师朱谦教授的指导下，我逐渐开始关注环境公共利益、环境保护法律制度、公众参与等重要议题。研究过程中总是快乐与苦涩并存，幸得恩师鼓励与支持。在与朱谦教授的不断交流中，我不断发现存在的一些问题与其背后深刻的学术价值和现实意义。我的导师上官丕亮教授也总是能提出一些令人深思的问题，让我原本以为进行过充分思考的问题再次重新浮现。他们在学术研究上，有着严谨、细致的治学风格和谦逊的学术态度，引领我在学术研究领域要脚踏实地，注重知识的累积。他们在生活上的乐观态度，也总是能让我心中的雾霾烟消云散，并勇敢地面对各种挫折和挑战。在这一过程中，我积累了大量的学术资料和研究成果，更重要的是，我逐渐形成了自己独特的学术观点和研究方法。

其次要感谢在完成该研究过程中对我进行思想点拨的胡玉鸿教授、陈立虎教授、孙莉教授、魏玉娃教授、艾永明教授、黄学贤教授、王克稳教授、李晓明教授和郭树理教授，他们卓越的智慧和灵活的思维令我茅塞顿开。我还要感谢山东师范大学法学院荆月新教授、张百灵教授和吕芳教授对我学术成果的认可和信任，给予我资金上的帮助，让这本凝聚了心血和汗水的著作穿透阴霾，跨越重重障碍。另外，本书之所以能够顺利出版，还离不开梁剑琴编辑和中国社会科学出版社的编辑团队们，从选题策划到最终的印刷发行，这中间凝聚着无数的复杂与艰辛，正是你们对各个环节的专业与敬业，才使本书顺利出版。

　　本书是我学术研究过程中的一个重要里程碑，虽然有众多学者帮助，但自知本性愚钝、资历尚浅，作为本人第一部学术著作尚存在一些不足。但同时，我也期待读者们能从这本书中获得启发和帮助，为实现更加公正、透明和有效的环评公众参与机制贡献自己的力量。

楚　晨

山东师范大学　明德楼

2024 年 8 月